AF747871

LA PENSÉE KANTIENNE
DE LA PHYSIQUE

LA PHILOSOPHIE EN COMMUN

Collection dirigée par S. Douailler, J. Poulain et P. Vermeren

Nourrie trop exclusivement par la vie solitaire de la pensée, l'exercice de la réflexion a souvent voué les philosophes à un individualisme forcené, renforcé par le culte de l'écriture. Les querelles engendrées par l'adulation de l'originalité y ont trop aisément supplanté tout débat politique théorique.

Notre siècle a découvert l'enracinement de la pensée dans le langage. S'invalidait et tombait du même coup en désuétude cet étrange usage du jugement où le désir de tout soumettre à la critique du vrai y soustrayait royalement ses propres résultats. Condamnées également à l'éclatement, les diverses traditions philosophiques se voyaient contraintes de franchir les frontières de langue et de culture qui les enserraient encore. La crise des fondements scientifiques, la falsification des divers régimes politiques, la neutralisation des sciences humaines et l'explosion technologique ont fait apparaître de leur côté leurs faillites, induisant à reporter leurs espoirs sur la philosophie, autorisant à attendre du partage critique de la vérité jusqu'à la satisfaction des exigences sociales de justice et de liberté. Le débat critique se reconnaissait être une forme de vie.

Ce bouleversement en profondeur de la culture a ramené les philosophes à la pratique orale de l'argumentation, faisant surgir des institutions comme l'École de Korcula (Yougoslavie), le Collège international de Philosophie (Paris) ou l'Institut de Philosophie (Madrid). L'objectif de cette collection est de rendre accessibles les fruits de ce partage en commun du jugement de vérité. Il est d'affronter et de surmonter ce qui, dans la crise de civilisation que nous vivons tous, dérive de la dénégation et du refoulement de ce partage du jugement.

Jean Herold Paul

La pensée kantienne de la physique

L'universalité historique de la théorie kantienne de l'expérience

L'Harmattan

© L'Harmattan, 2021
5-7, rue de l'École-Polytechnique ; 75005 Paris

http://www.editions-harmattan.fr/

ISBN : 978-2-343-22482-4
EAN : 9782343224824

Ce livre est dédié à Bérard Cénatus et Gélin Markington

•

A la mémoire des Professeurs Daniel Bensaïd, Etienne Tassin, Roger Petit-Frère et Georges Navet

A la mémoire de Pierre-André Aimé et Antoine Lafontant

Zanmi pre, zanmi lwen

dans la bouche d'une étoile
dis-moi ce que je porte d'ombre

dis-moi la toute-lumière
le sanctuaire laissé en blanc

dis-moi le plus profond de l'aube
ce qui ne cesse de naître et de mourir

Zéno Bianu, *Infiniment proche*

Préface

L'actualité scientifique de la pensée kantienne
par Jacques Poulain

A tous ceux qui doutent de l'actualité du criticisme kantien, Jean Herold Paul n'hésite pas à répondre. Il reprend à son compte leur question la plus radicale en la formulant le plus simplement du monde : « peut-on être kantien aujourd'hui ? ». Car le criticisme théorique de Kant est présumé complètement daté, voire erroné, par nombre de ceux qui se targuent d'être des épistémologues « à la page », d'être en phase avec les sciences et les scientifiques d'aujourd'hui. Il est en effet devenu tout à fait courant de penser que la physique contemporaine, à savoir les théories einsteiniennes de la relativité et la mécanique quantique, ont rendu aussi bien caduques la physique newtonienne que la doctrine kantienne des jugements synthétiques *a priori* qui était censée la fonder. Comme l'écrit l'auteur : « tel était le verdict du Manifeste du Cercle de Vienne où, sous la poussée du *Tractatus Logico-philosophicus* de Wittgenstein et des *Principia Mathematica* de Russell, R. Carnap, H. Hahn et O. Neurath se sentaient forts de pouvoir défendre la démarcation des propositions analytiques dites logico-mathématiques et des propositions synthétiques dites empirico-physiques, marquant ainsi un clivage entre l'*a priori* et l'*a posteriori* »[1].

A leur suite, un dénommé Karl Popper s'était fait le chantre de cette condamnation péremptoire en prétendant avoir saisi la leçon qu'Einstein aurait donnée à ce sujet en 1921. Albert Einstein avait défendu la thèse suivante : « pour autant que les propositions mathématiques se rapportent à la réalité, elles ne sont pas certaines, et pour autant qu'elles sont

[1] J.-H. Paul, *La pensée kantienne de la physique*, Paris, L'harmattan, 2021, p. 19.

certaines, elles ne se rapportent pas à la réalité[1]. Se rapportant au rapport de ces propositions mathématiques à l'axiomatique logico-mathématique, Popper avait cru précipitamment pouvoir en déduire que l'intérêt de cette position du scientifique consistait à « séparer les éléments logico-formels du contenu objectif ou intuitif » de ses théories, car seuls les premiers constitueraient, de ce point de vue, les mathématiques. En extrapolant hardiment, Popper en était venu à poser le postulat suivant : « dans la mesure où les propositions de la science de la nature se rapportent à la réalité, elles ne sont pas certaines et dans la mesure où elles sont certaines, elles ne se rapportent pas à la réalité. »[2]

Jean Hérold Paul n'hésite pas à mettre fin à cette légende dont l'influence a eu la vie dure, même chez les meilleurs historiens des sciences. Pour ce faire, il lui suffit de souligner le rôle qu'ont joué les jugements synthétiques *a priori* aussi bien dans les propositions mathématiques de la physique que dans l'usage des propositions scientifiques des logiques contemporaines. Il restaure ainsi le rôle fondamental de la critique kantienne au cœur même de la créativité scientifique : « on pourrait aisément rétorquer (à Popper – JP), écrit-il, qu'aucune théorie physique n'est mieux prouvée que la théorie newtonienne qui, à tous égards, apparaît indubitable. S'il en est ainsi, ce n'est pas parce qu'elle jouit d'un privilège expérimental par rapport aux théories relativistes et quantiques, mais parce qu'au contraire elle présuppose l'administration transcendantale du jugement d'objectivité. C'est à cette seule condition que les théories physiques modernes elles-mêmes se sont avérées être productrices de connaissances objectives, et non en en appelant à la juridiction d'une prétendue réalité sensible, présumée indépendante de la pensée logique alors qu'elles l'ont « construite » dans l'espace et le temps comme « objet » de la possibilité de l'expérience (p. 18) ».

Alors que les récits de la genèse de la théorie de la relativité, de la formation de la physique quantique et de l'évolution de la philosophie de la logique mathématique se sont contentés trop souvent d'une lecture poppérienne pour se formuler et se justifier, cette confrontation du transcendantalisme kantien aux crises qu'il a dû traverser dans la genèse même des sciences physiques et métalogique n'a pas peur d'y déceler et d'y affronter ses propres erreurs et insuffisances en les jugeant. Comme l'auteur le souligne, comprendre Kant aujourd'hui à travers l'évolution de ces sciences n'est possible qu'en reconnaissant comment le jugement de vérité et

---

[1] A. Einstein, « La géometrie et l'expérience », dans *Albert Einstein, Physique, philosophie et politique*, textes choisis et commentés par F. Balibar, Paris, Seuil, 2002, p. 367.

[2] K. Popper, *Les deux problèmes fondamentaux de la théorie de la connaissance*, trad. fr. Christian Bonnet, Paris, Hermann, 1999, p. 10.

d'objectivité des jugements synthétiques *a priori* a été lui-même à l'œuvre dans la gestation de ces sciences plus récentes.

Le fameux critère de falsifiabilité de Popper, quant à lui, était complètement impuissant à faire advenir toutes les hypothèses créatives qui ont balisé ces découvertes sur les ruines de la géométrie euclidienne, de l'espace newtonien et du syllogisme aristotélicien. Cette reconstruction de la genèse de la relativité einsteinienne, de la physique quantique et de la méta-critique philosophique des propositions a fait de cette genèse la meilleure réponse à l'attaque la plus désastreuse qui ait été conduite contre Kant et sa *Critique de la raison pure* : celle qu'a menée Hegel dans son chapitre « Force et entendement » de la *Phénoménologie de l'esprit* pour montrer que la limitation kantienne de la connaissance à la connaissance du sensible revenait à faire de l'esprit une pure et simple force physique.

En s'opposant à Popper, cet ouvrage fait coup double : il révèle que cette critique hégélienne de Kant ne convient qu'au récit descriptif poppérien de l'évolution de la physique des deux derniers siècles comme si celle-ci n'avait été qu'une pure et simple tentative d'évitement des erreurs historiques du transcendantalisme kantien. Car Popper a été le seul à écrire explicitement et de la façon la plus téméraire que l'esprit n'est qu'une force. Il est ainsi le seul à tomber sous les coups de Hegel. Même le physicien et philosophe poppérien contemporain le plus convaincu, Mario Bunge n'a donc pu le suivre sur ce terrain et s'est vu obligé d'ajouter à sa *Philosophie de la physique* un chapitre dévoué à la pensée du lien entre la théorie et la réalité pour parvenir à rejoindre le réalisme einsteinien. Il le fait dans le premier tome de son *Traité de philosophie fondamentale*[1], qui est consacré à la sémantique logique. Il n'y fait ainsi que tirer la leçon de la controverse qui a opposé Popper à l'Ecole de Francfort et qu'a développée Albrecht Wellmer dans son ouvrage *La théorie de la connaissance comme méthodologie. A propos de la doctrine de la science de Popper*[2].

Qu'est-ce qui distingue véritablement la pensée de Jean Herold Paul de cette critique, menée au nom de la méthode poppérienne, concernant la stérilité de la pensée de Kant ? Pour la première fois dans l'histoire de la pensée kantienne, il est démontré le caractère créatif des jugements synthétiques *a priori* comme jugements pensés *a priori* comme vrais et qui ne se limitent eux-mêmes à la sensibilité que parce qu'ils sont eux-mêmes sensibles. Car il y rappelle que ces jugements n'ont la capacité de faire surgir les faits qui vérifient les hypothèses scientifiques que parce que la pensée, comme écoute de l'écoute, dérive de l'identification de l'être humain à

---

[1] M. Bunge, *Treatise on basic philosophy, Semantics 1 : Sense and reference,* Reidel, Boston, 1974.

[2] A. Wellmer, *Methodologie als Erkenntnistheorie. Zur Wissenschaftslehre Karl R. Poppers*, Francfort s/ Main, Shurkamp, 1967.

l'usage des sons, levant ainsi l'hypothèque qui pesait sur le dualisme kantien qui opposait encore l'esprit et le corps, l'entendement et la sensibilité. En rappelant la vérité de la proposition peircienne selon laquelle « toute proposition affirme sa propre vérité »[1] ou qu'on ne peut penser une proposition sans la penser vraie[2], cet ouvrage reproduit le geste précis par lequel les physiciens ont dû surmonter ce dualisme pour inventer et vérifier quelque hypothèse que ce soit. Il leur a fallu en effet, comme il est montré ici, tirer toutes les conséquences de la théorie kantienne du *nexus* (A 162/B 201-202) concernant la soumission de tous les phénomènes sensibles aux lois physiques découvertes par la synthèse dynamique de l'hétérogène qui conditionne l'existence même de ces phénomènes.

Faire passer la forme *a priori* de l'espace à travers le filtre du *nexus* dynamique lui permet en effet de comprendre la relativité de l'espace kantien comme le temps relatif de la causalité réciproque entre les phénomènes par contraste à l'espace absolu de Newton. Mais c'était également ouvrir la possibilité d'y intégrer la forme *apriori* du temps dans l'horizon de ce que Philippe Huneman, Claude Piché et Mai Lequan ont appelé « l'épistémologie génétique ». De comprendre également comment l'espace dégagé par la théorie de la relativité restreinte a donné la capacité d'oublier l'espace euclidien pour voir la nécessité de le remplacer par l'espace courbe riemannien et d'y faire se rejoindre les théories scientifiques de mesure de la vitesse de la lumière avec les théories de l'électro-magnétisme. Comme il est rappelé ici à juste titre, c'est encore cet espace-temps courbé par les masses qui sert de support à la gravitation et à sa généralisation dans l'horizon de la relativité.

Cela signifie-t-il qu'il suffit d'être conscient de la nécessité de filtrer l'espace-temps à travers l'idée de ce *nexus* pour inventer l'hypothèse qui donne existence à sa singularisation dans des phénomènes ? Einstein est bien conscient que non, mais il n'en fonde pas moins ce qu'il appelle son réalisme sur l'*a priori* de la théorie :

> *A la source de ma conception, écrit-il, il y a une thèse que rejettent la plupart des physiciens actuels (en particulier, l'Ecole de Copenhague) et qui s'énonce ainsi : il y a quelque chose comme l'état "réel" du système, quelque chose qui existe objectivement, indépendamment de toute observation ou mesure, et que l'on peut décrire, en principe, avec des procédés d'expression de la physique*

---

[1] C. S. Peirce, *Collected Papers*, Cambridge, The Belknap Press of Harvard University Press, Tome 5, § 340.

[2] Cf. J. Poulain, *La loi de vérité ou la logique philosophique du jugement*, Paris, Albin Michel, 1993 et « Le partage de l'héritage anticartésien de Peirce : Davidson, Putnam et Rorty » in *Rue Descartes*, numéro spécial 5-6, *De la vérité. Pragmatisme, historicisme et relativisme,* Paris, Albin Michel, 1992, p. 23-52.

écrit-il, dans « Remarques préliminaires sur les concepts fondamentaux ». La théorie des quanta a produit des formes nouvelles et essentielles de notre réalité et elle est très loin de la réalité du début de la science.

> *Mais le but de toute théorie physique reste toujours le même. / A l'aide des théories physiques nous cherchons à trouver notre chemin à travers le labyrinthe des faits observés, d'ordonner et de comprendre le monde de nos impressions sensibles. Nous désirons que les faits observés découlent logiquement de notre concept de réalité. Sans la croyance qu'il est possible de saisir la réalité avec nos constructions théoriques, sans la croyance en l'harmonie interne de notre monde, il ne pourrait pas y avoir de science. Cette croyance est et restera toujours le motif fondamental de toute création scientifique.*[1]

Malgré son caractère de croyance, le rapport de l'activité scientifique créative et ses résultats dans la physique ne laisse pas la philosophie comme elle est. Bien qu'elle s'y réfère comme à son présupposé, elle met en question l'épistémologie idéaliste et le dualisme qu'elle invoque entre la théorie et les faits. Comment la pensée peut-elle avoir ce pouvoir créateur de faire advenir la reconnaissance de faits qu'elle n'a encore jamais permis de voir auparavant ? La pensée telle qu'on la pense dans le transcendantalisme kantien, comme présupposition de l'identité de la pensée et du réel, ne sait absolument ni pourquoi, ni comment elle pense et advient chez un vivant. Aussi a-t-il semblé qu'il fallait la canaliser en établissant un contrôle logico-mathématique des propositions qu'on combine dans une théorie scientifique au gré des inventions d'hypothèses en recourant à des syntaxes logiques et des sémantiques logiques réglant rigoureusement la construction du pré-monde de mots, – baptisée pompeusement « le monde du sens » voire « l'espace logique » –, par lesquelles nous décrivons le monde. Car la pensée elle-même mise en abîme devant elle-même pensait ainsi combler l'ignorance dans laquelle elle était à l'égard d'elle-même.

Ce faisant, force est de reconnaître que la philosophie de la logique de la pensée était dans une situation analogue à celle qu'a revendiquée l'école de Copenhague en physique quantique. Ces syntaxes logico-mathématiques ne mesuraient pas la vérité d'un ensemble de propositions à la façon dont les instruments de mesure des phénomènes physiques le faisaient sans plus pouvoir distinguer s'ils ne mesuraient que la cohérence de leurs instruments et non la réalité elle-même. Pensait-on réellement comme elles disaient qu'on devait penser ? Telle est la question rédhibitoire que pose l'auteur à tous les métalogiciens et les cognitivistes qui se font forts de penser notre pensée à notre place. L'ouvrage y répond en analysant la troisième crise du

---

[1] A. Einstein et L. Infeld, *L'évolution des idées en physique. Des premiers concepts aux théories de la relativité et des quanta*, Paris, Flammarion, 1983, p. 276.

kantisme, la crise de la logique. Le kantisme sous les figures de Husserl, de Cassirer et de Heidegger n'a pu qu'accompagner cette crise en établissant qu'on ne peut accéder au réel qu'en le construisant à travers les formes symboliques chez Cassirer ou, avec Heidegger, qu'on ne pouvait pas maitriser une fois pour toutes les vérités accessibles à l'être de vérité qu'est l'être humain puisqu'on ne pouvait pas décider de penser sa pensée avant de la penser et qu'on ne pouvait donc que s'y reconnaître ou non dans la compréhension de soi que la pensée rendait accessible. On n'en savait donc pas beaucoup plus qu'Einstein lorsqu'on s'interrogeait sur la fécondité de l'imagination scientifique.

Il a fallu attendre de savoir que le vivant humain naissait un an trop tôt comme avorton chronique pour s'apercevoir que la capacité de penser venait chez l'homme de la nécessité dans laquelle il se trouve de faire parler le monde pour pouvoir le voir en raison de sa déficience en instincts extra-spécifiques. L'anthropobiologie du langage a donc dû faire revivre les théories d'Herder et d'Humboldt dans les années 1930 pour combler le vide. C'est alors également qu'on a pu comprendre que l'écoute de l'écoute qu'est la pensée avait besoin de projeter le sens de ses sons dans les choses pour pouvoir les faire voir et les reconnaître en mimant dans les propositions le mouvement d'émission des sons et de réceptions de stimuli dans l'usage des expressions référentielles et dans celui des expressions prédicatives. Mais comme il semblait qu'il suffisait de projeter du sens dans les choses pour nous faire advenir à la conscience de leur existence et de leur composition, l'herméneutique nous a gardés dans la même perplexité que la logique mathématique en nous enfermant dans la compréhension des choses à la façon dont nous nous comprenions les uns les autres.

Mais surprise, là encore, le recours à Kant s'est imposé comme le dernier recours. Car la pensée de la vérité concernant les actes de parole qu'on effectue sur soi-même et sur autrui ne s'est avérée efficiente qu'en se présupposant aussi vraie qu'il était vrai qu'on produise ces actes. La dynamique du *nexus* langagier s'est ainsi avérée productrice de vérité dans le dialogue que nous menons avec le monde, avec autrui et avec nous-mêmes, nous obligeant que nous le voulions ou non à reconnaître ou non l'existence de la vérité et de l'objectivité de nos paroles comme l'allocutaire que nous sommes nécessairement de nous-mêmes. Aussi faut-il que le discours philosophique qui retrace l'opérance des jugements synthétiques *a priori* dans les « intuitions scientifiques » à l'origine des théories scientifiques se soumette lui-même à ses propres exigences, aux exigences objectives posées par la reconnaissance de l'existence de ces jugements dans ces théories. Le *nec plus ultra* de l'auteur est qu'il a bien retenu la leçon de cet autrichien emprisonné pendant la seconde guerre mondiale qui enseignait la philosophie de Kant avec tant d'enthousiasme aux autres prisonniers de Monte Cassino, un dénommé Ludwig Wittgenstein. On sait qu'il s'était interdit de parler en philosophe après son *Tractatus logico-philosophicus* et qu'il n'a retrouvé la parole qu'en écoutant un de ses disciples, Frank Plumpton Ramsey, venu lui dire à Vienne qu'on pouvait dire « *plumpudding* » même lorsqu'on disait : « je ne peux pas dire *plumpudding* ». Sa fameuse théorie de la redondance, qui ne faisait que reprendre à son compte la pratique discursive de l'auteur du *Tractatus,* expliquait en effet que dire « cette proposition est vraie » équivalait purement et simplement à affirmer la vérité de cette proposition. Wittgenstein avait étendu cette théorie à la compréhension qu'il avait de Kant dans ses *Remarques mêlées* : « La limite du langage se montre dans l'impossibilité de décrire le fait qui correspond à une proposition (qui est sa traduction) sans répéter précisément la proposition. (Nous avons affaire ici à la solution kantienne du problème de la philosophie »[1].

En reconstruisant la genèse de la physique contemporaine à la façon dont Wittgenstein comprenait Kant et à la façon dont il pense que Kant se comprenait lui-même, l'auteur a dû apprendre à reproduire le jugement de vérité des propositions des physiciens sur le monde et sur leur discours. Le discours méta-critique qu'il offre ici à son lecteur dispense celui-ci d'avoir à opérer lui-même à son tour cette reconstruction, mais ne saurait lui épargner le besoin d'exercer à l'égard des jugements qu'il leur propose, leur propre faculté philosophique de juger.

Car Jean Herold Paul n'a pu mener à bien cette reconstruction qu'en pensant les théories physiques contemporaines à la façon dont l'usage des jugements synthétiques *a priori* nous permet de penser. Cette façon de penser la physique est la seule qui permette de reconnaître si ce qu'on n'a pu penser qu'en le pensant vrai est aussi vrai et aussi faux qu'on a dû le penser vrai. Cet ouvrage ne nous laisse ainsi, à nous ses lecteurs, pas le choix car il démontre que cette limitation en acte de la pensée par sa confrontation avec la réalité qu'elle fait percevoir en la faisant penser est en effet la seule limitation qui advienne en nous, qu'on le veuille ou non, comme allocutaires de nous-mêmes. Et il ne peut inviter ses lecteurs qu'à l'accompagner en jugeant effectivement si ce qu'il leur fait penser vrai des théories physiques contemporaines est aussi vrai ou aussi faux qu'il le leur fait penser vrai.

---

[1] L. Wittgenstein, *Vermischte Bemerkungen,* Francfort s/ Main, Surhkamp, 1977, p. 27.

Liste des abréviations

Œuvres de Kant

AK suivi d'un numéro de tome : édition de l'Académie des sciences, *Kants gesammelte Schriften, herausgegeben von der Königlich Preussischen Akademie Wissenschaften*, 1900, Georg Reimer, puis Walter de Gruyter

A et B indiquent respectivement la première édition de 1781 et la seconde édition de 1787 de la *Critique de la raison pure*

OP suivi d'un numéro de tome : l'édition en trois tomes des œuvres essentielles de Kant à la Pléiade, sous le titre : *Kant Œuvres philosophiques*

QOP : *Quelques opuscules précritiques*, trad. fr. S. Zac

Logik : *Logik*, Band VI, AK IX

Prolegomena : *Prolegomena zur einer jeden künftigen Metaphysik, die als Wissenschaft wird auftreten können*, Band V, AK IV

Fortschritt : *Welches Sind die wirklichen Fortschritte, die Metaphysik seit Leibnizens und Wolffs Zeiten in Deutschland gemacht hat ?* Band VI, AK XX

Untersuchung : *Untersuchung über Deutlichkeit der Grundsätze der natürlichen Theologie und der Moral*, Band II, AK II

Anfangsgründe : *Metaphysische Anfangsgründe der Naturwissenschaft*, Band IX, AK IV

Dissertatio : *De mundi sensibilis atque intelligibilis forma et principiis*, Band V, AK II

Von dem ersten Grunde des Unterschiedes der gegenden im Raume, Band II

Allgemeine Naturgeschichte : *Allgemeine Naturgeschichte und Theorie des Himmels*, Band I, AK I

Autres œuvres

KTE : *Kants Theorie der Erfahrung* de H. Cohen

PMK : *Physique et métaphysique kantiennes* de J. Vuillemin

KFM : *Kant et la fin de la métaphysique* de G. Lebrun

OK I : *L'œuvre de Kant*, t. I, d'A. Philonenko

CKM : Critique kantienne de la métaphysique de F. Alquié

DKO : *La doctrine kantienne de l'objectivité* de B. Rousset

LPK : *L'évolution de la pensée kantienne* de H.J. de Vleeschauwer

DTOK suivi d'un numéro de tome : *La déduction transcendantale dans l'œuvre de Kant* de H.J. de Vleeschauwer

Erkenntnisproblem II : *Das Erkenntnisproblem in der Philosophie und Wissenschaft der neueren Zeit* d'E. Cassirer

Commentaire : *Commentaire de la* « Critique de la raison pure » *de Kan*t, H. Cohen

Principia : *Les principes mathématiques de la philosophie naturelle* d'I. Newton

Avant-Propos

Tome I
L'universalité historique de la théorie kantienne de l'expérience

L'ouvrage que je propose à la lecture s'intéresse à une question somme toute simple : « peut-on être kantien aujourd'hui ? », étant entendu qu'il s'agit du criticisme théorique qui, dans le sillage des critiques bolzaniennes, est présumé erroné du fait que la physique contemporaine, à savoir les théories einsteiniennes et la mécanique quantique rendraient caduque la physique newtonienne que la doctrine des jugements synthétiques *a priori* était censée fonder. Tel était le verdict du Manifeste du Cercle de Vienne où, sous la poussée du *Tractatus* de Wittgenstein et des *Principia* de Russell, R. Carnap, H. Hahn et O. Neurath se sentaient forts de pouvoir défendre la démarcation des propositions analytiques dites logico-mathématiques et des propositions synthétiques dites empirico-physiques, marquant ainsi un clivage entre l'*a priori* et l'*a posteriori*. Dans cette optique, les syntaxes logiques et les sémantiques formelles, conçues comme « conceptions scientifiques du monde », ne prétendaient surmonter ce hiatus, afin de garantir la validité des lois de la nature en tant que propositions logico-mathématiques, qu'en recourant aux fameux *Protokollsätze* en vue de rendre adéquate la pensée à la réalité. Or, les espoirs placés en la toute-puissance de la logique mathématique ayant été déçus, les efforts incessants de R. Carnap et de H. Reichenbach pour construire une logique inductive, à force de modélisations instruites du calcul des probabilités, ne pouvaient non plus que s'avérer vains.

Convaincu de cela, K. Popper, partageant le verdict viennois sur I. Newton et sur E. Kant, présumait surmonter les obstacles de l'empirisme logique par un pur artifice logique qu'incarne le falsificationnisme des essais et erreurs. En fait, il croyait qu'il suffisait d'inverser, au prisme du déductivisme logique qu'il appelait de ses vœux, le rapport de la théorie à l'expérience, en accordant aux *Protokollsätze* la fonction négative de réfutation, pour rétablir la philosophie dans ses droits en tant que théorie épistémologique qui dicte à quelles conditions l'objectivité des connaissances scientifiques se trouve assurée. Or, une analyse minutieuse permet de projeter une pleine lumière sur le piège dans lequel il a enfermé la philosophie, car il ne fait que succomber à l'essentialisme qu'il a voulu voir dans toutes les philosophies fondationnelles des sources de la connaissance : cet essentialisme consiste en l'« hypostase » de la vérité fixée arbitrairement comme instance transcendante dont les théories scientifiques ne peuvent s'approcher, sans jamais pouvoir l'atteindre, qu'à coup de falsifications ratées. Sans conteste, une telle conception, nourrie du paradigme historico-pragmatique, passe complètement à côté de la logique philosophique de la vérité. S'il en est ainsi, ce n'est pas seulement parce qu'elle méconnaît la force de la synthèse transcendantale kantienne, mais surtout parce qu'elle ignorait ce qu'il y a de transcendantal dans les théories physiques einsteiniennes qu'elle a pourtant pris comme modèle de *vérisimilitude* en mésinterprétant la « contradiction logique » entre ces dernières et la théorie newtonienne.

K. Popper puisait sa leçon épistémologique cardinale dans la conférence de 1921 dans laquelle le physicien relativiste posait la question de l'application des mathématiques, tenues pour certaines indépendamment de l'expérience, à la réalité. A. Einstein y défendait cette thèse : « pour autant que les propositions mathématiques se rapportent à la réalité, elles ne sont pas certaines, et pour autant qu'elles sont certaines, elles ne se rapportent pas à la réalité »[1]. Il pensait ainsi pouvoir rendre raison de cela conformément à l'« axiomatique » dont l'intérêt consiste à « séparer les éléments logico-formels du contenu objectif ou intuitif », car seuls les premiers constituent, de ce point de vue, les mathématiques. Or, par une fameuse extrapolation, Popper en venait à poser ce postulat : « dans la mesure où les propositions de la science de la nature se rapportent à la réalité, elles ne sont pas certaines et dans la mesure où elles sont certaines, elles ne se rapportent pas à la réalité »[2].

[1] A. Einstein, « La géométrie et l'expérience », dans *Albert Einstein, Physique, philosophie et politique*, textes choisis et commentés par F. Balibar, Paris, Seuil, 2002, p. 367.

[2] K. Popper, *Les deux problèmes fondamentaux de la théorie de la connaissance*, trad. fr. Christian Bonnet, Paris, Hermann, 1999, p. 10.

On pourrait aisément rétorquer qu'aucune théorie physique n'est mieux prouvée que la théorie newtonienne qui, à tous égards, apparaît indubitable. S'il en est ainsi, ce n'est pas parce qu'elle jouit d'un privilège expérimental par rapport aux théories relativistes et quantiques, mais parce qu'au contraire elle présuppose l'administration transcendantale du jugement d'objectivité. C'est à cette seule condition que les théories physiques modernes elles-mêmes s'avèrent productrices de connaissances objectives, non en en appelant à la juridiction d'une prétendue réalité sensible indépendante de la pensée logique, mais en la « construisant » dans l'espace et le temps comme « objet » de la possibilité de l'expérience. Telle est la leçon du principe transcendantal kantien selon lequel il ne saurait y avoir de connaissance physique que sous cette condition :

> *[...] tout objet est soumis aux conditions nécessaires de l'unité synthétique du divers de l'intuition dans une expérience possible. / C'est de cette façon que des jugements synthétiques* a priori *sont possibles, quand nous rapportons les conditions formelles de l'intuition* a priori, *la synthèse de l'imagination et l'unité nécessaire de celle-ci dans une aperception transcendantale, à une connaissance expérimentale possible, et que nous disons* : les *conditions de la* possibilité de l'expérience *en général sont en même temps les conditions de la* possibilité des objets de l'expérience, *et elles ont pour cette raison une validité objective dans un jugement synthétique* a priori[1].

L'ouvrage sera publié deux tomes. Dans le premier tome, nous allons montrer comment Kant lui-même, dans la *Critique de la raison pure* (1781, 1787) et les *Premiers principes métaphysiques de la science de la nature* (1786), démontre la puissance productrice du jugement d'objectivité par la « congruence » des principes purs aux lois de la physique classique. Sauf à s'y méprendre, il convient de ne voir là aucune allégeance aveugle à l'autorité de Newton, mais, comme l'atteste le rapport de Kant à ce dernier dès l'*Histoire générale de la nature et Théorie du ciel* (1755), le fait pour lui que c'est à travers le lien indissoluble de l'aperception et de l'intuition spatio-temporelle que toute réalité n'est non seulement connaissable mais perceptible. L'aperception, en constituant « le principe de tout l'usage de l'endentement », affirme que « l'unité analytique de la conscience présuppose l'unité synthétique », ce qui veut dire que c'est dans l'espace et le temps purs que la pensée conçoit tout jugement d'objectivité qui, pour être conçu, se trouve soumis à la loi de vérité selon laquelle « on ne peut pas penser une proposition sans la penser vraie ». Autrement dit, c'est la pensée

---

[1] A 158/B 197 ; *OP* I, p. 898-899.

de la proposition qui fait exister la réalité à laquelle elle est conforme en tant que réalité sans laquelle elle ne peut prétendre à aucune vérité.

Par notre approche phénoménologico-architectonique, instruite des interprétations de H. Cohen, E. Cassirer, J. Vuillemin et B. Rousset, nous pensons avoir mis en évidence toute la force de la dimension « épigénétique » de la théorie kantienne de la connaissance, dimension nettement marquée par la problématique de l'*Übergang* et qui est bien élucidée par les études de P. Huneman, M. Lequan et C. Piché, et qui explique entre autres les écarts théoriques décelés entre Kant et Newton. Pour s'en tenir juste à la question de l'espace et du temps, on peut noter qu'il serait insensé de confondre la conception de l'espace et du temps intuitifs, subjectifs, *a priori* et idéaux à celle de l'espace et du temps absolus, vrais et mathématiques. Il serait également erroné de confondre l'espace transcendantal kantien avec l'espace géométrique euclidien, étant entendu qu'à la lumière de la distinction kantienne entre la « forme de l'intuition » et l'« intuition formelle » – distinction bien éclairée par M. Fichant à la suite de H. Cohen –, la possibilité des espaces géométriques non euclidiens n'est nullement exclue. Sans doute, les difficultés de l'absolutisme newtonien peuvent être atténuées dès lors que l'on considère les absolus newtoniens comme des « *notions limites* » pourvues, telles les notions mathématiques, d'une *rigueur et d'une validité asymptotiques*, ayant donc un « *rôle beaucoup plus fonctionnel que topologique* (M.-A. Tonnelat) ». Néanmoins, comme Kant tenait à démarquer les Principes constitutifs de l'entendement et les Idées régulatrices de la raison, il parvenait ainsi à consolider l'universalité de la relativité cinématique. A cet égard, c'est en faisant de l'espace et du temps les conditions de la phénoménalité du phénomène, qu'il a su fonder la continuité de la matière sur la divisibilité à l'infini de l'espace géométrique : l'extériorité spatiale devient constitutive de la *substance matérielle* entendue comme objet de l'expérience possible. Il écartait du coup la notion métaphysique de substance en l'inscrivant dans le temps, d'où le sens même de la révolution copernicienne comme logique du temps, dont la notion est inséparable de celles de relation et de phénomène, ainsi que l'a expliqué A. Philonenko. Ce sont des systèmes physiques relativement clos qui servent de principe à la mesure du temps, ces systèmes étant eux-mêmes des substances phénoménales, et la substance s'entend elle-même en tant que le signe mathématique =, l'invariant qui est la quantité de matière[1]. Le temps dans lequel « les choses sont simultanément » n'est pas le temps absolu newtonien, mais le temps relatif de la causalité réciproque : « ce qui représente le Temps absolu de Newton dans le système critique [caractère vectoriel de la quantité de mouvement] est devenu entièrement relatif : absolu par rapport à ce qu'il sert à mesurer, il est relatif par rapport au tout

---

[1] A. Philonenko, *OK*, p. 209-210.

dont il est abstrait pour pouvoir servir de mesure, commentait J. Vuillemin. »[1] La communauté dynamique primant ici sur la communauté simplement locale, le temps apparaît comme l'ordre de coexistence des substances comprises suivant la modalité du mouvement qui est régi par la loi d'inertie correspondant à la loi de causalité.

Ces points une fois soulignés, cette question semble immédiatement s'imposer : l'épistémologie kantienne est-elle suffisamment éloignée des conceptualités physiques et mathématiques classiques pour qu'elle soit épargnée des crises auxquelles elles devaient faire face dans le courant du XIXème siècle ? Voilà la question qui nous préoccupera dans le second tome de notre ouvrage. En prenant au sérieux la crise de l'intuition et la crise du mécanisme, dont l'espace géométrique riemannien et le champ électromagnétique sont respectivement les expressions significatives, l'on ne peut qu'être frappé par l'aveuglément de l'histoire épistémologique qui, de manière superficielle, conclut à la caducité de la physique newtonienne et de la doctrine des jugements synthétiques *a priori*. Un tel aveuglément est sans doute dû à la trop grande propension des héritiers du positivisme logique, qui au nom d'un objectivisme lénifiant face au « monstre » que constituait à leurs yeux la métaphysique, privilégiaient, dans la science physique, la maximisation des résultats. Or, loin de mettre l'idéalisme transcendantal kantien à l'épreuve, les théories relativistes d'A. Einstein ne font, quelles que soient leurs divergences conceptuelles ou formelles avec la physique classique, que suspendre la description physique au principe transcendantal kantien selon lequel « c'est la nature qui est dérivée des lois de la possibilité de l'expérience en général et elle est tout à fait identique à la simple légalité universelle de l'expérience (§ 36 des *Prolégomènes*). » Sous prétexte qu'une théorie peut être contredite par des expériences, K. Popper déduisait que la nature n'obéit pas forcément aux lois de l'expérience possible. Au contraire, au-delà du fait que la formalisation minkowskienne assurait une plus grande solidité logique à la relativité restreinte en montrant que les phénomènes naturels ne sont véritablement saisissables qu'au regard de l'« unité » de l'espace-temps (composantes d'un vecteur à quatre dimensions), la théorie de la relativité générale, en recourant à la métrique riemannienne pour déterminer les invariants physiques, c'est-à-dire les entités physiques intrinsèques, acquiert une signification fondamentale : la physique n'est objective qu'en ce qu'elle est productrice du « sensible », lequel n'est à proprement parler qu'une « production de l'espace-temps » et une « production dans l'espace-temps ».

C'est la conception géométrique riemannienne qui semblait traduire le mieux l'esprit du principe kantien de l'expérience, en soutenant qu'il n'y a aucun sens à se demander si l'espace physique est de nature euclidienne ou

[1] J. Vuillemin, *PMK*, p. 283.

non, c'est en dehors de l'espace, dans les forces de liaison qui agissent en lui, qu'il faut chercher le fondement des rapports métriques. S'offrait ainsi l'opportunité de dissoudre les difficultés liées au traitement mécanique de l'éther conçu uniquement en vue d'éviter « d'attribuer à l'espace lui-même des fonctions ou des états physiques. » A la fin du XIXème siècle, c'est la physique du champ de Lorentz qui présentait le point de vue le plus avancé avec une découverte majeure si l'on en croit Einstein, à savoir « l'espace physique et l'éther ne sont que deux expressions différentes d'une seule et même chose. Les champs sont des états physiques de l'espace. » En venant à bout des notions d'éther et de force, la gravitation en vient à être traitée en termes de distribution de la matière-énergie à même la courbure de l'espace-temps dit pseudo-riemannien, dont la particularité est de faire intervenir le *temps propre*. La métrique riemannienne s'avère d'une extraordinaire fécondité théorique : le principe d'équivalence requérant des équations non linéaires, il apparaît à Einstein que c'est à la métrique elle-même qu'il faut attribuer une signification physique et non aux éléments différentiels des coordonnées, le tenseur de courbure supposant « des expressions différentielles du deuxième ordre. »

On peut souligner que la facilité qu'avait Einstein de concevoir des expériences idéalisées comme base axiomatique est l'une des preuves incontestables que le « sensible » n'est perceptible et connaissable qu'à travers les jugements synthétiques *a priori* qui l'objectivent. C'est la force de l'hypothèse physique d'être productrice de l'objectivité de la nature en prescrivant les expériences qui la valident. Nul besoin d'insister ici sur la grande fortune des expériences idéalisées, rappelons tout justement que c'est bien par une expérience idéalisée que Galilée plaçait le principe de relativité au fondement de la physique. Qu'en est-il de la physique quantique ? Une certaine paresse intellectuelle peut amener à y situer le fait que la physique moderne serait en état de crise permanente. L'échec de la nouvelle physique à construire une théorie de grande unification qui assurerait une fois pour toute l'unité de la physique, cet échec est vu, à défaut, comme symptomatique du relativisme scientifique, ce qui confine au scepticisme. Sans doute, la controverse entre Bohr et Einstein, et surtout la volonté acharnée de celui-ci d'assurer la complétude de la physique quantique dans le sens du réalisme et du déterminisme classiques, tout cela a provoqué les suspicions sur la physique de l'infiniment petit. Cependant, l'équivalence de la mécanique ondulatoire de de Broglie et de Schrödinger et de la mécanique matricielle de Heisenberg, Born et Jordan atteste de la fondation de la physique quantique et, par voie de conséquence, de la présupposition de l'espace et du temps « originaires ». Le fait qu'Einstein lui-même, en vertu de l'inanité des théories à variables cachées, était obligé de reconnaître l'objectivité de l'hypothèse quantique que les expériences cruciales d'Aspect ont finalement corroborées dans le sens de la non-séparabilité bohrienne, cela apparaît, contre l'idée de grand schisme, comme l'une des preuves de la juridiction de l'administration physique par des principes transcendantaux. Cela compris, le problème de la mesure qui est souvent mis en exergue comme l'une des difficultés épineuses de la mécanique quantique peut être compris dans une perspective parfaitement transcendantale : pour cela, il ne faut pas perdre de vue que toute expérience est dans une certaine mesure une théorie, du moins, aucune expérience n'est intelligible en dehors d'une théorie qui la conçoive et la prescrive : l'exclusion d'un ordre fixe de réalités ontologiques et l'affirmation d'observables selon qu'objets et mesure sont concomitants, ces deux caractéristiques conjointes de la physique quantique peuvent être sans difficulté vues comme autant d'expressions du fait que l'idéalisme transcendantal s'allie avec le réalisme empirique pour repousser le réalisme transcendantal (*Réfutation de l'idéalisme*).

L'enjeu fondamental de notre travail exige de nous de remonter au Débat de Davos et de mettre le curseur sur le Manifeste viennois, afin de prendre toute la mesure de l'héritage kantien dans les contextes de l'idéalisme allemand (Fichte, Cohen, Heidegger et leurs héritiers) et de la transformation pragmatique de la philosophie (Peirce, Wittgenstein, Austin et leurs héritiers). Nous devrons ainsi examiner différentes réformes de la théorie kantienne qui tentaient de l'adapter à la théorie relativiste ou à la théorie quantique en proposant des variations de l'Esthétique et/ou de la Logique transcendantales. Nous pouvons d'ores et déjà indiquer qu'il ne s'agira pas pour autant d'établir la survivance du criticisme au sein de ce qu'on pourrait appeler une transformation transcendantale de la philosophie qui se décline *agonistiquement* selon des réflexions pragmatiques, phénoménologiques ou herméneutiques. Par conséquent, comprendre Kant au « présent » reviendra à montrer comment il permet de « redynamiser » le jugement de vérité. Nous ne chercherons pas à déceler d'éventuels invariants kantiens dans les épistémologies modernes. Au contraire, ce « comprendre » Kant au présent est saisi dans la référence à Kant non par la manière dont la philosophie se rapporte à son passé, mais par la nécessité pour celle-ci de se constituer dans sa détermination spécifiquement contemporaine.

Ces éclaircissements étant faits, indiquons que le premier tome de cette étude a pour titre : « L'universalité historique de la théorie kantienne de l'expérience », expression que nous empruntons à E. Cassirer. Même si le travail qu'on va lire est intégré dans une démarche plus large de confrontation de la pensée kantienne de la physique à l'épistémologie issue du positivisme logique – approche méta-épistémologique plurivoque dont on verra toute l'ampleur dans le second tome –, nous devons avouer que nous l'avons toujours conçu comme un travail qui possède son économie propre. Sinon, nous pourrions en présenter un résumé, sous peine de le réduire à son extrême expression, dans une approche non immanente. L'intérêt d'une telle démarche serait sans doute intéressant sur le plan méta-épistémologique, mais nous perdrions le bénéfice majeur de comprendre Kant dans sa lettre. C'est qu'il nous apparait que les différentes crises auxquelles le criticisme épistémologique devait faire face dans la seconde moitié du XIXe siècle ne pourront être appréciées de manière adéquate que si nous entreprenons patiemment le long travail d'élucidation du rapport kantien à la physique classique, plus largement à la pensée classique de la *physis*. Il nous faut déterminer en quel sens Kant est un « philosophe newtonien ».

Pour récurrente qu'elle soit, une telle thématique est abordée ici à nouveaux frais dans la mesure où nous adoptons d'emblée un procédé méthodologique qui saisit l'articulation transcendantale du Schématisme et de l'Architectonique. En effet, nous avons pu identifier dans la manière marbourgeoise de *conjoindre l'approche historique et l'approche systématique* les ressources d'une nouvelle investigation qui rende possible la saisie, en un seul et même mouvement, de la formulation du problème philosophique de la connaissance et de l'administration de l'*épistèmê* de la *physis* dans le contexte classique. Ainsi, si le rapport de Kant à Newton nous sert en quelque sorte de *fil d'Ariane*, c'est que l'un comme l'autre peut être considéré comme un véritable carrefour, où affluaient différentes positions philosophiques, métaphysiques ou cosmo-physiques, toutes positions dont ils s'efforçaient, chacun à sa manière, de présenter une synthèse. Voilà ce qu'il convient d'entendre par « l'universalité historique de la théorie kantienne de l'expérience ». Or, il n'y a pas d'universalité de la théorie kantienne sans l'universalité de la théorie newtonienne. L'on voit tout de suite l'embarras dans lequel une telle affirmation peut nous mettre. Non point qu'il faille nous appesantir sur le sempiternel débat concernant la dépendance ou non de toute philosophie d'un « dehors » qui viendrait combler la vacuité à laquelle elle est originairement vouée – ce que traduisaient les controverses néopositivistes autour de l'existence ou non de problèmes philosophiques. Evitant tout débat creux et fuyant tout embarras suspect qui ne font qu'attiser l'amour-propre de la philosophie, nous acceptons comme un *fait* le rapport de Kant à Newton. Dans ces conditions, tout bon kantien ne pourrait éviter de se poser la seule question qui vaille : celle du *quid juris*. C'est bien le rapport « de droit » entre Kant et Newton que nous cherchons à ré-examiner, sachant que ce rapport ne saurait être fixé une fois pour toute. Cela nous place immédiatement dans l'obligation de nous en tenir à « l'universalité de la théorie kantienne de l'expérience », car Kant entendait intégrer et dépasser dans son concept critique d'*épistèmê* toutes les conceptualités logiques, philosophiques et physiques classiques.

Cette étude se divise en trois chapitres. Nous présenterons, au premier chapitre, certains présupposés terminologiques et méthodologiques qui déterminent l'universalité historique de la théorie kantienne de l'expérience, en nous attelant à définir, au deuxième chapitre, le concept de science pure de la nature selon que le Schématisme et l'Architectonique sont constitutifs de deux mouvements somme toute solidaires qui définissent un concept « phénoménologique » de connaissance physique : l'*espace* et le *temps* s'avèrent ainsi constitutifs de la *vérité transcendantale* – et, dans cette phénoménologie, qui est fidèle aux Postulats de la pensée empirique en général relatifs à la modalité du jugement, relativité et absoluité spatiales sont « déclinées » suivant l'articulation architectonique des différentes sciences physiques : phoronomie, dynamique, mécanique, qui feront l'objet du troisième chapitre.

De part en part, nous montrerons que la conception kantienne des mathématiques et de la physique se démarque en des points essentiels de l'approche newtonienne. En cela, il serait insensé de confondre la conception de l'espace et du temps intuitifs, subjectifs, *a priori* et idéaux à celle de l'espace et du temps absolus, vrais et mathématiques (§ 7, § 10 et § 12). Nous ne chercherons pas à minorer le fait que Kant soit un « philosophe newtonien », mais surtout à ne pas réduire la démarche critique à une démarche purement « épistémologique » : la logique kantienne conjoint une Analytique transcendantale et une Dialectique transcendantale dans la mesure où elle vise à placer au fondement de la science de la nature une métaphysique renouvelée, en la débarrassant entre autres de l'Antithétique de la raison pure (§ 6 et § 8) : il convient notamment de définir les *Premiers principes métaphysiques de la science de la nature*. C'est pourquoi, dans le sillage de J. Vuillemin, B. Rousset et G. Lebrun, nous tiendrons à saisir la théorie kantienne de la connaissance dans son aspect architectonique en mettant en exergue la phénoménologie qui la sous-tend dès l'*Histoire générale de la nature et théorie du ciel* (1755) jusqu'à l'*Opus postumum* (1796-1803). Dans cette optique, la *question du jugement de vérité* sera traitée en ce qu'elle est indissociable de la problématique de l'Antinomie de la raison pure qui constitue l'origine théorique du criticisme (lettre de Kant à Ch. Garve, 21 septembre 1798) : par rapport donc à la *question de la possibilité d'une cosmologie scientifique*. Ainsi pourrons-nous délimiter tout le périmètre de notre enquête en posant de manière conjointe les questions de l'objectivité physique et de la non-objectivité cosmologique, toutes questions que résume la suivante : que peut-on connaître scientifiquement du *monde* ou de la *nature*, ou comment peut-on le connaître comme objet de science ?

Par conséquent, deux idées fondamentales supporteront notre démarche méthodologique. La première est relative à la *conjonction intime de l'Idée et du schème* (§ 1 et § 2). A cet égard, le Système des principes de l'entendement purs (doctrine positive de la *Critique*), qui suppose que le schème ait une fonction algorithmique et modélisante en tant que « méthode applicative de la catégorie », n'est pas complètement déterminé en dehors de la fonction régulatrice et « systémique » des Idées rationnelles (Idée de l'âme, Idée de monde, Idée de Dieu) qui permettent d'évacuer notamment l'illusion cosmologique (§ 11 et § 13). Par ailleurs, la seconde idée qui sous-tend notre méthodologie est celle d'« épistémologie génétique », expression proposée par P. Huneman et que les études de M. Lequan et de C. Piché permettent de mieux appréhender (§ 5). En définissant adéquatement l'approche cosmogonique kantienne de 1755, qui se trouve suspendue à une reconfiguration de l'ontothéologie menée dans les Opuscules de 1762-1763, cette idée permet d'articuler cette reconfiguration au projet transcendantal d'une « métaphysique de la métaphysique », et par-là de bien saisir l'antinomie de la relativité et de l'absoluité spatiales comme porte d'entrée pour appréhender le rapport de Kant à Newton (les Opuscules précritiques sur la monadologie, l'universalité du mouvement relatif ou la différence des régions de l'espace). Ce qui nous permettra, *in fine*, d'établir que la philosophie des limites faisait bon ménage avec l'hypothèse cosmologique (hypothèse nébulaire dite de Kant-Laplace, théorie des Univers-îles), étant entendu que Kant reconnaissait à l'absoluité spatiale une vertu « régulatrice » comme il le montrait pour l'Idée cosmologique. Pour nous en tenir à l'architectonique théorique, c'est par l'exposé de la fonction épistémologique de l'Idée théologique que nous terminerons cette étude, en précisant le lien phénoménologique entre la reconfiguration précritique de l'ontothéologique et l'idéal transcendantal quant au « *projet d'une science universelle systématique* » (§ 13).

I

La Révolution copernicienne : une approche phénoménologico-architectonique

§ 1. L'unité transcendantale du schématisme et de l'architectonique

Sans doute n'est-ce pas commode d'exposer la théorie kantienne de l'expérience en s'intéressant d'emblée à la signification du Schématisme de l'imagination pure. Pour autant que nous voulions mettre en évidence la « relation transcendantale » de la physique et de la métaphysique, un tel choix semble s'imposer : par la définition expresse du concept de *science pure de la nature*, selon ce que nous enseigne la « révolution copernicienne », nous pourrons déceler, dans celle-ci, la manière somme toute critique de concevoir différents niveaux d'objectivité scientifique suivant une nouvelle articulation de la mathématique à l'expérience – cette dernière étant afférente à la distinction entre les *principes métaphysiques* et les *principes mathématiques*. Ainsi partirons-nous du fait que le *schématisme transcendantal* s'inscrit dans une démarche méthodologique de détermination mathématique de l'expérience scientifique[1], démarche qui demeurerait insaisissable si l'on ne la comprenait pas à travers son « enchevêtrement » avec le « projet » architectonique kantien.

---

[1] Notons d'emblée, ce qui sera précisé par la suite, qu'il y a plusieurs niveaux de détermination mathématique de l'expérience, et que ces niveaux, loin de s'exclure, se complètent mutuellement : 1) construction des concepts dans l'intuition pure de l'espace ou du temps ; 2) application des « principes mathématiques » de l'entendement pur que sont les Axiomes de l'intuition et les Anticipations de la perception (par différence avec les principes dynamiques des Analogies de l'expérience et des Postulats de la pensée empirique en général) ; 3) outil quantitatif de mesure, instrument, *organon* au service de la science physique (comme le veut l'*Opus postumum*).

Gardons à l'esprit que le Schématisme des concepts purs de l'entendement et l'Architectonique de la raison pure forment deux chapitres distincts de la *Critique de la raison pure* : le premier constitue le thème du premier chapitre de l'Analytique des principes (seconde partie de la Logique transcendantale), alors que le second constitue l'avant-dernier chapitre de la *Critique* – le troisième chapitre donc de la Théorie transcendantale de la méthode. L'unité, que nous nous attellerons à définir, renvoie à une même visée méthodique qui, à un concept plus général de schématisme, suspend le schématisme des concepts purs de l'entendement, le schématisme de l'idée du système de la raison pure (architectonique) et même le schématisme de l'idée transcendantale régulatrice, comme par exemple celui de l'idée théologique qui fera l'objet du dernier chapitre de notre étude. Sera précisé, de part en part, le lien qui unit le Schématisme et l'Architectonique dans la conception kantienne d'une science pure de la nature.

En un seul et unique mouvement, toute notre attention portera sur ce que Cassirer appelait l'« universalité historique » de la doctrine kantienne de l'expérience, universalité qui s'illustre bien dans le schématisme[1], où, contrairement au reproche de subjectivisme ou de psychologisme[2], on atteint la méthode même de constitution de l'objectivité scientifique. Laquelle se trouve ordonnée aux principes synthétiques *a priori*, et astreinte à la phénoménalité du phénomène dans la mesure où l'usage objectif des concepts purs est valide uniquement dans l'intuition empirique[3]. Il est vrai que celle-ci ne peut être que « présupposée », si l'on veut se garder de sombrer dans le gouffre de l'absolutisme. C'est la raison pour laquelle la doctrine du schématisme constitue le lieu où s'enclenche une véritable « fondation transcendantale », soulignait H. Cohen, alors qu'avant il vaudrait mieux parler d'« une fondation métaphysique élargie[4] ». Car, en tant qu'activité pure, le schématisme n'est concevable qu'en fonction de « [...] la capacité d'être affecté par un mouvement » :

> *C'est cette donnée primitive du choc – dont la pensée ne retiendra d'ailleurs que ce qui est juste nécessaire pour élaborer la possibilité de l'expérience – qui sert de point de départ à toute réflexion transcendantale*, observait J. Vuillemin[5].

---

[1] Pour une « reconstruction des interprétations du schématisme », voir W. Detel, « Zur Funktion des Schematismuskapitels in Kants Kritik der reinen Vernunft », *Kant-Studien*, 69, 1978, p. 17-45.

[2] *DKO*, p. 264-265.

[3] M. Puech, *Kant et la causalité*, Paris, Vrin, 1990, p. 523-524.

[4] H. Cohen, *Commentaire*, p. 111.

[5] *PMK*, p. 27.

C'est pourquoi la Remarque générale au Système des principes recèle une signification spécifique dans le fait de conjoindre

> [...] la philosophie transcendantale et la physiologie rationnelle, la *Critique de la raison pure* et les *Principes métaphysiques de la science de la nature*, la théorie de l'objet transcendantal et la science apriorique du mouvement, poursuivait-il[1].

Avant même d'exposer la signification de ladite doctrine, Kant était sensible au risque d'idéalisme absolu qu'il tenait à évacuer en démarquant le « connaître » du « penser » à la fin de sa Déduction transcendantale (§ 22-25) : l'application des catégories au-delà de l'intuition produit, ainsi qu'il l'établissait de manière exhaustive dans la Dialectique transcendantale, une pensée non moins vide qu'arbitraire et illusoire. La signification finale de l'Analytique des concepts est relative à cette restriction :

> *[...] si une intuition correspondante ne pouvait pas du tout être donnée au concept, il serait une pensée quant à la forme, mais sans aucun objet, et absolument aucune connaissance de quelque chose ne serait possible par lui*[2].

Il est donc nécessaire de faire correspondre à un concept un objet adéquat dans l'intuition, si l'on entend lui accorder une réalité objective dans une connaissance légitime. C'est pourquoi, en dépit de leur universalité et de leur nécessité exemplaires, les constructions mathématiques n'ont, au sens strict, aucune « réalité objective » et ne présentent que des « objets formels », aussi longtemps que l'on ne réussit pas à en présenter les objets correspondants dans la réalité conformément aux principes d'une science mathématique de la nature[3]. Sans « objet » correspondant adéquatement dans l'intuition, les concepts purs ne représentent que les formes possibles de la connaissance objective. Se manifeste pour ainsi dire, à côté du problème de

---

[1] Ibid. Le mouvement ne sera qu'un réquisit empirique, c'est ce qui apparaissait dans l'explication des concepts d'espace et de temps, seuls concepts de l'*Esthétique transcendantale* (§ 7) : A 41/B 58 ; *OP* I, p. 800. La note du § 24 de la *Déduction transcendantale* de 1787 abonde dans le même sens : « le mouvement d'un *objet* dans l'espace n'appartient pas à une science pure, ni, par conséquent, à la géométrie ; car que quelque chose soit mobile, ce ne peut être connu *a priori*, mais seulement par expérience. Mais le mouvement, comme description d'un espace, est un acte pur de la synthèse successive du divers dans l'intuition externe général par l'imagination productrice et n'appartient pas seulement à la géométrie, mais même à la philosophie transcendantale ». B 155; *OP* I, p. 869.

[2] B 146; *OP* I, p. 863.

[3] B 147 ; Ibid.

l'objet (*Gegenstand*), celui de la chose (*Ding*), relevait H. Cohen, et ce n'est nullement la supposition d'une « chose en soi (*Ding an sich*) » qui est ainsi faite : « d'une façon tout à fait contraire, nous sommes ici entraînés de l'intuition pure à la *perception* », et donc à l'intuition empirique ou à la *sensation* – l'objet serait relatif à la mathématique, et la chose à la physique[1]. Cela veut dire que pour construire une physique mathématique, le lien du *Gegenstand* et du *Ding* doit être transcendentalement établi – ce lien ne peut être jamais rompu.

On reconnaissait la possibilité d'une connaissance formelle de nature mathématique où se manifeste l'application catégoriale dans l'intuition pure : la Déduction transcendantale supposait que non seulement les catégories de l'ordre de la quantité s'appliquant à l'intuition spatiale, mais aussi les concepts purs de la qualité et de la relation ne peuvent avoir de validité objective que conformément à l'intuition spatio-temporelle. Il y a là une leçon décisive qui concerne la conception des mathématiques de Kant, qui procède de manière somme toute phénoménologique, c'est-à-dire en un mouvement qui l'amène à chaque « étape » de sa démonstration à « transformer » ses concepts, singulièrement celui d'intuition

> *[qui] ne trouve sa « vérité » qu'au moment où il est jugé à partir du principe suprême de l'expérience possible, c'est-à-dire au moment où l'Analytique transcendantale ayant donné raison de l'Esthétique transcendantale, la mathématique prend son sens comme ingrédient nécessaire de la physique mathématique, comme élément constitutif de l'expérience possible*[2].

On verra que ce mouvement phénoménologique caractérise de fond en comble l'argumentation des *Premiers principes*. Une remarque semble s'imposer. La notion de « phénoménologie » est utilisée ici dans un sens strictement méthodologique. Elle ne se rapporte ni à l'usage « doctrinal » qu'en faisait Heidegger dans son *Interprétation phénoménologique de la « Critique de la raison pure » de Kant*, ni à la volonté de Husserl de déterminer, dans son fameux appendice sur « Kant et l'idée de la philosophie transcendantale », l'héritage proprement kantien de sa phénoménologie qui « doit elle aussi, arguait-il, reconnaître qu'elle est une tentative pour vérifier le sens le plus profond de la philosophie de Kant[3] ». Indiquons que le quatrième chapitre des *Premiers principes* s'intitule précisément « Principes métaphysiques de la phénoménologie », qui s'entend dans l'optique d'une

---

[1] H. Cohen, *Commentaire*, p. 101.

[2] *PMK*, p. 14 et 39-41.

[3] E. Husserl, *Erste Philosophie*, I, *Kritische Ideengeschichte*, Hua VII, 287 ; trad. A.L. Kelkel, *Philosophie première*, I, *Histoire critique des idées*, 3e éd., Paris, PUF, 2002, p. 367.

validation transcendantale des différents niveaux de connaissances constitutives de la cinématique, de la dynamique et de la mécanique – au regard de la typologie kantienne des sciences physiques. Nous verrons le moment venu qu'en tant que « logique de la vérité », ce concept de phénoménologie était conçu en réaction au *Neues Organon* (1764) de J.H. Lambert. Il faudrait remonter aux années, si déterminantes, de 1770 pour situer l'usage de la notion de phénoménologie : dans ses Lettres à Lambert du 2 septembre 1770 et à Herz du 21 février 1772, Kant évoquait une « *phaenomelogia generalis* » qui aurait pour tâche (il s'agissait là de tout un programme de recherches), en tant que science négative particulière par rapport à la métaphysique, de définir les principes de la sensibilité en fixant leur validité et leurs bornes[1]. C'est sans doute l'acception la plus forte de la notion de phénoménologie immanente à l'œuvre proprement kantienne. Néanmoins, nous reconnaissons avoir privilégié ici, pour des visées méthodologiques, un sens plutôt hégélien qui rapporte cette notion à celle de dialectique. En ce sens, on peut l'appliquer à l'ensemble de l'œuvre kantienne, aux écrits d'avant 1770, notamment à l'*Histoire générale* de 1755 en tant que lieu de gestation de la pensée cosmo-physique kantienne, Histoire cosmologique qui était appelée à être dépassée dans un mouvement critique d'*Aufhebung* qui est, en quelque sorte, dialectique.

Cette remarque étant faite, reprenons le fil de notre présentation. On peut remarquer que dans la manière kantienne de clore la *Déduction transcendantale* réside, en filigrane, la problématique d'une *imagination productive*. Laquelle problématique amène au cœur même du problème de l'expérience de la science mathématique de la nature. En 1787, Kant envoyait la « déduction subjective » à la fin de sa démonstration. Aussi peut-on observer que, dans la considération de l'application des catégories à des objets en général, c'est-à-dire dans la manière dont elles parviennent à s'intégrer un donné intuitif, Kant ne pouvait s'empêcher de faire appel à l'imagination. Or, le pouvoir de cette faculté semblait, jusque-là, largement se réduire à l'association empirico-subjective. Tout compte fait, une seule et unique question, celle de la commensurabilité, s'imposait donc à ses yeux : comment la catégorie (concept pur de l'entendement) rencontre-t-elle, s'applique-t-elle ou subsume-t-elle le phénomène dans l'intuition (au sens empirique) ?

Rappelons que la saisie de cette doctrine de l'imagination pure constitue l'un des points de controverse entre les Marbourgeois (les tenants du néo-kantisme de Marbourg) et Heidegger qui voyait, dans la manière kantienne de la reléguer au second plan selon le privilège théorique accordé au concept dans la seconde édition de la première *Critique,* le signe le plus évident du retrait kantien quant à la fondation ontologique. Repoussant les

---

[1] E. Kant, *Correspondance,* AK LVII, 33 ; trad. fr., Paris, Gallimard, 1991, p. 70-71.

allégations heideggériennes, Cassirer nous invitait par contre à y voir l'« universalité historique » du criticisme dans la mesure où la signification véritable de la doctrine de l'imagination pure est fonction précisément du fait que Kant, en s'inscrivant volontiers avec sa « déduction subjective » dans le contexte de la psychologie sensualiste – par l'intérêt porté à la manière dont l'« être empirique » « peut être pensé en tant que tel, c'est-à-dire comment il peut être reçu dans l'unité de la conscience psychologique[1] » –, il en assure l'acquis qui ne cessait de transparaître à travers le scepticisme de Hume. Ce dernier se voyait obligé de reconnaître à « la fonction psychologique de l'imagination » une fécondité « ontologique », permettant de ramener « toute la régularité de l'existence au mécanisme de l'association de représentations[2] ». L'acquis dont parle Cassirer se trouve transformé et perfectionné dans la doctrine des trois facultés subjectives. Dans cette doctrine, « la synthèse de l'appréhension [...] ne désigne que le niveau le plus bas de la formation des représentations[3] », compte tenu que « le schéma psychologique du sensualisme a besoin d'être transformé et approfondi pour pouvoir s'appliquer aux tâches de la doctrine de la connaissance[4]. » C'est que le dépassement du psychologisme dans la doctrine de l'imagination pure se fait, sans s'y réduire, au prix de quelques concessions à l'idéalisme assez suspect de la « déduction subjective[5] ».

En effet, dans le fameux texte des trois synthèses (1781), la faculté d'imaginer fut présentée comme la « synthèse de la reproduction », intermédiaire à la « synthèse de l'appréhension » et à la « synthèse de la récognition » placées respectivement sous l'égide de l'intuition et du concept[6]. Kant lui-même s'était rendu compte que cette doctrine abritait un idéalisme somme toute subjectif, dans la mesure où « c'est donc l'illustration psychologique qui éclaire la signification métaphysique du sens interne en faisant du sujet qui affecte un « quelque chose transcendantal » et du sujet intentionné un phénomène[7]. » Cependant, il faut éviter d'y minorer « cette orientation sur l'objectivation scientifique de la conscience » qui, sans doute, est « l'objectivation propre à l'aperception, comme objectivation de l'unité synthétique dans les concepts à titre d'unités synthétiques[8]. »

---

[1] *Erkenntnisproblem* II, p. 706 ; trad. fr., p. 499.
[2] *Erkenntnisproblem* II, p. 707; trad. fr., p. 500.
[3] *Erkenntnisproblem* II, p. 710; trad. fr., p. 502.
[4] Ibid.
[5] Il y va de la relation complexe entre la méthode métaphysique et la méthode transcendantale qui s'entretient de la psychologie tout en délimitant ses « bornes ». A ce sujet, H. Cohen, *TKE*, p. 93-95 ; trad. fr., p. 113-124.
[6] A 96-109 ; *OP* I, p. 1403-1414.
[7] H. Cohen, *TKE*, 430 ; trad. fr., p. 353.
[8] H. Cohen, *Commentaire*, p. 108.

Le plus significatif est que l'entendement lui-même, à savoir l'« unité transcendantale de l'aperception », ait partie liée avec une synthèse *productive* de l'imagination « comme à une condition *a priori* de la possibilité de tout assemblage du divers en une connaissance[1] ». La notion d'« affinité transcendantale » articule l'imagination productive et l'aperception transcendantale, qui est soigneusement distinguée du « sens interne ». En repoussant l'idéalisme problématique et l'idéalisme dogmatique, la Réfutation de l'idéalisme refusait en même temps qu'il soit le support de l'*idéalisme matériel*[2]. Aux § 23-24 de la déduction de 1787, Kant distinguait entre la « *synthesis speciosa* » et la « *synthesis intellectualis* » : la première, dite « figurée », apparaissait comme « un effet de l'entendement sur la sensibilité[3]. » C'est le problème du hiatus de l'intuition et du concept qu'il voulait à tout prix résorber en croyant venir à bout des difficultés du psychologisme[4], qui est arc-bouté sur « une sorte de *système de préformation* de la raison pure[5] ». En ce sens, la question de l'affection se trouve suspendue à un nouveau principe de traitement en vertu de la détermination du sens interne par l'entendement[6], ce, conformément à la signification transcendantale de l'« être donné », qui « signifie, expliquait Cohen, être rapporté à l'expérience, et être rapporté pour l'expérience, à l'intuition[7] » :

> *L'objet transcendantal qui est au fondement des phénomènes extérieurs, tout comme celui qui est au fondement de l'intuition interne, n'est en soi ni matière, ni être pensant, mais un fondement à nous inconnu des phénomènes qui nous fournissent le concept empirique de la première aussi bien de la seconde espèce, soutenait Kant*[8].

---

[1] A 108 ; *OP* I, p. 1419.

[2] A 226/B 274; *OP* I, p. 954; H. Cohen, *KTE*, p. 426 et 489; trad. fr., p. 351 et 395. Sur l'affinité transcendantale : Ibid., A 113-114, p. 187. Sur la richesse architectonique de cette notion « chimique », assez ignorée selon D. Morgan de la plupart des grands commentateurs de la philosophie critique, voir Mai Lequan, « Affinité transcendantale et affinité empirique chez Kant », in M. Lequan (dir.), *Métaphysique et philosophie transcendantale selon Kant*, Paris, L'Harmattan, 2005, p. 137-221.

[3] B 150-152 ; *OP* I, p. 865-867.

[4] *Erkenntnisproblem* II, p. 713-714; trad. fr., p. 504.

[5] B 167 ; *OP* I, p. 877-878.

[6] Voir ce passage, B 152-159 ; *OP* I, p. 867-872 : s'y trouve posée l'impossibilité d'une intuition intellectuelle et, par là même, de toute psychologie rationnelle. H. Cohen, *Commentaire*, p. 102-103.

[7] H. Cohen, *KTE*, p. 428-435 ; trad. fr., p. 352-356. Pour plus de précision sur la portée transcendantale du « sens interne », déterminé selon le traitement critique des paralogismes : Ibid., 436-446 ; trad. fr., p. 357-364.

[8] A 379-380 ; *OP* I, 1451.

Tous les problèmes, qui peuvent être posés, recevraient leur solution dans la mesure où l'imagination transcendantale demeure « pour moitié » sensible (du fait du lien qu'elle a avec l'affection sensible) tout en permettant la « synthèse aperceptive ». Et, puisque « la synthèse de l'appréhension, qui est empirique, doit être nécessairement conforme à la synthèse de l'aperception qui est intellectuelle », il s'ensuit que « c'est une seule et même spontanéité, qui là sous le nom d'imagination, ici sous celui d'entendement, introduit la liaison dans le divers de l'intuition, avançait Kant[1]. » De l'avis de Cassirer,

> *[...] une fois qu'on reconnaît cela, la doctrine du schématisme peut en effet être abandonnée ; car le sens global de cette doctrine consiste justement à ne permettre rien d'autre que cette connaissance même*[2].

Il convient, du reste, de ne pas perdre de vue le caractère historiquement inédit du traitement criticiste de ce problème, traitement où, à vrai dire, « se compénètrent les présupposés, gnoséologiques et psychologiques, de la *Critique de la raison pure*[3] ». Remarquons que la notion de schème est absente aussi bien de la déduction subjective de 1781 que de la déduction transcendantale de 1787, quand bien même plusieurs passages donneraient à y penser. En effet, l'on y voit que « les catégories sont des concepts qui prescrivent *a priori* des lois [...] à la nature, comme l'ensemble de tous les phénomènes (*natura materialiter spectata*)[4] », conformément donc à « un système de l'*épigenèse* de la raison pure[5] ». Cela veut tout simplement dire :

> *[...] tous les phénomènes de la nature doivent être soumis quant à leur liaison aux catégories, dont la nature (considérée simplement comme nature en général) dépend comme du fondement originaire de sa conformité nécessaire à la loi (comme* natura formaliter spectata*)*[6].

Une fois la fonction des catégories fixée, il est nécessaire de déterminer « comment elles rendent possibles l'expérience et quels principes de la possibilité de celle-ci elles fournissent dans leur application aux phénomènes, expliquait Kant ». Puisque les règles catégoriales sont les conditions formelles générales données dans les concepts purs de

---

[1] Voir l'exemple de la perception de la maison et celui de la perception de la congélation de l'eau : B 162-163 ; *OP* I, 874-875.
[2] *Erkenntnisproblem* II, p. 717 ; trad. fr., p. 507.
[3] *Erkenntnisproblem* II, p. 718; trad. fr., p. 507.
[4] B 163 ; *OP* I, p. 875.
[5] B 167 ; *OP* I, p. 877.
[6] B 165; *OP* I, 874-875.

l'entendement, il est alors nécessaire que soit connu « en même temps *a priori* le cas pour lequel la règle doit être appliquée » – la question du rapport du général au particulier[1]. Cette exigence est elle-même transcendantale dans la mesure où la philosophie transcendantale ne saurait s'en passer, c'est-à-dire se passer d'une doctrine de la faculté de juger qui, comme telle, traite du « pouvoir de *subsumer* sous des règles ». Cette doctrine constitue, en fait, l'une des distinctions cardinales qui expliquent le dualisme entre la « logique générale » et la « logique transcendantale » : au-delà des *concepts*, cette dernière doit traiter principalement des *jugements* (de leur modalité), afin de bien circonscrire le domaine des *raisonnements*[2].

Pour tempérer la propension à surligner les réquisits psychologiques du schématisme transcendantal, mille fois dénoncés dans « le milieu anglais et américain[3] », il convient tout simplement d'y voir « la thématisation de la dimension analogico-expérimentale de la connaissance » : son intelligibilité relève donc, souligne Gaetano Chiurazzi, de la signification profonde de la révolution copernicienne où l'expérience se trouve « reconfigurée » relativement à « des coordonnées de sens, *modaux*, ce qui explique le rôle des principes modaux en tant que *postulats* de la pensée empirique en général[4] ». En d'autres termes :

> *La considération kantienne de la modalité implique ainsi un déplacement de la logique (il ne s'agit pas de la modalité du rapport logique, prédicatif) au niveau transcendantal des conditions de possibilités de l'expérience*[5].

Quelles sont alors la nature et la fonction du schème ? Rappelons qu'il se trouve en question ici la relation de la catégorie et de l'intuition empirique et, en général, l'application de la règle catégoriale au phénomène. Kant répond que cela doit se faire « au préalable » dans le schématisme du temps. Quand une catégorie s'y présente, se temporalise en quelque sorte, il devient un schème. Ce dernier dissout ainsi, mieux, neutralise l'hétérogénéité du concept pur et de l'intuition empirique. Mais, pourquoi le temps ? A cette seule condition :

> *Dans toutes les subsomptions d'un objet sous un concept, la représentation du premier doit être homogène à la seconde représentation, c'est-à-dire que le concept doit contenir ce qui est représenté dans l'objet à subsumer sous*

[1] A 135/B 174; *OP* I, p. 882.
[2] A 130/B 169 ; *OP* I, p. 879.
[3] Pour les références, voir G. Chiurazzi, « Schématisme et modalité : la doctrine kantienne du schématisme comme thématisation de la dimension analogico-expérimentale de la connaissance », *Kant-Studien*, 91, 2000, p. 146.
[4] G. Chiurazzi, op. cit., p. 149.
[5] G. Chiurazzi, op. cit., p.149-150.

lui, car c'est ce que signifie précisément l'expression : Un objet est contenu sous un concept[1].

C'est donc la *Gleichartigkeit* qui constitue la norme de la *Subsumtion.* Or, il n'y a, à première vue, aucune homogénéité entre les concepts purs de l'entendement et les intuitions empiriques qui sont totalement hétérogènes : « personne ne dira que cette catégorie, par exemple la causalité, peut être aussi intuitionnée par les sens, et qu'elle est contenue dans le phénomène, observait Kant ». Alors, pour que la catégorie puisse s'appliquer à l'intuition empirique, il est requis un terme médian

[...] qui doit être homogène d'un côté à la catégorie, de l'autre au phénomène, et qui rend possible l'application de la première au second. Cette représentation médiatrice doit être pure (sans rien empirique) et cependant d'un côté, intellectuelle, de l'autre sensible. Une telle signification est le schème transcendantal[2].

Par conséquent, on passerait à côté de la véritable signification du schème transcendantal, si l'on ne saisissait pas son articulation au projet méthodologique général de Kant qui, dans la Théorie transcendantale de la méthode, considérait « l'ensemble de la connaissance de la raison pure et spéculative » comme un « édifice » dont il fallait concevoir le « plan », sachant que la Théorie transcendantale des éléments ne pouvait qu'indiquer les « matériaux » nécessaires et indispensables à son érection. L'*Architectonique de la raison* pure caractérise de manière éminente cette méthode, en ce qu'elle est l'« art » de l'« unité systématique ». Ce qui veut dire : « la théorie de ce qu'il y a de scientifique dans notre connaissance en général ». La scientificité doit se conformer à l'exigence d'un principe organique qui, à rebours d'un « simple agrégat », d'une « rhapsodie » de connaissances, définit l'« architectonicité » propre au système en tant qu'« unité des diverses connaissances sous une Idée », l'organicité de la science allant de pair avec un principe téléologique :

Cette Idée est le concept rationnel de la forme d'un tout, en tant que, grâce à ce concept, la sphère du divers aussi bien que la position respective des parties sont déterminées a priori. Le concept scientifique de la raison contient donc la fin et la forme du tout qui concorde avec cette fin[3].

Ce projet, mieux, cette visée qu'incarne le « plan » en tant qu'« unité de la fin », n'est réalisable qu'à travers l'expression même du schématisme,

---

[1] A 137/B 176; *OP* I, p. 884.
[2] A 138/B 177; *OP* I, p. 885.
[3] A 832/B 860; *OP* I, 1384.

permettant ainsi de démarquer l'« unité technique » de l'« unité architectonique » :

> *L'Idée, pour être réalisée, a besoin d'un schème, c'est-à-dire d'une diversité et d'une ordonnance des parties qui soient essentielles et déterminées* a priori *d'après le principe de la fin. Le schème qui n'est pas esquissé d'après une Idée, c'est-à-dire à partir de la fin capitale de la raison, mais empiriquement, suivant des buts qui se présentent accidentelles (dont on ne peut savoir d'avance le nombre), donne une unité technique ; mais celui qui provient d'une Idée (où la raison fournit* a priori *les fins et ne les attend pas empiriquement), celui-là fonde une unité architectonique*[1].

Idée et schème se conjoignent, parce que la scientificité relève, dans ses traits caractéristiques d'organicité et de finalité, de la synthèse transcendantale de l'architectonique et du schématisme :

> *Ce que nous nommons science ne peut jamais naître techniquement, par suite de la similitude du divers ou de l'emploi accidentel de la connaissance* in concreto *à toutes sortes de fins extérieures et arbitraires, mais architectoniquement, en vertu de l'affinité des parties et de leur dérivation d'une unique fin suprême et interne, qui rend d'abord possible le tout, et son schème doit renfermer conformément à l'Idée, c'est-à-dire* a priori, *l'esquisse (*monogramma*) du tout et de son articulation en parties et le distinguer surement et suivant des principes*[2].

Un peu plus loin, Kant faisait la différence entre la *cognitio ex datis* et la *cognitio ex principiis,* ce qui lui servait à dresser une typologie des connaissances rationnelles, de manière à démarquer la philosophie de la raison pure de toute philosophie faisant la part belle aux principes empiriques. Nous reviendrons succinctement sur cette typologie, afin de circonscrire le concept kantien de science pure de la nature. Indiquons tout

---

[1] A 833/B 861; *OP* I, 1385.

[2]A 836-851/B 864-879 ; *OP* I, 1387-1398. Frank Pierobon a retenu l'idée d'« *allgemeine Vorzeichnung* », en insistant sur la signification de *Zeichnen/Zeichnung* en tant que « signe », pour traduire le schème architectonique en termes de « diagramme » : sorte de « machine à penser » par référence à Deleuze et à Châtelet. Cette notion était placée à la « genèse » de la *Critique du jugement* elle-même comme l'exprimait Kant dans une lettre à C. L. Reinhold, 28 et 31 décembre 1787. Voir *Kant Correspondance*, trad. fr., Paris, Gallimard, 1986, 307-310 ; F. Pierobon, « La philosophie kantienne des mathématiques », in S. Grapotte, M. Lequan et M. Ruffing (dir.), *Kant et les sciences. Un dialogue philosophique avec la pluralité des savoirs*, Paris, Vrin, 2011, p. 51 ; sur l'architectonique propre à la conception kantienne des mathématiques, voir la conclusion de *Kant et les mathématiques*, Paris, Vrin, 2003, p. 203-232.

simplement que Kant entendait par *Critique* un tribunal où « on examine le pouvoir de la raison par rapport à toute connaissance pure *a priori* », et en cela elle devait être entendue comme une *propédeutique* au système de la *métaphysique* proprement dite. Mettre celle-ci sur la « voie sûre de la science » supposait qu'on détermine la possibilité des jugements synthétiques *a priori* en tant qu'ils sont constitutifs de la scientificité de la mathématique et de la science mathématique de la nature, la mathématique étant la science rationnelle qui « construit » ses concepts dans l'« intuition pure », et les *synthèses a priori* s'avérant être des principes métaphysiques de l'expérience possible constitutive de la science mathématique de la nature – ces principes métaphysiques étant distincts des principes mathématiques proprement dits. Qu'il nous soit permis dans ce qui précède un manque de clarté, nous éclaircirons cette problématique dans la suite. Nous voulions tout simplement indiquer que l'enjeu majeur est celui de la possibilité des « synthèses *a priori* », lesquelles correspondent aux principes de l'expérience scientifique. En tant qu'expérience pure, celle-ci s'identifie à un principe d'expérimentation qui a partie liée avec la « constructivité[1] » mathématique en tant que « schématisation » : expérimentation et mathématisation vont donc ensemble, comme s'articulent l'architectonique et le schématisme.

Prenons à présent le temps de voir ce qu'il convient d'entendre par schème transcendantal. La représentation médiatisante, évoquée ci-dessus, n'est autre que le temps pur, en ce qu'il est le sens interne universel, et donc valable pour tous les phénomènes, internes comme externes. Elle ne saurait être l'espace, car les phénomènes internes ne sont pas spatiaux. Le temps est homogène à l'intuition empirique dont il est la forme, il l'est aussi au

[1] Ce paradigme de la construction, qui est axé sur le modèle démonstratif de la géométrie euclidienne, forme le poumon de la Révolution copernicienne : il y va de la prépondérance épistémologique de la géométrie, corrélative à l'évidence phénoménologique « du voir ». On se rappelle que l'exemple typique, dans la préface de 1787, de l'entrée des mathématiques sur la « voie sûre » de la science était fourni par la démonstration du triangle isocèle, qui devait être « construit » *a priori* au-delà du simple concept afin d'en saisir les propriétés (B XI-XII ; *OP* I, 736-737). C'est l'exemple du rapport de la somme des angles d'un « triangle » à l'angle droit qui lui permettait, dans la *Discipline de la raison pure*, d'illustrer la différence entre connaissance mathématique et connaissance philosophique (A 716/B 744 ; *OP* I, p. 1300). La construction géométrique apparaît elle-même comme un mode de présentation (*Darstellung*) basée sur des « constructions auxiliaires » : voir Kant, *Logik*, AK IX, 23 ; trad. fr. L. Guillermit, Paris, Vrin, 1989, p. 23; *Fortschritt*, AK XX, 7, 325-326, OP III, p. 1272-1273. Voir l'étude de J. Beaufret, « Kant et la notion de Darstellung », in *Dialogue avec Heidegger*, t. II, p. 77-109.

concept parce qu'il est pur, universel et, de surcroît, transcendantal[1]. En outre, le schème transcendantal se différentie nettement des schèmes empirique et mathématique, parce qu'il intervient à propos de la « *synthèse pure* », qui est la forme constitutive de toute connaissance objective assurée par le « concept intellectuel pur[2] ». S'« il n'est toujours en lui-même qu'un produit de l'imagination », il convient de garder à l'esprit que « la synthèse de l'imagination n'a pour visée aucune intuition particulière, mais seulement l'unité dans la détermination de la sensibilité » ; c'est pourquoi, « il faut bien distinguer le schème de l'image », même si, par métaphore, on peut dire que la « représentation d'un procédé général de l'imagination pour procurer à un concept son image » détermine le schème pur pour ce concept[3]. Alors, il ne se confond nullement avec la catégorie : il ne s'agit pas du « schème ou concept pur », mais du « schème d'un concept pur ». En fait, alors que la catégorie est la représentation intellectuelle de l'unité du composé, le schème est « *le composé a priori de l'intuition* ». C'est pourquoi il n'a pas pour origine l'entendement, mais l'imagination transcendantale : c'est elle qui « *le trace* » en tant que son « *produit transcendantal* », ceci, comme un mode de synthèse du divers[4] ». D'où l'idée de « modélisation », qu'explique bien G. Chiurazzi :

> *Les catégories aussi bien que les schèmes sont donc des règles : mais la règle d'une règle, le schème, n'est que la méthode applicative de la catégorie. Le schème serait alors ce que l'on pourrait bien appeler une sorte d'algorithme, une formule applicative dont la fonction est celle d'engendrer des procédés démonstratifs opératoires. Une application coïncide en effet avec l'exhibition même de la loi, c'est-à-dire avec sa démonstration*[5].

On reprochait à Kant le caractère très obscur du schématisme – lui-même parlait d'un « art caché dans les profondeurs de l'âme humaine », prêtant ainsi le flanc au reproche de mysticisme. L'une des critiques les plus sensées faites au schématisme soulève la difficulté, à savoir qu'il ne comporte que des indications fort générales. Par contre, on peut rétorquer

---

[1] Pour approfondir cette question : Xavier Lerner, « La *Critique de la raison pure* et la philosophie du temps », *Kant-Studien*, 95, 2004, p. 304-337.

[2] A 140-141/B 179-180 ; *OP* I, p. 885-886.

[3] A 140/B 179 ; *OP* I, 886.

[4] A 142/B 181 et A 145/ B 184; *OP* I, p. 887-890. B. Rousset, *DKO*, p. 269 et 272.

[5] G. Chiurazzi, « Schématisme et modalité : la doctrine kantienne du schématisme comme thématisation de la dimension analogico-expérimentale de la connaissance », p. 152. Kant parlait du schème comme un « monogramme de l'imagination pure *a priori* (A 142/ 181) ». Sur le caractère statique, mieux, spatial des schèmes, voir W. S. Walsh, « Schematism », *Kant-Studien*, 49, 1957-1958, p. 99 ; G. E. Franzwa, « Space and Schematism », *Kant-Studien*, 2, 1978, p. 149-159.

qu'une analyse détaillée se trouve dans le Système de tous les principes de l'entendement pur, système dans lequel « Kant accomplit sa mission historique, reconnaissait Cassirer[1]. » En s'appuyant sur le traitement de « la condition sensible, sous laquelle des concepts purs de l'entendement peuvent être employés », le philosophe critique établit « ces jugements synthétiques qui découlent *a priori* sous ces conditions des concepts purs de l'entendement, et servent de fondement à toutes les autres connaissances[2]. » Ce n'est qu'à leur regard que s'éclaire la détermination « mathématico-métaphysique » de la physique[3].

Ici, les idées de schématisme, de méthode et d'architectonique sont indissolublement entremêlées en tant qu'elles sont au fondement aussi bien des mathématiques que de la science expérimentale : l'acception méthodico-expérimentale du schématisme transcendantal s'avère inextricable de sa signification algorithmique ou modélisante, et une telle inextricabilité apparaît comme ce qui assure la scientificité même de la science[4]. Nous exposerons cette métaphysique à la lumière du problème critique des antinomies traité suivant la cassure méthodologique entre *jugements de perception* et *jugement d'expérience* et suivant que « l'unité subjective de la conscience de soi, la pensée du Je empirique, suppose elle-même une unité objective de la conscience de soi, c'est-à-dire un ensemble de règles universelles et nécessaires » qui sont les conditions de possibilité de l'expérience externe comme de l'expérience interne réduites à leur dimension phénoménale[5]. Force est d'insister, avec A. Philonenko, sur la signification fondamentale du

---

[1] Sur l'intérêt du schématisme transcendantal, il y a l'étude systématique de Roger Daval, *La métaphysique de Kant : perspective sur la métaphysique de Kant d'après la théorie du schématisme*, Paris, PUF, 1951. On peut se référer à des travaux plus récents tels que ceux de E. Schaper, « Kant's Schematism Reconsidered », *Kant-Studien*, 18, 1964, p. 267-293 ; M. Gram, *Kant Ontology and the A priori*, Evanston, Northwestern University Press, 1968 ; L. Chipman, « Kant's Categories and Their Schematism », *Kant-Studien*, 63, 1972, p. 36-50.

[2] A 136/B 175 ; *OP* I, 883.

[3] G. Chiurazzi, « Schématisme et modalité : la doctrine kantienne du schématisme comme thématisation de la dimension analogico-expérimentale de la connaissance », p. 152.

[4] Sur ces aspects, voir H. Bussmann, « Eine systematitylische Betrachtung des Schematismuskapitels in der Kritik der reinen Vernunft », *Kant-Studien*, 84, 1994, p. 411 sqq. A. Ferrarin, « Construction and Mathematical Schematism. Kant on the Exhibition of a Concept in Intuition", *Kant-Studien*, 86, 1995, p. 131 et 135.

[5] B. Rousset décelait quatre apports du schématisme : *DKO*, p. 277-282. Sur ces différents points à éclairer : *Erkenntnisproblem* II, p. 718-762 ; trad. fr., p. 507-538.

[...] schématisme transcendantal qui, comme la Déduction subjective, dépasse finalement la psychologie et réalise – mais cette fois concrètement, alors que la déduction restait abstraite – l'unité de la connaissance en établissant l'entendement comme pouvoir des règles, ce qui exclut toute idée d'apothéose de l'imagination[1].

Il en résulte que la pensée se remplit aussi dans l'espace, comme nous le montre l'ordre des Principes : « théorie de la médiation par laquelle les catégories fournissent les principes des sciences du réel objectif[2] ». Ces principes du *jugement* qui définissent les lois de la nature régissent donc l'expérience : c'est en fonction d'eux que les phénomènes (objets indéterminés de l'intuition empirique) sont constitués en objets scientifiques : les catégories, en tant que conditions de possibilité purement intellectuelles, doivent d'abord se temporaliser pour être représentables, c'est-à-dire se transformer en schèmes qui doivent, à leur tour, s'appliquer à l'espace sous forme de principes pour pouvoir « subsumer » les phénomènes, étant entendu que « les catégories kantiennes sont déterminantes non parce qu'elles expriment une détermination catégoriale, mais parce qu'elles expriment une légalité, un principe normatif, formel[3]. » Kant montre, par ce biais, comment s'effectue le *transitus* de la mathématique à la physique, mieux, leur commensurabilité, et explicite corrélativement la physique en sa possibilité *a priori*[4].

Donc, les schèmes forment, en définitive, des « procédés opératoires de sens » suivant une nouvelle intelligibilité de la modalité du jugement. On ne saurait trop insister sur leur « connotation foncièrement grammaticale et pragmatique » : leur caractère « techno-poïétique, ainsi que projectuel » relève de la nature propre de la faculté de juger. C'est précisément au § 59 de la troisième *Critique* que Kant procédait à la démarcation entre schèmes (présentations directes du concept) et symboles (présentations analogiques) et, par là-même, à la différentiation des schèmes mathématiques, des schèmes philosophico-physiques et des symboles métaphysiques[5]. Retenons tout simplement, en guise de conclusion, que tout cela s'explique par un

---

[1] Sur les différentes significations du schématisme : psychologique, métaphysique et transcendantale : *OK*, p. 284-285.

[2] Michel Puech, *Kant et la causalité*, p. 375.

[3] G. Chiurazzi, « Schématisme et modalité ... », p. 153.

[4] B. Rousset, *DKO*, p. 232-235.

[5] G. Chiurazzi, op. cit., p. 156. Pour Kant, le symbole est analogique, le schème ne l'est pas, quoiqu'il soit, comme le symbole, une forme de rapport d'adéquation ou de continuité. Le schème n'est pas un rapport de proportionnalité, lequel est assigné par Kant à l'analogie en sa forme mathématique : A / B = C / D : ce que A est à B, C l'est à D). Voir Kant, *Progrès*, AK XX, 279-280 ; OP III, p. 1233-1234. H. Cohen, TKE, p. 401.

« rapport » d'*adéquation* immanente (ou non) à l'expérience, ou si l'on préfère, par un principe de proportionnalité-continuité (ou de discontinuité) à celle-ci[1]. Il y va de la relation intrinsèque entre les schèmes et les principes de l'entendement pur qui « ne contiennent rien, en quelque sorte [*als gleichsam*], que le pur schème pour l'expérience possible. » Cela voudrait dire que « les particularités des schèmes relèvent » de tels principes, commente G. Chiurazzi. Mais, s'ils ne sont pas identiques, comment penser la différence entre les premiers et les seconds[2] ? Gardons à l'esprit que « sans l'application schématique ni les catégories ni davantage les principes ne peuvent prétendre à une validité objective » :

> *Si les principes de l'entendement n'avaient pas besoin d'un achèvement schématique, s'ils n'étaient pas nécessairement voués à cette schématisation, l'identité entre concept et réalité que Kant ne cesse de nier serait réalisée : Le schème est ce qui manque au principe, lesquels contiennent toute la connaissance a priori de la nature, pour acquérir une réalité objective, cette variation modale qui n'accroît pas, comme une détermination, le contenu de la connaissance, mais ajoute quand même « quelque chose », en vertu de laquelle il y a vraiment une connaissance. « Variation non déterminante » signifie qu'on ne reste pas au niveau logique, c'est-à-dire du jugement. Relevant de la faculté de juger (qui ne détermine rien, qui n'est pas législatrice) et de sa technique, le schème renvoie à une dimension opératoire là où la synthèse entre concept et sensibilité se construit selon un dessin préalable*[3].

§ 2. La méthode critique d'expérimentation : la physique rationnelle et les niveaux d'objectivité scientifique

Il ne saurait y avoir, selon l'acception positiviste du terme, d'épistémologie kantienne à proprement parler puisque la Révolution copernicienne de la philosophie se trouve suspendue à l'horizon de la *métaphysique*. Laquelle est jugée pernicieuse à la fondation logico-mathématique des sciences de la nature dites inductives. Si l'on en concédait l'existence, ce serait au prix d'extraordinaires amputations conceptuelles qui priveraient, du coup, la théorie kantienne de la science de tout son intérêt métathéorique, si tant est qu'elle se trouve intrinsèquement liée au sens et à la portée de la Révolution copernicienne de la philosophie. Il nous faut, dans

---

[1] G. Chiurazzi, « Schématisme et modalité … », p. 148 et 157-159.
[2] Ibid., p. 159-160.
[3] Ibid., p. 160.

ces conditions, en saisir exactement le concept afin d'y fixer aussitôt ce que pourrait être la dimension « épistémologique », dont on suppose que le spectre s'étend bien au-delà de la théorie kantienne de la connaissance. Kant énonçait, en effet, le principe de sa Révolution copernicienne par ce qu'il considérait lui-même comme une audace philosophique face à l'échec désastreux de la métaphysique classique :

> *On admettait jusqu'ici que toute notre connaissance devait se régler sur les objets ; mais tous les essais pour établir à leur endroit quelque chose* a priori *par des concepts, par quoi notre connaissance eut été étendue, n'aboutissaient, dans cette hypothèse, à rien. Que l'on essaie donc une fois de voir si nous ne serions pas plus heureux dans les tâches de la métaphysique, en admettant que les objets doivent se régler sur notre connaissance, ce qui s'accorde déjà mieux avec la possibilité demandée d'une connaissance* a priori *de ces objets, qui doit établir quelque chose à leur égard avant qu'ils nous soient donnés*[1].

Ainsi Kant se réclamait-il de « l'idée première de Copernic », à savoir l'hypothèse héliocentrique porteuse des mutations cosmo-physiques engagées par Kepler et Galilée, mutations que consolidait la synthèse newtonienne – tous ces travaux seront présentés dans le chapitre suivant dans leurs grandes lignes. Certes, dans l'expression d'épistémologie transcendantale, la notion cardinale est plutôt la seconde, mais l'idéalisme amorcé dans la Révolution copernicienne s'associait à un tournant méthodologique qui était l'analogue de la méthode physique. A vrai dire, Kant proposait, en creux, l'inverse de l'hypothèse de Copernic qui avait entrepris de faire tourner le spectateur autour des astres : « il s'agit d'un renversement du renversement copernicien, ainsi que le souligne Tom Rockmore » :

> *La philosophie critique est à la fois copernicienne et non copernicienne. Elle est copernicienne car elle suppose un sujet actif ainsi qu'un renversement. Elle est non-copernicienne, voire même anticopernicienne quand elle prône la connaissance a priori, donc une connaissance non inductive, et en remplaçant le simple mouvement par l'activité cognitive de l'entendement*[2].

Il convient donc de ne pas se méprendre sur le véritable sens de la référence kantienne à Copernic, qu'il revient de considérer avant tout comme

---

[1] B XVI ; *OP*, p. 739.

[2] Tom Rockmore, « Kant, Hegel et la révolution copernicienne », in C. Piché (dir.), *Années 1781-1801*, op. cit., p. 46-48. Sur cette question, voir l'étude éclairante de Hans Blumenberg, *Die Genesis der kopernikanischen Welt*, Frankfurt a M., Suhrkamp, 1975.

l'instigateur d'une « hypothèse », d'où le sens premier de l'éloge kantien. Cela compris, au sens épistémique, la révolution kantienne a un caractère astronomiquement *non copernicien.* En résumé, le renversement opéré consiste à recentrer la connaissance sur le sujet transcendantal humain (observateur) habitant la Terre, et non plus sur les objets pris comme choses en soi. De sorte qu'à l'héliocentrisme copernicien Kant substitue en réalité un géocentrisme, voire un anthropocentrisme transcendantal. C'est bien en cela qu'il se révèle, non pas seulement théoricien transcendantal du connaître, mais *épistémologue.* Ce que résume parfaitement la note suivante :

> *C'est ainsi que les lois centrales du mouvement des corps célestes procurèrent à ce que Copernic n'admettait au début qu'à titre d'hypothèse une certitude achevée et démontrèrent en même temps la force invisible qui lie la structure de l'univers (l'attraction newtonienne), force qui serait demeurée à jamais cachée, si Copernic ne s'était pas risqué, d'une manière contraire aux sens, mais pourtant vraie, à chercher les mouvements observés non dans les objets du ciel, mais dans leur observateur. Je présente dans cette préface le changement de la façon de penser exposé dans la Critique, analogue à cette hypothèse, seulement à titre d'hypothèse, bien que dans le traité même il soit démontré apodictiquement, et non hypothétiquement, à partir de la nature de nos représentations de l'espace et du temps et des concepts élémentaires de l'entendement, simplement pour attirer l'attention sur les premiers essais d'un tel changement, qui sont toujours hypothétiques*[1].

Indiquons tout simplement qu'à la troisième section du premier chapitre de la Théorie transcendantale de la méthode, Kant concevait ce que devait être la « Discipline de la raison pure par rapport aux hypothèses » en repoussant toute idée d'*hypothèse transcendantale,* ou *hyperphysique*, qui serait opérante en métaphysique en dehors des conditions de possibilité de l'expérience. Or, c'est en fonction de telles conditions qu'il faut défendre une conception authentiquement scientifique de l'hypothèse, si l'on ne veut pas sombrer dans les arbitraires d'une imagination rêveuse[2]. Au § X de l'Introduction à la *Logique*, on trouve une autre occurrence de la conception kantienne de l'hypothèse qui, pour être valide scientifiquement, doit satisfaire ces trois critères : elle doit être, avant tout, probable ou prouvable par l'expérience, ensuite, conséquente (logiquement, c'est-à-dire en vertu de règles de déductibilité rigoureuses), et enfin, unique ou économique, n'admettant pas d'hypothèses auxiliaires (*hypotheses subsidiarias*). Il est à noter qu'en cette occasion Kant soulignait encore une fois le génie de

---

[1] B XXIII ; *OP* I, 743.

[2] A 769-782 /B 797-810 ; *OP* I, p. 1339-1348.

l'*hypothèse* physique copernicienne, illustrant les propriétés requises par une hypothèse physique scientifique, en réhabilitant, contre l'« *Hypotheses non fingo* » de Newton, une épistémologie génétique de l'hypothèse[1].

Il est par conséquent nécessaire de distinguer, chez Kant, entre le *criticisme transcendantal*, qui traite des conditions et des limites de la connaissance, et l'*épistémologie* qui prône un usage raisonné des hypothèses. Le philosophe critique insistait sur le fait que la démarche critique soit une « méthode imitée du physicien » et, de ce fait, elle est sous-tendue par le principe d'« expérimentation » (*Experiment*). Ce qui veut dire qu'elle a sans cesse à être mise à l'épreuve de réalité, là même où il n'y a pas d'« expérience » directe possible[2]. Il importe d'y voir l'intelligibilité apportée (l'« accord avec le principe de la raison »), mais aussi le fait que les objets considérés ont toujours rapport avec la physique (comportant l'expression mathématique)[3]. Kant faisait certes allusion aux expériences de Bacon, de Galilée, de Torricelli et de Stahl, il semblait néanmoins passer à côté de la dimension « instrumentale » de telles expériences :

> *Kant n'a jamais étudié le rôle des instruments dans le progrès des sciences, déclare Vuillemin. L'eût-il fait, il aurait aperçu des rapports entre expérience et expérimentation ; il aurait pris conscience de la connaissance comme d'une histoire. Cette conception l'eût conduit non au scepticisme historique, mais à l'idée de niveaux d'expérience, d'échelle physique, par conséquent à une idée plus exacte de la relativité physique. Elle eût en même temps déraciné en lui le préjugé selon lequel l'univers newtonien est naturel à notre pensée. Elle eût sans doute changé sa conception mécaniste du déterminisme*[4].

Il conviendrait donc de comprendre l'assertion ci-dessus au regard d'une détermination abusive de l'héritage de Newton qui a trait plus à l'image que l'on s'en faisait qu'au contenu véritable de sa cosmo-physique.

---

[1] *Logik*, AK IX, 85-86 ; trad. fr., p. 95-96.

[2] B XIX ; *OP* I, p. 741.

[3] B XXI ; *OP* I, p. 742. Pour saisir la liaison de cette méthodologie avec la problématique architectonique qui nous préoccupait plus haut, voir Fabien Capeillères, « La « méthode imitée du physicien » et le passage à la physique comme preuve de la validité du système kantien », In I. Schüssler (dir.), *Années 1796-1803 : Kant Opus postumum*, Paris, Vrin, 2001, p. 55-65.

[4] *PMK*, p. 360. Remarquons, avec M. Lequan, que Kant faisait peu de cas à la dimension « technico-empirique » de la « méthode expérimentale » pour se focaliser sur les principes purs qui sous-tendent les expériences, cela s'atteste parfaitement dans la référence à Stahl et à Lavoisier. Cf. « Kant : de la chimie phlogistique de Sthal à la chimie antiphlogistique de Lavosier », in R. Theis et L. K. Sosoe (dir.), *Les sources de la philosophie kantienne. XVII*e *et XVIII*e *siècles*, Paris, Vrin, 2005, p. 361-368.

Cette image, nous rappelle Michel Puech, indexée sur la survalorisation de l'idée de systématicité et de la thèse « *Hypotheses non fingo*[1] », commandait l'idée d'une influence méthodologique sous-tendue par l'appropriation décidée de la « méthode expérimentale » : c'est ainsi que D'Alembert faisait de Locke « le Newton du monde philosophique » et Kant, dans ses *Observations sur le sentiment du beau et du sublime*, laissait entrevoir en Rousseau « le Newton du monde moral », alors qu'il serait lui-même celui du monde transcendantal[2]. Cette question de l'héritage newtonien relèverait, selon M. Puech qui s'inspire des travaux de B.I. Cohen, de P. Feyerabend et de I. Lakatos, d'une ambiguïté épistémologique dans la mesure où s'en trouverait privilégié le statut de la connaissance « qui fait contresens avec le contenu de la science newtonienne[3] ». Il ressort ainsi de l'analyse de B.I Cohen, dans *The Newtonian revolution* (1980), ce qui suit :

> *C'est le style scientifique newtonien qui est révolutionnaire et s'impose dans les pratiques des physiciens, comme paradigme. Cette révolution s'effectue dans les* Principia*, dans leur procédure de modélisation mathématique du réel matériel. Ni l'*Optique *ni les déclarations méthodologiques de Newton, même insérées dans les* Principia*, ne sont des éléments réels de la transformation de la pratique scientifique. La révolution newtonienne n'est pas non plus de l'ordre d'une grande synthèse, car l'œuvre de Newton n'a rien de synthétique*[4].

Si la première thèse nous paraît loin d'être insensée, la seconde est quant à elle très discutable dans la mesure où elle semble minorer la signification et la portée de la cosmo-physique newtonienne. En fait, le manque de détermination de la thèse « *Hypotheses non fingo* » peut, *a contrario*, s'observer eu égard à la prééminence épistémologique de l'hypothèse chez Kant[5] : cette dernière se trouve d'emblée placée au cœur

---

[1] A. Koyré, « L'hypothèse et l'expérience chez Newton », in *Etudes newtoniennes*, Paris, Gallimard, 1968, p. 53-84 ; E. McMulling, « Conceptions of science in the scientific revolution », in D. Lindberg et R. Westman (éds.), *Reappraisals of the Scientific Revolution*, Cambridge, Cambridge University Press, 1990, p. 68-72.

[2] Nous verrons pourtant que ce newtonisme constitue l'un des invariants de la philosophie kantienne de la période précritique au criticisme proprement dit. Pour la dimension « formelle » de cet héritage : F. Capeillères, *Kant philosophe newtonien : Figures de l'idéalité de scientificité en métaphysique*, I, Paris, Cerf, 2004.

[3] Michel Puech, « Kant voulait-il être le Newton du monde transcendantal ? Réflexions sur les conséquences en philosophie du statut de la science », in R. Theis et L.K. Sosoe (dir.), *Les sources de la philosophie kantienne : XVIIe et XVIIIe siècles*, Paris, Vrin, 2005, p. 37-40.

[4] Ibid., p. 39.

[5] P. Kerzberg, *Kant et la nature : la nature à l'épreuve critique*, Paris, Les Belles Lettres, 1999, p. 78-79.

même de son *dispositif copernicien* et paraît, par là même, constitutive de la connaissance objective en tant que telle, d'où l'emphase mise sur la fécondité de l'hypothèse copernicienne en physique. Conçue elle-même comme une méthode, dans le sens plus précis d'une *propédeutique*, instruite de celles des géomètres et des physiciens, la révolution engagée en métaphysique, science de l'inconditionné, entreprend de construire « non un système de la science elle-même ; mais elle en établit cependant tout le tracé, en ce qui regarde aussi bien ses limites que toute sa structure interne[1]. » Kant n'a eu de cesse d'insister sur cette idée de méthode et sur la vertu épistémologique de l'« hypothèse » en tant que telle, seule condition permettant de constituer « la métaphysique comme science rigoureuse[2] ».

Kant précisait que sa « révolution dans la manière de penser » allait consister en un nouvel investissement théorique des dimensions spatio-temporelle et conceptuelle de la connaissance, qu'il devait administrer selon le dispositif méthodologique que constitue le transcendantalisme critique. En effet, la métaphysique, entendue comme une connaissance rationnelle du « réel » devant fournir une justification *a priori* de la science de la nature, en ce qu'elle est le lieu d'une certitude « objective », était questionnée quant à sa légitimité du point de vue, d'une part, de ses principes généraux placés sous le règne de la raison logique, d'autre part, de sa méthode en comparaison à celle entre autres des mathématiques. Dès le texte sur l'évaluation des forces vives, en 1747, la réflexion kantienne portait sur la problématique majeure relative au rapport « épistémologique » entre métaphysique et mathématique, l'un des thèmes de cette investigation étant le rapport entre espace physique et espace géométrique. On serait tenté de tirer de la *Recherche sur l'évidence des principes de la théologie naturelle et de la morale* (1763-4) une conclusion quelque peu biaisée, en arguant que Kant y mettait déjà en exergue l'infondé du concept logico-mathématique de la métaphysique, car si les mathématiques s'établissent sur une *méthode synthétique* (de nature logique ?) compte tenu du fait qu'elles peuvent se légitimer *a priori* hors de toute expérience, il en est tout autrement pour la

---

[1] B XXII-XXIII ; *OP* I, p. 743.

[2] B XXIII ; *OP* I, p. 744. Sur la nécessité de l'usage d'hypothèses opératoires en philosophie, voir la troisième section du premier chapitre de la Méthodologie : A 769-782/B 797-810, 502-509 ; OP I, 1339-1348. Christian Leduc, « Kant et l'usage méthodologique des hypothèses », in S. Grapotte, M. Lequan et M. Ruffing (dir.), *Kant et la science : la théorie critique et transcendantale de la connaissance*, op. cit., p. 127-135. Sur la place des hypothèses en physique, voir H. Poincaré, *La science et l'hypothèse*, 4e partie, chap. IX et X, op. cit., p. 157-190. Précisons que le recours aux hypothèses en philosophie est limité exclusivement à l'usage « polémique ».

métaphysique qui doit, pour rendre ses connaissances valides, adopter à l'instar de la physique newtonienne une *méthode analytique* (logico-expérimentale) qui rend bien compte du réel. Elle ne saurait y parvenir qu'à l'égard des sciences de la nature où se trouvent combinées la géométrie et l'expérience, puisqu'il se pose pour elle, contrairement aux mathématiques, la question de la relation à l'objet. Tout compte fait, sur la base de la philosophie newtonienne de la nature, la fonction première de la métaphysique serait de déterminer, par la méthode analytique, les propositions élémentaires constitutives de celles complexes portant sur la nature du réel.

On met toujours en avant la difficulté de ce texte qui réside dans le fait que la relation théorique des mathématiques et de la physique n'y était pas encore saisie à sa juste mesure, étant donné que Kant ignorait la fonction cardinale de l'*analyse transcendantale* et de l'*intuition pure* ainsi que la portée de ce qu'il appellera les « jugements synthétiques *a priori* ». Il y va de l'évolution du rapport de Kant aux mathématiques dont la dimension synthétique *a priori* constituera le concept d'objectivité sur lequel viendra s'arc-bouter la science physique. Néanmoins, il serait bon de ne pas passer outre l'intérêt majeur de la *Recherche* pour la compréhension de la conception kantienne des mathématiques fondée sur le hiatus entre l'algèbre, appelée ici « l'arithmétique des grandeurs indéterminées », et la géométrie selon une phénoménologie du regard corrélative à la fonction signifiante des signes – *dans* ou *en dehors* de la pensée – sous lesquels on représente le général soit « *in concreto* » (dans le cas des mathématiques), soit « *in abstracto* » (dans le cas de la philosophie)[1]. Cette thèse constituera l'ossature de la conception kantienne des mathématiques dans la *Critique*, notamment dans la section de la *Discipline de la raison pure* ci-avant évoquée où il est question de la différence entre connaissance mathématique et connaissance philosophique. Admettons tout simplement que dans la *Recherche*, c'est l'écriture algébrique qui illustrait la fécondité des mathématiques vis-à-vis de la philosophie quant à la capacité « des signes » algébriques à incarner une certitude apodictique, par contraste avec le paradigme géométrique de la vision. Il y a une tension originaire entre le modèle géométrie et le modèle algébrique dans la pensée kantienne des mathématiques qui seront, *in fine*, tout uniment arc-boutées sur le premier modèle : Kant alliera de la sorte le constructivisme géométrique à une nouvelle notion d'évidence phénoménologique[2].

On considère que la « crise » de la conception kantienne des mathématiques est suspendue à la « révolution algébrique » survenue à la fin du XVIIIe siècle : on présume que les limites de la conception kantienne

---

[1] *Untersuchung*, AK II, 278-279 ; *OP* I, p. 219-220.

[2] F. Pierobon, *Kant et les mathématiques*, op. cit., p. 7-18 et 32-43.

tiennent au fait qu'elle ne s'instruisait pas de ce tournant qui était pourtant bien amorcé. Il semble que la commensurabilité des mathématiques à la physique, ce que soutient le paradigme de « constructivité » géométrique promu par la Révolution transcendantale de la philosophie, impliquerait un « remarquable paradoxe : la méthode imitée du physicien s'interdit les preuves mathématiques, soulignait F. Capeillères[1]. » Ce paradoxe aurait trait au projet kantien lui-même, indiquait Pierre Kerzberg :

> *La critique la plus dévastatrice du projet kantien consiste à dire que s'il existe un fondement transcendantal pour les sciences exactes, celui-ci est en droit séparé d'elles et il n'a rien à leur apprendre. Veut-on approcher ce fondement de l'expérience effective dans son contexte historique, on se heurte au mur de la généralité* a priori *dont on ne voit pas comment elle peut se spécifier tant soit peu sans perdre complètement son caractère* a priori[2].

Cette objection serait loin d'être recevable dans la mesure où la logique transcendantale s'avère inséparable d'une « histoire de la raison pure », histoire qui est elle-même corrélative à l'historicité de la science de la nature. En effet, épousant le geste cartésien d'une fondation apriorique, c'est à la subjectivité que revient, d'après Kant, le centre de gravité de la connaissance. Conformément à la conjecture copernicienne, on retrouve dans la *Critique* la fondation d'un nouvel idéalisme, qualifié de transcendantal, et qui se caractérise d'emblée par un double niveau – sachant que le transcendantal s'identifie, au prime abord, par sa démarcation du métaphysique à connotation psychologique. Le premier niveau serait *épistémologique* et définirait l'enquête (positive) sur les conditions formelles de l'objectivité en tant qu'elles sont communes aux connaissances scientifiques constituées : mathématique et physique – cette enquête ayant toutefois une finalité supérieure : l'*Aufhebung* de la métaphysique sceptico-dogmatique. Cela nécessitait donc qu'on opère la distinction claire entre la *synthèse* et l'*analyse.* Ainsi cette méta-métaphysique se trouve-t-elle conditionnée à

> *la possibilité du pur usage de la raison pour fonder et développer toutes les sciences qui contiennent une connaissance théorique a priori des objets, c'est-à-dire [à] la réponse à ces questions :* Comment la mathématique pure est-elle possible ? Comment la physique pure est-elle possible ?[3]

---

[1] F. Capeillères, *Kant philosophe newtonien,* op. cit., p. 269.

[2] P. Kerzberg, *Kant et la nature : la nature à l'épreuve critique*, p. 29. On peut y entrevoir le projet avorté dans l'*Opus* du « passage » à la physique.

[3] B 19-20 ; *OP* I, p. 773.

Comprise de cette sorte, la question critique s'identifie bien à celle du « *quid juris* » : elle contient alors une ossature *épistémologique* dans la mesure où elle s'intéresse à la validité des sciences « positives », c'est-à-dire « mathématiquement » et « expérimentalement » constituées par des jugements dits synthétiques *a priori*. Enoncer leur possibilité théorique revient alors à « exposer » et « déduire » les conditions (*Bedingungen*) *a priori* qui concourent à leur constitution comme autant de normes (*Regeln*) transcendantales édictées comme celles de la « conscience cognitive » et identifiées aux lois (*Gesetzen*) universelles et nécessaires de la nature sans lesquelles il ne saurait y avoir ni nature, ni science de la nature. A cet égard, le *transcendantal* s'entend comme « toute connaissance qui s'occupe en général moins d'objets que de notre mode de connaissance des objets, en tant que celui-ci doit être possible *a priori*, soutenait Kant[1] ». La tâche d'une logique transcendantale, à la différence de la logique formelle, est précisément de rendre compte de « la relation de ces connaissances à l'objet » en tant qu'elles sont mathématiques et physiques, étant entendu que « nous ne connaissons *a priori* des choses que ce que nous y mettons nous-mêmes ». C'est dans ce concept de connaissance transcendantale que prend tout son sens celui de la critique de la raison pure dont Kant disait qu'elle n'est pas une *doctrine* ou la philosophie transcendantale, mais une *propédeutique* en ce que sa méthode relève d'une *critique transcendantale*[2].

Dans cette perspective, il convient de distinguer deux pôles dans la réflexion kantienne : le premier, épistémologique, est suspendu à celui, supérieur, qualifié de critique dont la teneur à première vue négative semble constituer l'épine dorsale quant à l'imposition ou au tracé des frontières (*Grenzen*) philosophiques. Si le premier pôle apparaît comme la condition de possibilité du second, c'est que celui-ci excède celui-là de la même façon que le critique excède le théorique d'autant que le transcendantal réfère à la puissance de l'objectif qui ne puisse s'épuiser dans la clôture de l'épistémique. Le criticisme s'intéresse à la question des conditions et des limites de la connaissance en la rapportant à l'autre du dispositif objectif de la science en ce qu'il se disqualifie dans sa prétention à l'objectivité absolue ou à l'incertitude absolue : la métaphysique *sceptico-dogmatique* apparaît ainsi très loin de satisfaire aux normes de scientificité et d'objectivité auxquelles se soumettent la mathématique et la physique. On y observe l'écart de toute expérience possible, s'apparentant au « symptôme d'une

---

[1] B 25. Nous utilisons ici la traduction d'A. Renaut plus fidèle à la « lettre » de la *Critique* : « *insofern diese a priori möglich sein soll* ». (cf. Flammarion, 2001, p. 110).

[2] A 13-16/B 25-30 ; *OP* I, 777-780.

maladie congénitale de la raison[1] ». D'où, le problème crucial s'énonçant en ces questions : « comment la métaphysique pure est-elle possible à tire de *disposition naturelle* ? Comment est-elle possible à titre de *science*[2] ? » On peut à cet égard soutenir, avec Heidegger, qu'il serait erroné d'identifier l'enquête théorique kantienne à une préoccupation épistémologique *sui generis* indépendante de sa visée critique fondamentale – on est ici à un point épineux, qui concerne l'architectonique kantienne. Comme on va l'établir, l'administration kantienne de l'objectivité théorique se conçoit dans l'articulation nécessaire de deux niveaux, l'analytique et la dialectique, puisque le concept de vérité, en dépit du fait qu'il doit être conçu positivement, n'est véritablement établi qu'au regard de l'aperception de son contraire : l'apparence ou l'illusion dites transcendantales, sans quoi les risques d'irrationalité, ou de fausseté, et les principes de non-objectivité demeureraient vivaces et opérants – et surtout l'objectivité doit être établie aussi bien positivement que négativement afin de contrer tout dogmatisme et tout scepticisme. L'objectivité (scientifique) et, conjointement, la « non-objectivité[3] » (métaphysique) étant traitées en vertu de la démarcation de la science et de la métaphysique dogmatico-sceptique, la question philosophique cruciale demeure celle de la fondation de la vérité dans la mesure où elle est conditionnée par la finitude de la raison au regard d'une métaphysique légitime.

En définitive, il s'agira de placer au fondement de la science cette métaphysique nouvelle ou renouvelée, c'est-à-dire débarrassée entre autres de l'*Antithétique* qui l'a rendue stérile : il conviendra de définir les *Premiers principes métaphysiques de la science de la nature*, en mettant notamment au jour la mathématisation de la physique opérée dans la synthèse newtonienne, et en montrant que les lois de la nature ne sont objectives que pour autant qu'elles sont subjectives, c'est-à-dire constitutives de la subjectivité connaissante du sujet : elles en sont les structures *internes* (*a priori*), condition de l'objectivité où se réalise la parfaite articulation du mathématique et du physique, du formel et du matériel, de l'idéel et du réel. Par conséquent, niveau épistémologique et niveau critique s'interpénètrent et se conditionnent, car l'un et l'autre se révèlent tributaires de la « *signification transcendantale* » des structures cognitives de la pensée (catégories intellectuelles) en tant que puissance de « synthèse objectivante »

---

[1] Nous empruntons cette expression à Gérard Lebrun, *KFM*, p. 37. Voir le deuxième paragraphe de la préface de la première édition de la *Critique*, A VII-VIII ; *OP* I, p. 725.

[2] On peut mettre en regard la première préface avec ce passage de l'Introduction : B 21-24 ; *OP* I, 773-776. Les italiques sont de nous.

[3] Cette expression est employée par Rudolf Zocher, *Kants Grundlehre. Ihr Sinn, ihre Problematik, ihre Aktualität*. Erlangen, Universitätsbund Erlangen, 1959.

des phénomènes dans l'intuition déterminée par des principes. « Signification transcendantale » déterminée et délimitée par la fonction régulatrice des « Idées de la raison », limitée à sa vertu architectonique idéale quant à la finalité d'unité, de complétude et de systématicité de la science. A cet égard, la mise en exergue de l'opposition entre phénomène et noumène dans la définition de l'objet s'avère très instructive : il y va de la démarcation de l'usage *transcendantal* d'un concept de l'entendement, ce qui conduit à une « amphibologie », et de son usage empirique relativement aux phénomènes d'une « expérience possible[1] ».

Nous verrons que les principes synthétiques *a priori* sont à proprement parler les lois de la nature, au sens de cette restriction :

> *[...] prescrire davantage de lois que celles sur lesquelles repose une nature en général, comme conformité des phénomènes à la loi dans l'espace et le temps, c'est à quoi ne suffit pas la faculté pure d'entendement, capable de prescrire* a priori *des lois aux phénomènes par de simples catégories. Des lois particulières, puisqu'elles concernent des phénomènes empiriquement déterminés, ne peuvent être complètement dérivées des catégories, quoiqu'elles leur soient toutes, dans leur ensemble, soumises. Il faut le secours de l'expérience pour apprendre à connaître ces dernières lois en général ; mais les premières seules nous instruisent* a priori *de l'expérience en général et de ce qui peut être connu comme objet de l'expérience*[2].

Il nous faut insister tant soit peu sur la difficulté de l'analyse transcendantale, en ce qui concerne la connaissance physique proprement dite, étant donné qu'« il n'est question de rien moins ici que du destin de la connaissance et de la réponse au scepticisme de Hume[3] ». En fait, la distinction de l'intuition et de l'existence, placée au cœur de la différentiation des jugements synthétiques mathématiques et des jugements synthétiques physiques, se formule sous la forme de la dualité de l'essence et de la nature (la sensation), dualité qui se trouve cette fois-ci interne à l'administration physique : il y va de la différence entre les liaisons mathématiques et les liaisons dynamiques qui définissent les principes, entendus comme les unités catégoriales schématisés dans des jugements déterminants. D'une part, la synthèse de l'*homogène* est saisie comme *compositio*, et dans cette synthèse du divers, Kant soutenait ce qui suit :

---

[1] A 238/B 298; *OP* I, 972. L'« amphibologie » relève précisément de la confusion entre l'usage transcendantal et l'usage empirique. C'est une illusion de l'entendement qui diffère de l'illusion dialectique de la raison.

[2] B 16 ; *OP* I, p. 876.

[3] *PMK*, p. 22.

> *[...] il n'y a pas d'appartenance mutuelle nécessaire, comme par exemple : Deux triangles, dans lesquels se décomposent un carré coupé par la diagonale, n'appartiennent pas de soi nécessairement l'un à l'autre, et il en est de même pour la synthèse de l'homogène en tout ce qui peut être examiné mathématiquement (cette synthèse peut être à nouveau divisée en celle de l'agrégation et celle de la coalition, la première se rapportent aux grandeurs extensives, la seconde aux grandeurs intensives)*[1].

En découlent, ici, les deux principes mathématiques : *Axiomes de l'intuition* et *Anticipations de la perception.* D'autre part, la synthèse de l'*hétérogène* est aperçue comme *nexus.* Cette fois-ci, Kant fait mention de

> *[...] la synthèse du divers, en tant qu'il comporte appartenance mutuelle nécessaire, comme par exemple l'accident par rapport à quelque substance, ou l'effet par rapport à la cause – et par suite, même en tant qu'hétérogène, il est représenté comme lié* a priori *; cette liaison, parce qu'elle n'est pas arbitraire, je la nomme* a priori, *parce qu'elle concerne la liaison ou l'existence du divers (elle peut se diviser à son tour en liaison physique des phénomènes entre eux, et en liaison métaphysique des phénomènes dans le pouvoir de connaître* a priori[2].

Cela renvoie aux deux principes dynamiques : *Analogies de l'expérience* et *Postulats de la pensée empirique en général.* En effet, les principes mathématiques, à la différence des principes de la mathématique – lesquels demeurent en soi étrangers au réel, en décrivant seulement des possibilités – concernent l'« espace physique », au point de vue de la quantité comme de la qualité, alors que les principes dynamiques intéressent l'existence dans le champ des phénomènes donnés par l'intuition au regard de la relation et de la modalité. En ce sens, les principes mathématiques et les principes dynamiques diffèrent en ce que « les premiers [...] sont susceptibles d'une *certitude intuitive*, tandis que celle des seconds est simplement *discursive*[3] ». Certes, Kant prétendait qu'il peut y avoir des deux côtés une « certitude complète », étant entendu que celle-ci n'est en aucune manière préjudiciable à celle-là ; cependant il n'en demeure pas moins qu'au prime abord la « certitude complète » fait signe vers le problème d'apodicticité de la synthèse transcendantale, qui paraît se polariser en deux ordres de vérité dichotomiques dont l'unité ne peut, *in fine,* être aperçue qu'au regard du fait que les mathématiques sont constitutives de la physique.

---

[1] A 162/B 201; *OP* I, p. 901.

[2] A 162/B 201-202 ; *OP* I, p. 901-902.

[3] A 160/B 200 ; *OP* I, p. 900. Les principes des mathématiques vont des intuitions aux concepts, tandis que les principes des principes vont des concepts aux intuitions. L'italique est de nous.

C'est à la fin du système des principes que Kant nous appelait à juger de la véracité de cette « unification » à travers le *transitus* que constitue l'imbrication des principes mathématiques et des principes dynamiques, imbrication elle-même suspendue au « passage analytique » de la détermination du schématisme du temps transcendantal à l'ordre spatialisé des principes, lesquels ne peuvent être complètement déterminés que pour autant que se manifeste le lien transcendantal entre principes mathématiques et principes métaphysiques dans la constitution d'une science mathématique de la nature. C'est pourquoi les *Premiers principes* apporteront un nouvel éclairage à la *Critique* dans la mesure où leur teneur phénoménologique consacre une certaine *Aufhebung* intra-criticiste à la lumière de laquelle, ainsi que l'a bien montré J. Vuillemin, les œuvres précritiques peuvent être réappréciées – c'est-à-dire appréciées au-delà de la *Critique*, et en vue d'un meilleur traitement de l'Antinomie de la raison pure.

Toutefois, comprendre les *Premiers principes* à la manière de Vuillemin, ce serait condamner le criticisme à n'être qu'une philosophie historique, objectait Ferdinand Alquié, c'est-à-dire une théorie astreinte à l'élucidation historiquement située de la science newtonienne ; l'actualité de cette théorie philosophique ne saurait être posée qu'au regard de l'essentiel de la démarche kantienne : il apparaît à cet égard que les *Premiers principes* prennent bien place entre les deux éditions de la *Critique*, sans qu'ils fassent problème quant à l'évolution de la pensée critique. Nous nous appesantirons plus bas sur ce *transitus* dont le tracé accuse l'identification des principes de l'entendement pur aux *principes métaphysiques de la science de la nature* (métaphysique universelle de la nature) eu égard à la *factualité du mouvement* qui correspond à

> *[...] la détermination fondamentale d'une chose qui doit être objet des sens externes [...]. C'est au mouvement que l'entendement ramène tous les prédicats de la matière qui appartiennent à la nature de celle-ci. [...] la science de la nature est de part en part une théorie du mouvement, soit pure, soit appliquée*[1].

Ici alors, *Naturwissenschaft* s'identifie bien à la *Körperlehre* : il s'agit de présenter les *Prinzipien a priori* de la théorie des corps (métaphysique de la nature corporelle), sans prendre en compte les lois empiriques (*Erfahrungsgesetzen*), lesquelles servent à la science empirique de la nature. Aussi, la différence que l'Architectonique de la raison pure faisait entre la *philosophie transcendantale* et la *physiologie de la raison pure*, deux branches de la métaphysique de la nature, prend-elle toute sa signification dans la mesure où elle « touche à la nature de la révolution copernicienne »,

---

[1] *Anfangsgründe*, AK IV, 476-477 ; *OP* II, p. 374-375.

signalait J. Vuillemin[1]. Par conséquent, « comme la nature […] n'est autre, suivant une définition rajeunie d'Aristote, que le mouvement, et que le mouvement nous est nécessairement donné à travers une expérience, la philosophie transcendantale voit ses ambitions immédiatement bornées[2] » ou, mieux, limitées par la *physique rationnelle* (à l'exclusion de la *psychologie rationnelle*) si elle veut déterminer une science de la nature qui ne soit pas une *physiologie transcendante* (*connaissance transcendantale du monde* – cosmologie rationnelle – ou *connaissance transcendantale de Dieu* – théologie rationnelle)[3]. En effet, Kant voulait mettre en évidence « l'application des mathématiques à la théorie des corps, seul moyen d'en faire une science de la nature » soumise aux impératifs de la *reine Vernunfterkenntnis* et de la constructibilité spatio-temporelle pure. Pour y parvenir, toutefois, la *possibilité de la matière* s'impose :

> *[...] il faut présenter d'abord les principes de la construction des concepts qui se rapportent d'une manière générale à la possibilité de la matière. Il faut donc prendre comme point de départ une analyse complète du concept de matière en général. Cette tâche revient à la philosophie pure, affirmait Kant, qui ne se sert à cette fin d'aucune expérience particulière, mais seulement de ce qu'elle trouve dans ce concept de matière pris isolément (bien qu'il soit par lui-même empirique) ; elle rapporte ce concept aux intuitions pures dans l'espace et dans le temps (en accord avec les lois qui dépendent d'une manière essentielle du concept de nature en général) ; il s'agit donc d'une véritable métaphysique de la nature corporelle*[4].

La philosophie naturelle, nous expliquait-il, ne peut pas se passer de métaphysique, ou mieux, de principes métaphysiques, si elle veut procéder mathématiquement. Toutefois, la métaphysique doit être comprise ici sans aucune équivoque : non dans le sens du délire (*Wahn*) qui consiste à jouer avec des concepts, mais son concept transcendantal

> *[...] est tiré[e] de l'essence de la faculté de penser elle-même, et [...] contient les concepts et les principes* a priori *qui transforment le divers des représentations empiriques en une liaison conforme à des lois, de manière que ce divers puisse devenir connaissance empirique, c'est-à-dire expérience*[5].

---

[1] A 845/B 873; *OP* I, p. 1394-1395.

[2] *PMK*, p. 22-26.

[3] A 845-851/B 873-879 ; *OP* I, p. 1394-1398.

[4] *Anfangsgründe,* AK IV, 472 ; *OP II*, 369.

[5] *Anfangsgründe*, AK IV, 472 ; *OP* II, 370.

Autrement dit, les principes métaphysiques rendent le concept de l'objet propre de la physique, la matière, « capable *a priori* de s'appliquer à l'expérience externe ; tels sont, par exemple, les concepts de mouvement, de remplissement d'espace et d'inertie, etc. » Le défaut des physiciens, observait Kant, est de préférer « postuler ces principes, au lieu d'en chercher la source *a priori* ». Pourtant, pour éviter toute confusion et toute incertitude (*Ungewissheit*) quant à la source des erreurs, il convient, dans la *physica géneralis*[1], la partie pure de la science naturelle,

> *[...] où d'habitude s'enchevêtrent les constructions mathématiques et métaphysiques, de rassembler celles qui relèvent de la métaphysique et de les exposer sous forme de système, et avec elles les principes de la construction de ces concepts, c'est-à-dire les principes de la possibilité d'une théorie mathématique de la nature*[2].

Nous allons traiter cette problématique en insistant sur les différents niveaux de l'objectivité scientifique chez Kant. Afin de l'introduire, faisons une remarque importante concernant la méthode kantienne de constitution de l'objectivité. Nous avons vu que cette méthode est avant tout apriorique en ce qu'elle fonde la construction pure qu'est la synthèse transcendantale par l'entremise de l'imagination productrice. Néanmoins, elle ne saurait à elle seule suffire à constituer l'objectivité scientifique, si tant est que celle-ci doive être, *in fine*, appréhendée au regard de la validité de la physique, plus précisément de la physique empirique ou plus largement de la science empirique de la nature. A cet égard, il n'est pas inutile de rappeler que pour Kant la démarche critique, afférente à la révolution du « mode de penser », avait partie liée avec une « expérimentation » (*Experiment*), analogue non seulement à la méthode du physicien mais aussi à celle du chimiste :

> *Cette raison doit se présenter à la nature tenant d'une main ses principes (*Prinzipien*), d'après lesquels seulement des phénomènes (*Erscheinungen*) concordants peuvent valoir comme lois, et de l'autre les expériences (*Experiment*) qu'elle a conçues d'après ces mêmes principes, précisait-il*[3].

C'est qu'il n'a jamais perdu de vue que la physique classique, dont il établissait les principes *a priori* de scientificité, se basait sur la méthode dite expérimentale. Et la chimie, en son temps, sur des principes purement empiriques : elle faisait ainsi pendant à la physique en tant que science mathématique de la nature corrélative à la physiologie rationnelle (ou

---

[1] Kant précisait son concept de *physique rationnelle*, plutôt philosophique que mathématique : A 847/B 875 ; *OP* I, p. 1395.
[2] *Anfangsgründe*, AK IV, 473 ; *OP* II, 370-371.
[3] B XIII ; *OP* I, 737-738.

physique pure)[1]. En fin de compte, la théorie du schématisme apparaît elle-même comme la méthode expérimentale par excellence parce qu'elle se trouve au fondement aussi bien de l'observation sensible que de l'expérimentation instrumentale. Du moins, Kant supposait que celles-ci doivent être saisies en ce qu'elles se distinguent des schèmes transcendantaux de construction pure, puisqu'elles paraissent constituer la méthode cardinale de la physique empirique ou de la science empirique de la nature[2]. Il nous semble nécessaire à présent de poser la problématique générale qui sous-tend la doctrine kantienne de l'objectivité théorique dont la cohérence, comme nous l'indiquerons ci-dessous, doit être analysée au regard de la théorie de l'*Übergang* vers la physique. En effet, Kant jugeait que son architectonique ne saurait être exhaustive qu'au regard du « Passage des Fondements métaphysiques de la Science de la Nature à Physique ». Cette tâche doit être remplie, sans quoi le Système de la philosophie critique comporterait une lacune. » On se souvient qu'il mentionnait dans cette lettre à Christian Garve du 21 septembre 1798 que c'est l'antinomie de la raison pure qui l'avait d'abord « réveillé de son sommeil dogmatique » et « conduit à la Critique de la Raison pure elle-même afin de supprimer le scandale de la contradiction apparente de la raison avec elle-même[3]. » Dans cette perspective, l'*Übergang* apparaît comme l'ultime entremise par laquelle doit être déterminée la science du monde physique assujettie à ses dimensions phénoménales. Cela dit, cette conditionnalité spatio-temporelle du monde phénoménal de la connaissance objectivement valide maintient une dualité irréductible, dont la philosophie théorique entreprend de baliser les contours sans tomber dans le carcan de l'absolutisme, en tentant finalement d'établir par le bais d'une *physiologie rationnelle* ce qui suit de manière architectonique :

> *La science de la nature (*Philosophia naturalis*) tourne autour de deux gonds, dont l'un contient les principes métaphysiques, par suite* a priori*, liés en un système, et l'autre, les principes généraux fondés sur l'expérience et par suite empiriques, de son application aux objets des sens externes, et que l'on nomme physique, soutenait Kant. Cette physique se divise à son tour en doctrine physique générale (*physica generalis*), qui expose seulement les*

[1] *Anfangsgründe*, AK IV, 470-471 ; *OP* II, 367-368.

[2] Nous supposions que la doctrine du schématisme ne requière tout son sens qu'eu égard à la référence implicite au minimum sensible empirique (le mouvement) que la Remarque générale au Système des principes mettait au jour comme « élément » de l'expérience effective indispensable à la déterminité de l'Objet transcendantal = X condamné, sans cela, à demeurer complètement indéterminé, c'est-à-dire incapable d'être « réellement » un principe d'objectivation. Toutefois, il faut garder à l'esprit cette remarque de Kant : *Anfangsgründe*, AK IV, 482 ; *OP* II, 380.

[3] E. Kant, *Correspondance*, AK DCCCXX, 425 ; trad. fr., p. 704-705.

*propriétés de la matière dans les objets externes de l'expérience –, et en celle qui s'occupe des corps formés de cette matière d'une façon particulière, et en constitue un système (*physica specialis*), par exemple, en prenant en considération la différence entre corps inorganiques et organiques. [...] La* physica generalis *contient donc en même temps la nécessité du franchissement des principes métaphysiques de la science de la nature à la physique au moyen de la parenté qui est à trouver entre les règles* a priori *et la connaissance de leur application à des objets donnés empiriquement. Ce franchissement cependant ne se restreint pas à avancer sur le terrain auquel il conduit (ce qui donnerait une physique spéciale), mais il détermine seulement et met complètement devant les yeux les principes pour progresser dans cette science*[1].

Elucider cette assertion consiste à mettre au jour le maillage de plusieurs niveaux d'objectivation dans la doctrine kantienne de l'objectivité scientifique. Bernard Rousset en dénombrait quatre : le premier se trouve dans l'exposé du système des principes de l'entendement pur – s'y achève l'entreprise de fondation analytique, qui soumet l'esthétique transcendantale à la logique (transcendantale) en déterminant l'expérience possible comme poumon de la science mathématique de la nature ; le second se situe dans les *Premiers principes* (1786) ouvrage capital s'il en est, mais dont l'importance fut souvent minorée alors qu'il constitue, plus que les *Prolégomènes* parus trois ans plus tôt (1783) et dont il faut apprécier la grande portée pédagogique, l'œuvre emblématique intermédiaire entre les deux éditions de la *Critique*. Cette œuvre s'avère emblématique à double titre : du fait de son indissociabilité non seulement, en amont, avec l'arborescence principielle de la *Critique*, mais aussi, en aval, avec l'*Opus postumum* où la théorie de l'*Übergang* forme à proprement parler le troisième niveau de l'objectivité scientifique, tandis que le problème de la connaissance empirique en constitue comme telle le quatrième. C'est le second niveau d'objectivation qui constitue le cœur de la doctrine kantienne. Du moins ne pouvons-nous nullement nous dispenser de ses liens avec le premier niveau, qui en constitue la condition essentielle. Car, à première vue, Kant exprimerait une correspondance parfaite entre le système des principes purs de l'entendement, en tant que lois de la nature, et les principes métaphysiques de la science de la nature, en ce qu'il est démontré que ces lois de la nature s'identifient précisément aux principes constitutifs et fondateurs de la mécanique rationnelle entendue comme synthèse newtonienne de la cinématique galiléo-cartésienne et de la dynamique leibnizienne. Ce n'était pas pour remettre en cause cette concordance que J. Vuillemin mettait en exergue la discordance qui peut exister entre la *Critique* et les *Premiers*

[1] *Opus postumum*, liasse IV, 21, AK XXI, 407-408, trad. fr. F. Marty, Paris, PUF, 1986, p. 3-4.

principes, en faisant entre autres valoir au rebours de la lettre du criticisme – à la suite de Cohen – le principe d'engendrement des catégories à partir des principes. Il lui paraissait que c'est la « phénoménologie immanente » aux *Premiers principes* qui soutient leur « concordance-discordance » avec la *Critique*. Cela s'explique dans la mesure où

> *Dans le système critique, la pensée du mouvement commande le mouvement de la pensée. [...] Dès lors, le mouvement objectif remplit son double rôle. En premier lieu, c'est lui qui ébranle le système des principes. En second lieu, c'est lui qui permet la synthèse figurée des mathématiques. D'une part, le schématisme arithmétique, l'imagination géométrique, le symbolisme algébrique l'évoquent comme instrument d'actualisation des concepts. De l'autre, c'est lui qui provoque la discordance entre la philosophie transcendantale et la physiologie rationnelle, et c'est cette discordance à son tour qui propose à la première de ces disciplines la genèse réelle des principes*[1].

Nous ne pourrons pas exposer, ici, dans ses menus détails, le processus de fondation mathématico-métaphysique de la physique classique. C'est ce que faisait bien Koyré dans *Du monde clos à l'univers infini*, en décrivant cette fondation à travers les liens qui unissent chez Newton les travaux de Copernic, de Kepler et de Galilée, tout en étant attentif aux liens plus spécifiques entre la métaphysique et la physique classiques dont les travaux de Descartes et de Leibniz nous fournissent deux illustrations significatives. Des travaux de Koyré s'attestait l'idée chère à Heidegger, à savoir la « co-appartenance de la science et de la philosophie ». L'interprétation néo-kantienne accordait beaucoup d'intérêt à ce que Cassirer présentait dans son magistral ouvrage de quatre tomes : *Le problème de la connaissance dans la philosophie et la science des temps modernes*, dont les deux premiers traitent de la formation de la critique de la science dans le contexte large s'étendant de la renaissance, avec Nicolas de Cues, à Kant dont la méthode transcendantale assure la synthèse des philosophèmes majeurs des doctrines philosophiques classiques, ce, au regard du concept de science de la nature fournie par la théorie galiléo-newtonienne. Dans les chapitres suivants, nous nous intéresserons à la logique de la science dans le contexte de la philosophie critique. Pour cela, nous commencerons par le traitement du rapport entre théorie et expérience et des notions du temps et de l'espace, ce qui nous permettra d'appréhender l'indissociabilité de la doctrine physique newtonienne avec des philosophèmes relevant à proprement de la métaphysique. Ces éléments nous serviront à traiter, par ailleurs, de la question kantienne de la

---

[1] A ce sujet, voir le rapport Descartes-Kant : *PKM*, 25-42.

métaphysique, en ce qu'elle se trouve directement liée à la question de l'objectivité scientifique. Il s'agira, au regard de la typologie dressée plus haut, de prendre toute la mesure de l'approche kantienne de l'intuition pure et de la catégorie, approche dont l'élucidation s'avère indispensable à l'intelligibilité du premier niveau d'objectivité qui sera exposé, enfin, selon son articulation avec le deuxième niveau.

§ 3. La physique classique : cosmologie, mathématique et métaphysique

Alexandre Koyré nous exhortait contre la tentation empressée de nous focaliser sur les réussites des grandes découvertes scientifiques. Il voulait qu'« elles soient étudiées dans leur complexité concrète » sans qu'on en oblitère la part

> des échecs, des découvertes manquées, des erreurs commises [...], ces « ratages » qui nous permettent de nous apercevoir de l'existence et de la puissance des résistances (intellectuelles) qu'il a fallu vaincre, des obstacles qu'il a fallu surmonter pour arriver à la clarté de la vérité découverte[1].

Contre toute dérive physicaliste, mieux, positiviste, il soulignait que la transformation spirituelle, survenue aux XVIe et XVIIe siècles, était loin d'être une mutation brusque car, immanquablement, « les révolutions, elles aussi, ont besoin de temps pour s'accomplir ; les révolutions, elles aussi ont une histoire[2]. » L'historicité des révolutions scientifiques tient largement à la résistance des schèmes d'intelligibilité qui ont cours et prévalu dans les périodes prérévolutionnaires. En ce qui concerne la physique classique, le géocentrisme, le dualisme, le finitisme et le vitalisme péripatéticiens, auxquels s'ajoute l'anthropocentrisme médiéval, apparaissent comme autant d'idées structurant la scolastique, en tant que « époque de pensée », dont l'effondrement ne pouvait être l'effet d'un coup de baguette magique, mais la résultante de processus, non moins hétérogènes qu'autonomes, de « déconstruction » et de refondation critiques.

---

[1] A. Koyré, « La gravitation universelle de Kepler à Newton », in *Etudes newtoniennes*, op. cit., p. 11. Sur la portée de cette loi, voir Richard Feynman, *La nature de la physique*, chap. 1 : la loi de la gravitation, un exemple de loi physique, Paris, Seuil, p. 14-38.

[2] A. Koyré, *Du monde clos à l'univers infini*, trad. fr. R. Tarr, Paris, Gallimard, 1973, p. 13.

A. Koyré montrait, avec beaucoup de minutie, que l'histoire de la physique classique est celle du passage du *Monde clos* à *l'Univers infini* : d'une part, conformément à son arc-boutement sur le pilier que forme le paradigme euclidien de géométrisation de l'espace physique ; d'autre part, corrélativement au renouvellement de l'atomisme par Galilée, Boyle et Newton sous la forme de la philosophie dite corpusculaire[1]. Ce procès d'infinitisation de la nature, dont on trouverait la source « pré-moderne » dans l'idée de Nicolas de Cues de l'infinité de l'Univers créé, n'était une progression ni continue, ni constante : l'élaboration scientifique et l'adéquation de la physique à une nouvelle philosophie faisaient, de façon conjointe, l'objet d'une confrontation métaphysique des plus ingénieuses, notamment dans les controverses entre « plénistes » et « vacuistes », ou entre partisans et adversaires du mécanisme strict et de l'attraction[2].

Les nodosités et les sinuosités qui jalonnèrent le long parcours, qui mena de Copernic à Galilée et de Descartes à Newton, sont bien décrites par Koyré, qui retraçait ainsi les étapes de la « révolution spirituelle » qui « modifia les fondements et les cadres mêmes de notre pensée [occidentale], et dont la science moderne est à la fois la racine et le fruit[3]. » Ces profondes transformations, qui définissent la « crise de la conscience européenne », sont comprises par diverses études « régionales » sous différentes modalités de « passage » ou de « rupture », entre autres « le remplacement du schéma téléologique et organismique de la pensée et de l'explication par le schéma causaliste et mécaniste conduisant finalement à la « mécanisation de la conception du monde » si apparente dans les temps modernes, surtout au XVIIIe siècle[4] ». Bien avant Koyré, c'est par le biais d'une histoire du pré-criticisme, sorte de « généalogie de la raison critique », que Cassirer scrutait ce long cheminement, en y consacrant les deux premiers tomes de sa fresque sur *Le problème de la connaissance dans la philosophie et les sciences des temps modernes* (1906-1907, 1911[5]) – le premier tome scrutait ce problème en partant de la pensée de Nicolas de Cues, « premier philosophe moderne » selon Cassirer, pour parvenir à celle de Pierre Bayle en saisissant l'acte même de fondation de la physique classique chez Kepler, Nicolas de Vinci et

---

[1] Voir à ce propos Michel Blay, *Les raisons de l'infini. Du monde clos à l'univers mathématique*, Paris, Gallimard, 1993.

[2] Ces querelles renvoient à la naissance même de la « philosophie corpusculaire » à travers l'étrange alliance entre Démocrite et Platon, voir A. Koyré, *Du monde clos à l'univers infini*, p. 13.

[3] A. Koyré, *Du monde clos à l'univers infini*, p. 9.

[4] A. Koyré, *Du monde clos à l'univers infini*, p. 10.

[5] E. Cassirer, *Le problème de la connaissance dans la philosophie et la science des temps modernes*, I, *De Nicolas de Cues à Bayle*, Paris, Editions du Cerf, 2004 ; II, *De Bacon à Kant*, trad. fr. R. Fréreux, Paris, Editions du Cerf, 2005.

Galilée. Nous n'entrerons pas, ici, dans le détail de l'interprétation de Cassirer, mais il faudrait somme toute garder à l'esprit les limites de son étude : elles concernent particulièrement l'« histoire de la science classique », dont la re-construction se trouve suspendue à une approche systématique qui, en voulant retracer l'histoire de l'idéalisme scientifique selon la perspective fonctionnaliste consacrée par *Substanzbegriffundt Funktionsbegriff* (1910), donne lieu à de graves difficultés d'ordre historiographique – ce que laissait bien entendre E. Meyerson dans son compte-rendu de l'édition de 1911[1].

Profitons de l'exemple du Cusain pour lever un malentendu concernant la question des influences que Koyré nous aidait à bien appréhender :

> *[...] l'« influence » n'est pas une relation simple comme celle de « cause » à « effet », rétablissait-il, mais au contraire une relation très complexe dans laquelle l'« effet » est « cause » de la « cause »*[2].

Cela vaut pour toutes les formes d'influence, repérées ici et là, des conceptions onto-physiques anciennes sur les conceptions modernes, par exemple, l'infinité du monde de l'atomisme antique par rapport à l'infinitude moderne. Aussi, A. Koyré nous exhortait à prendre de manière somme toute relative l'influence qu'on considère que Nicolas de Cues pouvait avoir sur la « réforme de l'astronomie », dans l'idée qu'il anticipait des découvertes comme la forme aplatie de la Terre, les trajectoires elliptiques des planètes, la relativité absolue de l'espace ou la rotation des corps célestes autour de leur axe. Or, il n'en est absolument rien :

> *[...] en opposition profonde aux inspirations fondamentales des fondateurs de la science moderne et des conceptions modernes du monde qui essayèrent, avec ou sans raison, d'affirmer la panarchie des mathématiques, il nie la possibilité même du traitement mathématique de la nature*[3].

[1] E. Meyerson, « L'histoire du problème de la connaissance de M. Cassirer », *Revue de métaphysique et de morale*, XIX, 1911, p. 100-129. En ce qui concerne les divergences entre Cassirer et Koyré, notamment sur le platonisme, en particulier celui de Galilée, qui constituerait l'arrière-plan philosophique de la science moderne, voir M. Fichant, « Ernst Cassirer et les commencements de la science classique », in J. Seidengart, *Ernst Cassirer. De Marbourg à New York*, Paris, Editions du Cerf, 1990, p. 117-140 ; G. Jorland, *La Science dans la philosophie. Les recherches épistémologiques d'Alexandre Koyré*, Paris, Gallimard, 1981, p. 23-70.
[2] A. Koyré, *Du monde clos à l'univers infini*, p. 18.
[3] Ibid., p. 31-32.

Il en va de même pour M.S. Palingenius qui, en dépit de son application du « principe de plénitude » supposant la « création infinie » de Dieu, « maintient fermement la finitude du monde *matériel*, enfermé dans, et entouré par, les neuf sphères célestes[1] ». Cela compris, ce qui paraît incontestable est qu'on peut trouver chez tel ou tel philosophe de la nature, à fin du Moyen Age et surtout à la Renaissance, des idées générales ou des constructions théoriques qui, en corrélation effective ou logique, forment un réseau conceptuel favorable à une nouvelle *épistémè* de la nature et à ce que Cassirer appelle la formulation du *problème philosophique de la connaissance*, cette *épistémè* sera fondée en définitive sur deux idées solidaires : la destruction du Cosmos et la géométrisation de l'espace, résumait bien Koyré dans deux formules remarquables[2].

Nous ne pouvons pas traiter en détail, dans cette étude, des liens multiformes qu'entretiennent la physique et la métaphysique classiques. Certains liens apparaissent, par exemple, chez Galilée, dont la physique mathématique et, pour ainsi dire, « expérimentale », d'inspiration archimédienne, n'était pas sans un arrière-fond constitué par la physique aristotélicienne et la physique de l'*impetus* de Buridan, de Nicolas Oresme et de Benedetti – ce que soulignait Pierre Duhem[3]. Cela apparaît dans la préférence au mouvement uniforme linéaire du mouvement circulaire en tant que cadre explicatif conforme à la naturalité du monde fini. Cela a trait à la difficulté de lier relativité « restreinte et inertie « généralisée » dans la physique de Galilée où « l'idée d'un point matériel dépourvu de gravité,

---

[1] Ibid., p. 41.

[2] A. Koyré, *Du monde clos à l'univers infini*, p. 11-12. Cassirer accorde à la Renaissance scientifique et philosophique une dimension « épocale ». Son ouvrage de 1927 peut être considéré comme un approfondissement des thèses de 1906 : *Individuum und Kosmos in der Philosophie der Renaissance.* Sur les limites de l'approche cassirérienne, on peut se référer à M. de Gandillac, « L'image de la Renaissance chez Cassirer », in J. Seindengart (éd.), *Ernst Cassirer. De Marbourg à New York*, Paris, Editions du Cerf, 1990, p. 27-28.

[3] Identifié comme « cause » du mouvement, l'*impetus* était abandonné par Galilée qui en venait à concevoir l'« inertie » comme une propriété consubstantielle au mouvement. Résultant d'un *principe de raison suffisante* : le mouvement « n'a besoin d'aucun rapport extrinsèque pour se conserver », « cet abandon n'est pas sans analogie avec celui que connaîtra l'éther trois siècles plus tard. Introduit pour supporter le « champ », l'éther abdique ses prérogatives et, finalement, renonce à l'existence en faveur du champ lui-même ». Cf. Marie-Antoinette Tonnelat, *Histoire du principe de la relativité*, Paris, Flammarion, 1971, p. 54-55. Sur le rapport de Galilée à la physique de l'*impetus* : A. Koyré, *Etudes galiléennes* (1966), Paris, Hermann, 2001.

c'est-à-dire non soumis à la gravité, est une idée incohérente[1] ». Paradoxe qui s'illustre aussi chez Kepler dans l'harmonie du monde pensée comme reflet de la perfection divine, ou encore chez Newton dans l'affirmation d'une sphère des fixes. D'une manière générale, de tels liens se manifestent au sein du traitement théorique des questions de l'espace, du temps et du mouvement. Nous en trouvons une illustration dans l'absolutisme newtonien. Ces questions sont abordables dans ce contexte au regard d'une triple référence : à la matière, à l'esprit et à Dieu, conformément donc à une inscription onto-théo-logique, ce, dans le sens où la cosmo-physique ne saurait être valide, si faisait défaut une fondation métaphysique : à côté de la théologie pure rationnelle[2], se fait également jour l'idée d'une théologie naturelle fondée sur la philosophie naturelle, où l'on construit une connaissance de plus en plus précise de la nature, laquelle connaissance devant conduire à l'appréhension de Dieu[3].

Il convient de garder à l'esprit le caractère purement *spéculatif* de l'héliocentrisme, dont la fécondité ne transparaissait guère dans l'astronomie pratique de Copernic. Sans doute, son outillage logico-mathématique se révéla moins performant que celui de Ptolémée : « dans le sens technique du terme Copernic est un ptoléméen, soutenait Koyré ». Comme M. Lovejoy, c'est chez Giordano Bruno qu'il trouvait le premier schéma de la cosmologie infinitiste qui domina la pensée moderne, même si l'infinitisme brunien ne semblait avoir qu'une « influence retardée » qui est liée à « l'invention du télescope et les grandes découvertes de Galilée ». Néanmoins, il exprimait

---

[1] La gravité étant inhérente à la matière, « la Relativité galiléenne est liée à une *topologie de surfaces courbes* pour la raison évidente et inéluctable qu'elle s'applique à un monde réel. Dans cet univers obtenu par une *simplification* du monde réel mais toujours *déduit* du monde réel, l'équivalence des observateurs libres présente déjà une analogie avec les intuitions Einsteiniennes de 1912. / C'est pourquoi l'on peut affirmer, sans aucun paradoxe, que l'*intuition des principes d'une authentique Relativité Générale a empêché* Galilée de *formuler clairement les bases d'une Relativité restreinte.* » M.-A. Tonnelat, *Histoire du principe de la relativité*, p. 56-57.

[2] Sur le nerf des preuves de l'existence de Dieu, voir la troisième partie de *L'unique fondement possible d'une démonstration de l'existence de Dieu*, AK II, 155-162 ; *OP* I, 427-435 ; pour une présentation exhaustive : L'idéal de la raison pure, 3e chap. de la Dialectique transcendantale : A 567-642/B 595-670, *OP* I, 1192-1246.

[3] Idée présentée explicitement dans le livre de Colin Maclaurin, *Account of Sir Isaac Newton's philosophical discoveries.* Ce livre est publié à Londres en 1748 par Patrick Murdoch, cité par Max Jammer, *Concepts d'espace, une histoire des théories de l'espace physique*, trad. fr. L. Mayet et I. Smadja, Paris, PUF, 2008, p. 41-42.

beaucoup de réserves sur le fait que Bruno soit un esprit moderne[1]. En fait, la supériorité théorique de l'héliocentrisme fut véritablement établie près de cent cinquante ans après l'énoncé de la conjecture copernicienne, avec l'énoncé de la loi de la gravitation[2], mais en dépit de « l'équivalence cinématique », Galilée savait qu'avec « l'abolition du fixisme terrestre », l'on obtenait un cadre de simplification des calculs astronomiques et de prédiction des révolutions planétaires. Si l'on s'en tenait à la relativité copernicienne,

> *[...] aucun observateur en acte ne sera qualifié pour identifier l'ensemble des apparences cinématiques qu'il observe avec ces mouvements vrais. Newton lui-même devra conférer un caractère asymptotique à son espace absolu*[3].

Ce que commençait à corroborer l'expression par Kepler, inspiré des travaux de Tycho Brahe, des trois lois astronomiques fondamentales concernant le déplacement des planètes autour du Soleil. Ces lois sont stipulées certes de manière empirique, mais leur portée est relative à la transformation radicale de l'objet même de l'astronomie. Premièrement, les planètes décrivent des ellipses, dont le soleil occupe l'un des foyers, deuxièmement, les surfaces, ou aires, balayées pendant deux durées quelconques, mais égales entre elles, sont égales aussi, troisièmement, les carrés des périodes sont comme les cubes des grands axes[4]. Excellent mathématicien, Kepler s'illustrait par la précision de ses calculs astronomiques. Avec lui, le plus caractéristique a trait au fait qu'il se servait

> *[...] des conceptions dynamiques afin de calculer le mouvement des astres ; et ceux-ci se déplacent librement dans le ciel à une vitesse variable, au lieu*

---

[1] A. Koyré, *Du monde clos à l'univers infini*, p. 47-82 ; Sur le caractère formellement hypothétique du *De revolutionibus* (1543), lequel comprend trois niveaux – caractère hypothétique très précieux aux yeux de Kant –, voir Jean-Pierre Verdet, « Copernic » in Michel Blay et Robert Halleux (dir.), *La physique classique. XVI*e *–XVII*e *siècle : dictionnaire critique*, Paris, Flammarion, 1998, p. 224-233.

[2] S. Mazauric, *Histoire des sciences à l'époque moderne*, première partie, chap. 5 : réception et diffusion du copernicianisme, Paris, Armand Colin, 2009, p. 76-86.

[3] M.-A. Tonnelat, *Histoire du principe de la relativité*, p. 47.

[4] Pour une présentation simple et claire des lois képlériennes, voir A. Einstein, « Jean Kepler », in *Conceptions scientifiques*, trad. de l'anglais par M. Solovine et D. Fargue, Paris, Flammarion, 1990, p. 162-168 et « Jean Kepler » in *Comment je vois le monde*, trad. de l'allemand par M. Solovine et Régis Hanrion, Paris, Flammarion, 1979, p. 156-161 ; I. Bernard Cohen, *Les origines de la physique moderne*, trad. fr. J. Métadier et C. Jeanmougin, Paris, Seuil, 1993.

d'être entraînés par des combinaisons de sphères tournant uniformément (au moins en théorie) sur elles-mêmes. A une cinématique des orbes il substitue donc très consciemment une quantification des forces conduisant à calculer des orbites, précise Gérard Simon[1].

On doit néanmoins souligner qu'avec lui l'astronomie n'était pas complètement entrée dans sa phase classique puisque, ignorant le principe d'inertie[2], sa théorie était, par bien des aspects, fallacieuse à cause de son incapacité à formuler adéquatement les notions de masse et de force. Les démonstrations mathématiques de ses lois ne seront assurées que par Newton, car la fondation de la notion de mouvement sur la présupposition aristotélicienne d'un moteur ou d'une tendance l'empêchait de se séparer de la postulation de « l'existence d'harmonies internes du monde, qui le conduisirent certes à sa troisième loi, mais ne pouvaient avoir de sens que dans un cosmos fini et clos[3] ».

Sans doute, le nouvel ordre cosmo-physique, qui sous-tendait le *criticisme*, présupposait la « caducité » du modèle aristotélicien et ptoléméen de la nature, modèle dans lequel le géocentrisme était à l'appui du finalisme vitaliste et du dualisme finitiste des mondes sublunaire et supralunaire. L'effondrement d'un tel modèle s'opérait au sein de la consolidation de l'héliocentrisme qui garantissait l'entreprise mécaniste d'interprétation unitaire de la nature. Interprétation promue par Kepler et Galilée, dont les théories étaient synthétisées par Newton sur la base généralisée de la géométrie euclidienne – laquelle s'étant néanmoins trouvée renforcée quant à sa *puissance formalisante* par le calcul infinitésimal de Leibniz-Newton qui favorisait une meilleure explication mathématisée de la nature[4]. A vrai dire, la conceptualisation du calcul infinitésimal et la science du mouvement dans le courant du XVIIe siècle illustrent de façon éclairante la relation entre physique et mathématique. Il convient d'éviter le jugement hâtif selon lequel il y aurait une antécédence absolue de la mathématique qui se développerait dans son huit-clos et offrirait à la physique ses modèles abstraits lui permettant de décrire la structure des phénomènes naturels : tel serait le sens immédiat de mathématisation de la nature. Or, même si Fermat et Leibniz

---

[1] Gérard Simon, « Kepler », in Michel Blay et Robert Halleux (dir.), *La physique classique. XVIe –XVIIe siècle*, p. 286.

[2] Kepler est bel et bien l'inventeur du terme d'inertie, qui signifiait chez lui « la tendance à persévérer dans le repos (résistance au mouvement) et non la tendance à persévérer dans un état de mouvement (résistance au changement du mouvement) ». Cf. M.-A. Tonnelat, *Histoire du principe de la relativité*, p. 54.

[3] Gérard Simon, « Kepler », p. 286.

[4] Sur la compatibilité de la méthode newtonienne des « fluxions » avec le calcul infinitésimal leibnizien, voir la présentation de F. de Gandt des textes d'I. Newton, *De la gravitation et Du mouvement*, Paris, Galimard, 1995, p. 9-108.

sont à contre-courant de l'ambiance générale, et Descartes demeure un cas à part, il ne serait pas exagéré de soutenir que

> *dans la vie culturelle du XVIIe siècle, la question du mouvement a joué un rôle primordial, notamment comme introduction naturelle, intuitive, aux problèmes et aux découvertes du calcul infinitésimal ; bien sûr, il fallait résoudre aussi les difficultés logiques de l'infiniment petit, des indivisibles, etc. Mais, les spéculations logiques n'ont pas été le moteur de cette histoire : l'étude des mouvements et de vitesses constituait un motif autrement puissant, tout en offrant un support physique et imaginatif au raisonnement*[1]

Néanmoins, cette configuration générale de la cosmo-physique classique ne doit pas nous empêcher de garder à l'esprit le bémol d'Ernst Mach :

> *Toutes les expressions importantes qui entrent dans les équations de la mécanique moderne furent découvertes et employées déjà au temps de Galilée et de Newton. La fréquence de leur emploi rendit commode l'usage de dénominations spéciales, mais pour la plupart, celles-ci ne furent fixées que longtemps après. Ce fut bien plus tard encore que l'on songea à un ensemble systématique d'unités et ce dernier perfectionnement n'est même pas encore complètement acquis*[2].

La saisie critique de cet « ensemble systématique d'unités » s'avère concomitante à la transmutation de la cosmo-physique à travers de véritables scansions théoriques, favorisées notamment par la théorie physique de Mach, qui s'élevait contre l'absolutisme conjoint de Newton-Kant. Dans son « exposé historique et critique du développement de la mécanique », ce dernier croyait utile de remonter à son origine dans l'exposé du « développement des principes de la statique », premier maillon de la mécanique en ce qu'elle est la science de l'équilibre, dont les premiers principes, comme la loi du levier, furent formulés et démontrés par Archimède. Puis, les principes du plan incliné, de la composition des forces et des déplacements virtuels avaient été solidement établis respectivement par Simon Stevin, Daniel Bernoulli et Joseph Louis Lagrange. Lesquels principes avaient été mobilisés et exploités au sein de la dynamique,

---

[1] F. de Gandt, « Mathématiques et réalité physique au XVIIe siècle (de la vitesse de Galilée aux fluxions de Newton) », in *Penser les mathématiques*, Paris, Seuil, 1982, p. 167-194. Voir à cet égard le chapitre 5 : « la limite : de l'impensé au concept », dans A. Dahan-Dalmedico et J. Peiffer, *Une histoire des mathématiques : routes et dédales*, Paris, Seuil, 1986, p. 168-207.

[2] E. Mach, *La mécanique : exposé historique et critique de son développement* (1883), trad. fr. E. Bertrand, Paris, Hermann, 1904, p. 267-268.

deuxième maillon de la mécanique, eu égard à leur application aux liquides et aux gaz[1]. Cette dynamique est exposée, en deuxième lieu, par Mach qui mettait l'accent sur la corrélation des physiques de Galilée, de Huygens et de Newton. Ces physiques furent résumées en deux points principaux :

> *[...] le fait que les corps, par une action mutuelle, se communiquent les uns aux autres des accélérations qui dépendent des circonstances spatiales et matérielles, et le fait qu'il y a des masses*[2] .

Nous pouvons parler ici d'une gradation puisque ces faits « ne furent pas acquis en une fois, mais lentement et pas à pas », nous expliquait Mach :

> *Un seul grand fait fut en réalité fermement établi,* précisait-il. *Différents couples de corps déterminent sur eux-mêmes, et indépendamment l'un de l'autre, des couples d'accélérations tels que les deux accélérations d'un même couple sont dans un rapport invariable qui caractérise le couple de corps correspondant. Il fut impossible même au génie des Galilée, des Huygens et des Newton, de percevoir ce fait en une fois ; on ne put que le reconnaître peu à peu, comme on le voit dans la loi de la chute des corps, dans la loi particulière de l'inertie, dans le principe du parallélogramme des forces, dans le concept de masse, etc*[3].

De l'avis de Mach, « l'observation de la dépendance de certaines déterminantes partielles des phénomènes mécaniques » a permis à Galilée de formuler deux hypothèses : en premier lieu, la proportionnalité de la vitesse acquise au chemin parcouru, ensuite, la dépendance de cette vitesse de la durée de chute – le modèle expérimental étant ici la chute des corps. A vrai dire, on est aujourd'hui convaincu que les principes de la mécanique peuvent être établis au regard de ces deux hypothèses. Certes, J.R. Mayer le fera notamment pour la première, mais c'est la seconde qui en constitue l'arrière-fond historique, avec ces deux voies : d'une part, celle de Galilée-Newton où l'on considère que la durée de chute est déterminante de la vitesse, d'autre part, celle de Galilée-Huygens où la hauteur de chute est privilégiée. Dans le premier cas, la notion de force est fondamentale, tandis que celle de travail (ou de force vive) l'est dans le second cas – on a ici la ligne de fracture entre Descartes et Leibniz[4].

---

[1] Pour une saisie générale de ces principes, voir E. Mach, *La mécanique : exposé historique et critique de son développement*, p. 15-118.

[2] Ibid., p. 241. Le deuxième chapitre sur le développement des principes de la dynamique comprend « une critique synoptique des énoncés de Newton », et se conclut par un exposé épistémologique de la mécanique de Hertz : Ibid., 119-256.

[3] E. Mach, *La mécanique*, p. 241.

[4] E. Mach, *La mécanique*, p. 242-248.

En effet, il appert que, pour A. Einstein et L. Infeld, l'évolution des idées en physique vers les théories révolutionnaires de la relativité et des quanta accusera le déclin du modèle mécanique[1], dont l'« univers mental » est fonction du nouage géométrico-physique de la théorie de Galilée-Newton, et dont le spectre irradiait la physique du XIXe siècle. Tout compte fait, il convient de considérer le mécanisme comme « l'enveloppe métaphysique de la nouvelle physique ». Rappelons que la forme la plus radicale du mécanisme fut défendue par la vulgate cartésienne qui rejetait purement et simplement l'explication des phénomènes naturels par des causes finales : non seulement les schèmes finaliste et vitaliste hérités de Platon et d'Aristote furent écartés, en tant que cadre non pertinent du traitement physique des phénomènes mécaniques, tels que les mouvements locaux, mais surtout la méthode des causes efficientes en venait à définir l'unique cadre d'appréhension mathématisée aussi bien des phénomènes physiques et astronomiques que des phénomènes biologiques. Les problèmes métaphysiques posés par le mécanisme radical cartésien amenaient Leibniz à le relativiser dans une conception dynamique des phénomènes naturels, conception reposée quant à elle sur la constitution d'une théologie naturelle. Ainsi ce dernier pouvait-il renouer avec le mode d'explication platonicien et aristotélicien, en associant les deux méthodes disjointes par le cartésianisme : celle des causes finales à celle des causes efficientes. Son apport paraissait dans cet ordre considérable, quant à la mise en évidence de la fonction cardinale de la notion de force dans une *explication infinitésimale* du mouvement : les lois cartésiennes du choc furent, du coup, écartées au profit d'une dynamique des forces où l'efficience du mobile dite force vive (produit de la masse par le carré de la vitesse) apparaissait se conserver au détriment de la quantité de mouvement cartésienne (produit de la masse par la vitesse). C'est cette dynamique qui était parallèlement exploitée par Newton, qui ambitionnait de fournir, dans le sillage de Galilée et en rupture avec Descartes, une explication purement mathématique de la force, au sens de force motrice (produit de la masse par l'accélération), pour finalement faire quelque concession au finalisme relativement au caractère énigmatique de l'attraction universelle qui s'élucide dans un schéma de causation divine[2]

---

[1] A. Einstein et L. Infeld, *L'évolution des idées en physiques. Des premiers concepts aux théories de la relativité et des quanta*, trad. fr. M. Solovine, Paris, Flammarion, 1983. p. 64-65.

[2] V. Le Ru, « Mécanisme », in M. Blay et R. Halleux, *La science classique : XVIe - XVIIIe siècle*, p. 622-631 ; S. Mazauric, *Histoire des sciences à l'époque moderne*, chap. 7-9 et 14, p. 111-142 et 208-230; Pour le débat Leibniz-Descartes, le livre d'Yvon Belaval, *Leibniz critique de Descartes* (Paris, Gallimard, 1960) demeure une référence incontournable. Voir J. Vuillemin, *Mathématiques et métaphysique chez Descartes*, Paris, PUF, 1960.

– le défaut chez Descartes de l'absolutisation de la quantité de mouvement relevait de son incapacité à penser adéquatement la masse et la vitesse, d'où sa fondation sur la clarté et l'évidence de l'étendue géométrique couplée à la véracité divine quant à l'existence du monde extérieur continûment crée conformément aux décrets divins[1].

Nous verrons comment précisément circonscrire le mécanisme dans ce contexte, quand nous nous intéresserons à la manière dont Kant l'opposait au dynamisme, dont il se faisait l'ardent défenseur dans ses *Premiers principes*. Nous pourrons nous contenter d'évoquer assez brièvement la position kantienne concernant la querelle qui opposait Leibniz à Descartes lorsqu'il s'agira d'appréhender son concept de substance. Nous savons que le philosophe critique prenait part à cette discussion dès son premier ouvrage, *Pensées sur la véritable estimation des forces vives* (1747) : sa conception mécanique de la quantité de mouvement et de la quantité de matière serait donc saisissable au regard de cette querelle qui reflète bien le rôle recteur des principes métaphysiques dans la physique classique. A ce sujet, Mach montrait que « la dispute commencée par Leibniz ne repose que sur de *simples erreurs de compréhension* » que dissoudra, en 1743, le *Traité de dynamique* de d'Alembert : les deux formulations de la « capacité d'action », proportionnelle soit à la vitesse relativement au temps (cartésiens), soit au carré de la vitesse relativement à l'espace (leibniziens), possèdent la même puissance d'intelligibilité.

Ces points une fois rappelés, observons que le problème de la force, de sa mesure donc, auquel répondent parfaitement l'impulsion et le travail, n'est pas réductible à celui de l'existence d'une quantité physique invariable, problème qui, s'il est traité au niveau de l'applicabilité physique des notions d'impulsion et de travail, renvoie bel et bien aux liens de dépendance ci-dessus indiqués vis-à-vis de la métaphysique où apparaît l'entreprise leibnizienne de dépassement du cartésianisme.

---

[1] Ainsi se présentent les difficultés de la « totale Relativité cartésienne » : « la géométrisation totale qu'il prescrit l'autorise à dépouiller la matière d'une intrinsèque gravité et à la réduire ainsi à l'étendue. Ce faisant, elle permet à Descartes l'énoncé d'un principe d'inertie « donné en ce monde » et non, comme il en était pour Galilée, contradictoire avec les propriétés de la matière réelle. Par contre, *elle est impuissante à englober les actions de gravité dans une topologie des surfaces courbes* comme le devinait Galilée, comme le réalisera Einstein. Elle escamote les actions gravifiques purement et simplement. / C'est pourquoi, en dépit du privilège officiellement reconnu au mouvement rectiligne et uniforme, la mécanique cartésienne préfigure assez peu une relativité restreinte. Enfin, son caractère totalitaire, bien loin d'annoncer cette relativité générale, s'en éloigne singulièrement. On sent combien la construction d'une dynamique était indispensable à la progression de notions cohérentes d'inertie et de Relativité ». Cf. M.-A. Tonnelat, *Histoire du principe de la relativité*, p. 61-64.

Dans le sillage de Mach, Vuillemin indique comment Wallis et Huygens parvenaient, de façon complémentaire, à préciser l'invariance de la quantité de mouvement (étude du choc suivant le modèle des corps inélastiques) et la conservation des forces vives (étude du choc suivant le modèle des corps élastiques) : dans le premier cas, celui de Wallis, « la conservation de la quantité de mouvement généralise le principe newtonien d'inertie », dans le second cas, celui de Huygens approfondi ultérieurement par Hamilton, il en est résulté l'identification de la force vive « à la somme de l'énergie cinétique et de l'énergie potentielle ». Ce sont là deux acquis fondamentaux de la mécanique classique. Le problème qui demeurait en suspens, ainsi que le préciseront Einstein et Infeld, renvoie à la nécessité de relier l'aspect mécanique et l'aspect thermique du mouvement : c'est ainsi que « le principe de la conservation de l'énergie fournira par conséquent la loi approchée de l'invariant dont la conservation des forces vives ne présentait qu'un cas bien particulier et idéal[1] ».

L'approche d'Einstein apparaît comme le lieu privilégié d'une saisie conceptuelle de la physique classique identifiée à la théorie de Galilée-Newton. Ses lectures de ces deux illustres physiciens ont « complètement renouvelé le point de vue des physiciens à la fois sur l'histoire de leur discipline et sur leur conception de la théorie, souligne F. Balibar ». Si les théories modernes de la relativité portent sa signature, il n'en demeure pas moins vrai que le principe lui-même est une invention de la science classique[2]. Certes l'expression est de Poincaré, mais sa formulation se trouve à la base de la cinématique galiléenne enrichie par la mécanique newtonienne, dans laquelle le « relatif » est néanmoins inséparable de l'« absolu ». A vrai dire, chez Galilée, ce principe s'énonçait de manière empirique, suivant l'exemple standard (du navire voguant par temps calme d'Alep à Venise) du *Dialogue concernant les deux plus grands Systèmes du Monde* (1632)[3] : par cette « expérience de pensée », il mettait en exergue un mouvement « comme nul » qui est censé être l'*équivalent* du repos, d'où le principe de relativité exprimé en des termes abstraits par Newton :

---

[1] E. Mach, *La Mécanique*, p. 270-275 ; J. Vuillemin, *PMK*, p. 196-231.

[2] F. Balibar, *Galilée et Newton lus par Einstein : espace et relativité*, Paris, PUF, 2006, p. 5. Pour nuancer ce propos, voir le premier chapitre, « relativisme et relativité de l'Antiquité à la Renaissance », du magistral ouvrage de M.-A. Tonnelat, *Histoire du principe de la relativité*, p. 13-41.

[3] Voir plus généralement M. Blay, *La naissance de la science classique*, Paris, Nathan, 1998.

Les mouvements relatifs des corps enfermés dans un espace quelconque sont les mêmes que cet espace soit immobile, ou qu'il se meuve le long d'une ligne droite, sans rotation[1].

La précision qu'un tel mouvement est rectiligne et n'admet pas de rotation, ou tout simplement qu'il est uniforme, est apportée dans le sens où ce principe, loin d'être cantonné à la sphère subjective, exprime et assure l'invariabilité, mieux, l'invariance des lois physiques par translation uniforme :

Etant donné deux référentiels en translation uniforme l'un par rapport à l'autre, les lois auxquels sont soumis les changements d'états des systèmes physiques restent les mêmes, quel que soit le référentiel auquel les changements sont rapportés[2].

Aussi ce principe garantit-il l'objectivité de ces lois :

Toute loi de la nature qui est vraie relativement à un système de coordonnées K doit aussi être vraie pour n'importe quel système K', qui est en mouvement de translation uniforme par rapport à K[3].

Il apparaît que, par le principe de relativité, Galilée signait l'acte de décès de l'onto-cosmologie péripatéticienne pour laquelle « le corps en mouvement s'arrête quand la force qui le pousse ne peut plus agir de façon à le pousser[4] ». Ses observations des phases de Venus et de la Lune en venaient à confirmer l'hypothèse copernicienne en assénant un coup mortel à la thèse de l'hétérogénéité physique de la Terre et de la Lune, tandis qu'en même temps la résolution de la Voie lactée en une poussière d'étoiles militait pour la thèse d'un Univers tellement immense qu'il n'aurait pas été absurde de le considérer comme infini, étant donné que, battue en brèche, la thèse de sa sphéricité ne pouvait plus supporter la défense de sa finitude ou de sa clôture. Dans cette même optique, Galilée entreprenait de construire la physique (mathématique) correspondante à la conception du monde

---

[1] *Principia*, « Lois du mouvement », Corollaire V, p. 19.

[2] Les concepts einsteiniens de référentiel ou système de coordonnées, de translation uniforme, de système d'inertie feront faire un bond conceptuel à la physique théorique. F. Balibar, *Galilée et Newton lus par Einstein*, p. 26. Pour une présentation synthétique, voir la section « le système de référence » dans la troisième partie de A. Einstein et L. Infeld, *L'évolution des idées en physiques*, p. 144-154.

[3] A. Einstein, « Qu'est-ce que la théorie de la relativité », in *Conception scientifiques*, p. 14.

[4] A. Einstein et L. Infeld, *L'évolution des idées en physique*, p. 10.

héliocentrique, en démontrant que le mouvement est un objet physique *sui generis*, c'est-à-dire un état qui ne dépend pas de la nature des corps mus. Le mouvement devenait ainsi une question de point de vue : « *rispetto alla nave medessima*[1] ». Désontologisé, il en vient à être indiscernable du repos[2]. Il est devenu purement local et renvoie à une question de perspective : les lois le régissant s'identifient alors à celles de la physique. La géométrie euclidienne permet donc de mesurer les rapports spatiaux qui sont variables suivant les points de vue dits systèmes de référence. Cela suppose une conception relationnelle de l'espace qui induit la relativité du mouvement[3].

Or, non seulement le temps mais aussi l'espace devaient être absolus, selon Newton, afin d'être garants des lois d'inertie et du mouvement véritable, point de vue à rebours du cartésianisme, qui lui ont valu, à la suite de Berkeley, les critiques conjointes de Leibniz et de Huygens, les premiers relativistes modernes en ce qui concerne la nature de l'espace et, dans une certaine mesure, de celle du temps, sachant que, bien que traités séparément dans le contexte classique où ils apparaissent comme deux entités disjointes, le continuum spatial et le continuum temporel paraissent adéquatement saisissables en ce qu'ils s'affirment, sous leur apparente dualité, uniques et, par conséquent, indissociables au regard de la géométrie de l'espace-temps.

Le mouvement rectiligne et uniforme procède de l'association du principe de relativité et de la loi d'inertie. Tout cela découle d'un long processus de « désontologisation » par laquelle se trouvent nettement affirmées non seulement la relativité du mouvement, mais aussi celle de l'espace (isotrope), toutes approches entérinées dans la mécanique newtonienne[4]. Cependant, cette relativité de l'espace ne semblait aller ni de

---

[1] F. Balibar, *Galilée et Newton lus par Einstein*, p. 18.

[2] Le changement selon le lieu est également relatif chez Aristote ; la relativité galiléenne est révolutionnaire en ce qu'elle rend équivalents le mouvement et le repos : voir A. Koyré, *Etudes galiléennes*, Paris, Hermann, 2001, p. 222.

[3] Maurice Clavelin, « Galilée » in Michel Blay et Robert Halleux (dir.), *La science classique : XVIe –XVIIIe siècle*, p. 263.

[4] Galilée ne faisait qu'esquisser le lien entre Relativité et Inertie. Certes celle-ci lui apparaissait « *indispensable pour fonder la notion d'observateur équivalent et aussi pour la limiter* » : elle s'identifiait donc à « *une condition nécessaire et suffisante de l'énoncé d'une Relativité restreinte* » selon la transformation dite de Galilée. Cependant, il y avait chez lui une forte tension (une équivalence problématique) entre la *Relativité descriptive*, ou *cinématique*, ou encore *optique* (équivalence des observateurs pour la description d'un même mouvement dont ils se trouvent « également » dépourvus) et la *Relativité physique* (identité des phénomènes liées de façon analogue à chaque système physique). Cf. M.-A. Tonnelat, *Histoire du principe de la relativité*, p. 51-54, 58-61 et 66-67. A cet égard, sur l'« élimination de la pesanteur », voir le mouvement allant chez les galiléens de Cavalieri à Gassendi en passant par Torricelli : A. Koyré, *Etudes Galiléennes*, p. 291-317.

soi, ni en dernière analyse, à en croire Newton lui-même qui en appelait à l'espace absolu, entendu comme « *sensorium dei* », pour consolider la loi de l'inertie – la dynamique du mouvement accéléré assortie au substrat métaphysique de la notion de force (*Principia*, la scholie générale du livre III et l'*Optique*, les questions XIX-XXXI). Qu'en est-il exactement ? En effet, le privilège de l'hypothèse héliocentrique réside avant tout dans la nouvelle acception de l'espace physique rendue possible : l'acception est nouvelle dans mesure où précisément l'idée d'un espace physique en est venue à revêtir un sens véritable, en ce qu'il est susceptible de faire l'objet d'une géométrie, alors qu'il était impossible, jusque-là, d'en concevoir une géométrie à proprement parler du fait même du finitisme du Cosmos et du dualisme des mondes sublunaire et supra-lunaire. Finitisme et dualisme qui induisaient l'anisotropie de l'espace et l'hétérogénéité de la matière, toutes thèses battues en brèche par la mécanique céleste de Kepler et de Galilée.

§ 4. Le principe de relativité et l'absolutisme de l'espace-temps

A bien l'appréhender, le tournant qu'opérait Newton consiste moins en la synthèse de Kepler et de Galilée qu'en la formulation expresse d'un système complet de causalité physique, expliquait Einstein[1]. Cela dit, les systèmes de coordonnées d'inertie définissent bien le schème théorique d'une explication des phénomènes naturels en termes de lois de Galilée-Newton. La portée de l'*épistèmê* newtonienne s'explique néanmoins par rapport à la carence théorique de l'explication en termes *intégraux* des lois képlériennes, qui ne garantirent ni la description logico-déductive, ni l'élucidation « causale » du mouvement des planètes. Newton en favorisait

[1] Dans cette synthèse, la loi d'inertie est énoncée par Newton comme Premier Axiome du mouvement – c'est la loi de la conservation du mouvement rectiligne uniforme : « *Tout corps persévère dans l'état de repos ou de mouvement uniforme en ligne droite dans lequel il se trouve, à moins que quelque force n'agisse sur lui, et ne le contraigne à changer d'état.* » A celle-ci sont jointes deux autres lois fondamentales. En premier lieu, la conservation de la masse : « *les changements qui arrivent dans le mouvement sont proportionnels à la force motrice, et se font dans la ligne droite dans laquelle cette force a été imprimée* » ; en second lieu, l'égalité de l'action et de la réaction : « *l'action est toujours égale et opposée à la réaction ; c'est-à-dire, que les actions de deux corps l'un sur l'autre sont toujours égales, et dans des directions contraires* » – cette loi est à la base de la théorie de la gravitation universelle instruite des lois képlériennes. Cf. *Principia*, p. 13-14.

une interprétation purement différentielle sur la base du principe inertiel. D'où, le concept moderne de causalité « locale » en rupture avec la conception « globale » péripatéticienne, dont ne se sépara nullement Galilée. Il lui fallait introduire la notion de masse, et être en possession de celle de force, indissolublement liée au concept d'accélération : les lois du mouvement des planètes tributaires de la gravité semblent lui avoir procuré son idée combien indispensable de force, laquelle « agissant sur une masse est déterminée par la position de toutes les masses, se situant à une distance suffisamment petite de la masse en question[1]. » Cette complétude logico-mathématique et causale apparaît en définitive dans l'identification de la loi du mouvement à celle de l'attraction, car il « ne découvre comme causes d'accélération des masses d'un système que ces masses elles-mêmes », en accordant qu'on peut, position purement déterministe,

> *[...] calculer, en partant de l'état d'un système fonctionnant à un moment donné, les états antérieurs et postérieurs, dans la mesure évidemment où les phénomènes se produisent sous l'action des forces de la gravitation*[2].

Il s'ensuit que l'inertie et la gravitation sont proportionnelles à la masse d'un corps, et elles définissent les deux propriétés « fondamentales » de la matière : elles s'avèrent mesurables en tant que grandeurs quantifiées, et sont présumées égales – gardons à l'esprit que Newton hésitait à faire de l'attraction une propriété « essentielle » de la matière[3].

En baptisant les référentiels inertiels de référentiels galiléens ou de systèmes de coordonnées galiléens, Einstein reconnaîtra volontiers l'importance de la cinématique galiléenne dans la compréhension des lois du mouvement. Du coup, c'est reconnaître qu'en un certain sens Galilée inaugura l'ère de la physique mathématique, puisqu'il défendit la supériorité du mathématisme, issu de la tradition platonicienne, sur l'empirisme abstractif[4]. Parallèlement à la tentative empirique de Kepler de comprendre les lois mathématiques qui expriment le mouvement des planètes, on peut dire, comme l'exprimera Einstein, que la géométrie euclidienne devient, dans le contexte galiléen, une branche de la physique. L'indissolubilité du lien entre la géométrie et la mécanique était parfaitement décrite par Newton dans la préface des *Principia*, étant entendu que « toute description

---

[1] *Principia*, p. 3-12.

[2] A. Einstein, « La mécanique de Newton et son influence sur la formation de la physique théorique », in *Comment je vois le monde*, p. 161-171.

[3] *Principia*, « Livre III », p. 295-297.

[4] A. Koyré, *Etudes galiléennes*, p. 161-341. Pour un point de vue plus général, voir R. Feynman, *La nature de la physique*, chap. 2 : « le lien des mathématiques avec la physique », p. 39-98.

d'événements dans l'espace nécessite l'emploi d'un corps rigide auquel ces événements doivent être rapportés. Cette relation suppose que les lois de la Géométrie euclidienne sont valables pour les « droites », où la « droite » est représentée physiquement par deux points sur un corps rigide ». Les changements de position dudit corps n'ayant aucune influence sur la distance de ces deux points qui demeurent équidistants, alors « les propositions de la Géométrie euclidienne deviennent des propositions sur la position relative possible de corps pratiquement rigide[1]. » De manière schématique, Einstein résumera comme suit la synthèse newtonienne :

> *(a) Concept d'un point matériel : un objet matériel qui peut être décrit, en ce qui concerne sa position et son mouvement, avec une exactitude suffisante comme un point avec les coordonnées X1, X2, X3. Description de son mouvement (par rapport à « l'espace » Ko) si on considère X1, X2 et X3 comme fonction du temps. / (b) Principe de l'inertie : disparition des composantes de l'accélération pour le point matériel qui est suffisamment éloigné de tous les autres points. / (c) Loi du mouvement (pour le point matériel) : Force = masse X accélération. / (d) Lois de force (interactions entre points matériels)*[2].

On peut tirer de ce schéma la conclusion suivante – d'une extraordinaire importance pour le développement de la physique théorique :

> *Dans tout cela (b) n'est rien de plus qu'un cas spécial important de (c). On a une véritable théorie seulement quand les lois de forces sont données. Les forces doivent en premier lieu obéir à la loi de l'égalité de l'action et de la réaction pour qu'un système de points – unis en permanence dans l'espace les uns aux autres par des forces – puisse se comporter comme un point matériel. Unies à la loi de la gravitation de Newton, ces lois fondamentales forment la base de la mécanique des corps célestes. Dans cette mécanique de Newton, en opposition avec les conceptions de l'espace données plus haut, dérivées des corps rigides, l'espace Ko se manifeste sous une forme qui implique une nouvelle idée, relevait Einstein : la validité de (b) et de (c) ne s'étend plus à tout Ko (pour une loi de force donnée) mais seulement au Ko qui possède un mouvement approprié (système d'inertie). En raison de ce fait, l'espace coordonné acquiert une propriété physique indépendante, qui est étrangère à la notion purement géométrique d'espace [...]*[3].

---

[1] A. Einstein, *La relativité*, trad. fr. par M. Solovine, Paris, Payot & Rivages, 2001, p. 11-28.

[2] A. Einstein, « La physique et la réalité », in *Conceptions scientifiques*, p. 36.

[3] Ibid., p. 36-37. Einstein continuait pour affirmer que c'était « une circonstance qui fut pour Newton un casse-tête considérable » en évoquant la fameuse expérience du seau. Le moment venu, on verra que cette expérience constituait pour Mach le principe d'une démarcation de l'absolutisme newtonien.

Tandis que Galilée avait appliqué, d'un certain point de vue, la géométrie et l'arithmétique des Anciens aux mouvements, Newton faisait, lui, le plein usage d'une géométrie enrichie distincte de la géométrie de type algébrique d'inspiration cartésienne. C'est ainsi qu'il parvenait à satisfaire mieux que Descartes et Huygens à l'idéal de mathématisation de la nature[1]. Néanmoins une remarque s'impose ici, afin d'éviter certains malentendus concernant le rapport entre Descartes et Newton. Einstein explique bien comment la perception de l'espace comme quelque chose de réel découle d'un processus analytique à rebours de l'apriorisme kantien qu'il n'a pas hésité à condamner[2]. Le schéma suivant rend compte dudit processus : « objet corporel – relations de position d'objets corporels – intervalle – espace[3]. » *A contrario*, dans l'aperception du concept d'espace, la position de Descartes apparaît pionnière :

> *[...] dans le monde des concepts extrascientifiques, le concept d'espace a été pensé comme le concept d'une chose réelle. Mais la mathématique euclidienne ne définissait pas ce concept comme tel, elle préférait utiliser exclusivement les concepts d'objet et les relations de positions entre les objets[4]. Le point, le plan, la droite, la distance représentent des objets corporels idéalisés. Toutes les relations de position sont exprimées par les relations de contact (intersections de droites, de plans, postions de points sur les droites, etc.). Dans ce système de concept, l'espace en tant que continuum n'est jamais envisagé. Descartes, le premier, introduit ce concept en décrivant le point dans l'espace au moyen de ses coordonnées. Ici seulement nous voyons la naissance des formes géométriques et nous pouvons les penser en quelque sorte, comme des parties de l'espace infini conçu comme un continuum à trois dimensions[5].*

Le tout premier intérêt de la synthèse cartésienne de l'analyse et de la géométrie réside bel et bien dans cette nouvelle notion de l'espace, où « toutes les surfaces par exemple sont données en principe équivalentes, sans accorder une préférence arbitraire aux formes linéaires dans la construction

---

[1] Sur l'écart conceptuel existant entre physique théorique et physique mathématique, voir J.-M. Lévy-Leblond, « Physique et mathématique », in *Penser les mathématiques*, p. 195-210.

[2] A. Einstein, *Comment je vois le monde*, p. 147. On trouve un bémol quant à l'apriorisme des catégories dans son article de 1936 « La physique et la réalité », in *Conceptions scientifiques*, p. 23 ; également : *Autobiographie intellectuelle*, in *Physique, philosophie et politique*, textes choisis et commentés par F. Balibar, Paris, Seuil, 2002, p. 158.

[3] A. Einstein, *Comment je vois le monde*, 148.

[4] Sur ce point voir : M. Jammer, *Concepts d'espace*, p. 31, 39-40.

[5] A. Einstein, *Comment je vois le monde*, p. 148.

de la géométrie[1] ». On peut y voir le lien avec Newton qui « exige la totalité de l'espace, au sens de Descartes » :

> *[...] les concepts de point matériel, de distance entre les points matériels (variable avec le temps) ne suffisent pas à la dynamique. Dans les équations du mouvement de Newton, la notion d'accélération a un rôle fondamental, non définissable par les distances entre les points, variables avec le temps. L'accélération de Newton est pensable et intelligible seulement comme accélération par rapport à la totalité de l'espace. A cette réalité géométrique du concept d'espace s'associe donc une nouvelle fonction de l'espace, qui détermine l'inertie. Quand Newton déclare que l'espace est absolu, il a certainement présent à l'esprit cette signification réelle de l'espace et il doit, en conséquence et nécessairement, attribuer à son espace un état de mouvement bien défini qui [...] n'est pas complètement déterminé par les phénomènes de la mécanique. Cet espace est encore inventé absolu à un autre point de vue. Son efficacité de déterminer l'inertie reste indépendante, donc non provoquée par des circonstances physiques quelconques. Il agit sur les masses, rien n'agit sur lui*[2].

Il nous faut préciser tant soit peu l'idée de mathématisation de la nature qui est au fondement de la physique théorique. Commençons par évacuer un risque de confusion concernant la *géométrisation* et la *mathématisation*. Certes, elles répondent conjointement à l'exigence d'*axiomatisation* de la philosophie naturelle, l'une impliquant l'autre : l'idéal d'une physique mathématique s'est véritablement concrétisé avec Newton suivant le prisme galiléen et cartésien d'une explication « géométrico-ontologique[3] » de la nature relativement à la grammaire euclidienne, alors que la mathématisation de la nature renvoie au modèle lagrangien de la *Mécanique analytique* (1788) présentée dans le moule du calcul différentiel et intégral et au regard de la richesse des mathématiques

---

[1] Ibid., 149.

[2] Ibid. On trouve un développement analogue dans : « La physique et la réalité », p. 19-43.

[3] Qu'on se rappelle à cet égard sa thèse célèbre dans le *Saggiatore* (1623) disant que l'Univers est écrit dans la langue mathématique et que ses caractères (son alphabet donc) sont des figures géométriques : triangles, carrés cercles, sphères, cônes, etc. Idée qui est reprise dans une fameuse lettre à *Fortunio Liceti* datant de janvier 1641. Georges Lochak a montré que la géométrisation de la physique est comme telle une « invention » de la science grecque : G. Lochak, *La géométrisation de la physique*, Paris, Flammarion, 2013, p. 15-29 ; sur la période classique et la révolution géométrique correspondante due principalement à Kepler, voir p. 31-40. Tandis que Newton représente l'apogée du règne de la géométrie euclidienne en physique, Lagrange en représente quant à lui le déclin, ibid., p. 41-52.

disponibles[1]. On comprend bien que la mathématisation de la nature (la physique mathématique) est à saisir dans le prolongement de la mécanique rationnelle newtonienne, et à partir de l'exploitation du calcul infinitésimal dans une administration mathématique nouvelle de la nature qui, au-delà du prisme géométrico-ontologique, s'enrichit, comme il convient, des apports conjugués de Newton et de Leibniz au schème d'explication mécaniste de la nature. Par contre, notons avec V. Jullien :

> *La résistance de la méthode euclidienne est encore manifeste dans l'œuvre de Newton. Les mathématiques utilisées dans les* Principia *sont marquées par un effort d'élimination des infiniment petits et même du style algébrique pour un recours aux méthodes géométriques classiques. La méthode centrale, celle des premières et dernières raisons, révèle la confiance qu'il accorde à la théorie euclidienne. Bien qu'il ait maîtrisé la manière cartésienne de pratiquer l'algèbre et ses rapports aux constructions géométriques, Newton choisit en effet d'écrire les* Principia, *non dans un langage semi-classique cartésien, mais dans un style véritablement classique*[2].

Françoise Balibar a fait remarquer que la physique de Galilée se fonde sur le principe métaphysique de simplicité. Principe qui témoigne, contre le causalisme péripatéticien, de la compatibilité de l'étude « expérimentale » de la nature avec l'hypothèse héliocentrique – plus précisément, cette physique se base sur l'équivalence postulée entre la simplicité de la nature et celle de la raison. Il faudrait du moins éviter de se méprendre sur le sens de l'« expérimental » : expérimentale, la cinématique galiléenne ne le serait nullement en fonction de l'emploi accru d'expériences sensibles, mais par ce que Ernst Mach appelait une *Gedankenexperiment* qui est un « mode de raisonnement expérimental », abandonné par les physiciens des siècles suivants mais remis pourtant à l'ordre du jour par Einstein, qui le nommera « *expérience idéalisée* ». Ce *modus operandi* se trouve au « fondement de la mécanique du mouvement » : l'expérience idéalisée s'apparente à la « réflexion pure » puisqu'elle « ne peut jamais être effectivement réalisée,

---

[1] Sur la mécanique rationnelle : Jean-Louis Farvacque, *L'évolution des concepts de la physique de Newton à nos jours*, Paris, Ellipse, 2009, p. 144-161 ; sur ce cheminement de mathématisation de la nature, voir Michel Blay, *La science du mouvement de Galilée à Lagrange*, Paris, Belin, 2002 ; sur Newton inventeur de la physique théorique : A. Einstein, *La relativité*, p. 18 ; *Conceptions scientifiques*, p. 155-156.

[2] On doit toutefois remarquer que « la présence d'Euclide dans les mathématiques et la physique du XVIIe siècle est problématique. Elle confine à l'effacement, voire à l'effondrement » : Vincent Jullien, « Euclidien », in M. Blay et R. Halleux (dir.), *La science classique : XVIe – XVIIe siècle*, p. 504-510 ; Michel Blay, « Newton », p. 362-363.

bien qu'elle conduise à une intelligence profonde des expériences réelles[1] ». Cela veut donc dire que le rapport tissé par Galilée entre la théorie et l'expérience

> *[...] n'est ni simple, ni direct, ni symétrique,* souligne Jacques Merleau-Ponty. *L'expérience qui est à la source de la théorie n'est pas de même nature que celle qui la vérifie ; car la source expérimentale est elle-même largement indéterminée*[2].

Si Galilée reconnaissait, au-delà de leur fonction descriptive, la fonction constitutive des mathématiques pour la physique, aucune formulation mathématique immédiate n'apparaissait en soubassement aux argumentations physiques du *Dialogue*. Il ressort du *Discours concernant deux sciences nouvelles* ce qui suit :

> *Le critère de simplicité [...] rend homogènes les expériences par la pensée et les mathématiques, dotant ainsi ces dernières d'un rôle de production de connaissances physiques. [...] L'expérience chez Galilée n'est ni observation, ni expérimentation, ni méthode expérimentale ; ce serait plutôt une explication. C'est parce qu'elle doit avoir un rôle explicatif que l'expérience par la pensée doit être simplifiée ; il s'agit d'un montage intellectuel, à partir de situations réelles, sur lequel l'esprit peut travailler, selon la loi de simplicité, assuré qu'il est de suivre ainsi la voie de la nature. L'expérience par la pensée trace un chemin, celui que doit suivre l'explication*[3].

En effet, dès l'Avant-propos à la première édition des *Principia* de Newton apparaît la différence fondamentale qui aura distingué cette nouvelle « philosophie naturelle » des tentatives métaphysiques classiques de compréhension du monde, en dépit de la visée projetée sur l'idée de *mathesis*

---

[1] F. Balibar, *Galilée et Newton lus par Einstein*, p. 46-47. Einstein et Infeld, *L'évolution des idées en physique*, p. 8-12 et 201-202. Dans son exposé fort éclairant, Arthur March semble minorer cette fonction de l'expérience idéalisée puisqu'il « hypostasie » le caractère expérimental de la physique prétextant que « tout ce qu'elle énonce s'appuie sur l'expérience. Quand le physicien veut savoir quoi que ce soit, il lui faut s'en remettre à l'expérience, la réflexion pure lui sera inutile. De même l'intelligence la plus pénétrante ne lui permettra pas de découvrir ce qui se passe lorsqu'on approche une aiguille aimantée d'un courant électrique ou qu'on fait tomber un rayon lumineux sur un cristal. Seule l'expérience pourra l'en instruire. » A. March *La physique moderne et ses théories*, trad. de l'anglais par Serge Brigianer, Paris, Gallimard, 1965, p. 15.

[2] J. Merleau-Ponty, *Leçons sur la genèse des théories physique : Galilée, Ampère, Einstein*, Paris, Vrin, 1974, p. 66.

[3] F. Balibar, *Galilée et Newton lus par Einstein*, p. 47-49.

universalis ou sur la méthode *more geometrico* – toutes tentatives qui prétendaient saisir par la seule puissance rationnelle, en dehors des protocoles expérimentaux, le monde dans sa totalité constituée. La singularité newtonienne consiste en la combinaison de la méthode mathématique et de la méthode expérimentale galiléenne. Le lien tissé par sa méthode paraît, à bien des égards, hiérarchique, puisque les phénomènes physiques, tels que le mouvement, la pesanteur et la force, ne sont véritablement saisissables qu'à partir des apports presque exclusifs des principes mathématiques. Lesquels offrent la possibilité inédite de dépasser les témoignages des sens ou le registre purement empirique. Ce n'est pas sans raison que six des huit « Définitions », placées au début des *Principia*, sont consacrées à l'élucidation mathématique de la notion de force. Et, dans la scholie de la Proposition LXIX – Théorème XXIX, on peut lire ceci :

> *C'est par les Mathématiques qu'on doit chercher les quantités de ces forces et leurs proportions qui suivent des conditions quelconques que l'on a posées : ensuite lorsqu'on descend à la physique, on doit comparer ces proportions avec les phénomènes ; afin de connaître quelles sont les lois des forces qui appartiennent à chaque genre de corps attirants, c'est alors qu'on peut examiner avec plus de certitude ces forces, leurs causes, et leurs explications physiques*[1].

Or, on peut lire également, dans la fameuse Scholie générale qui clôt les *Principia*, une proposition venant à rebours de ce qui précède :

> *Dans cette philosophie, on tire les propositions des phénomènes, et on les rend ensuite générales par induction. C'est ainsi que l'impénétrabilité, la mobilité, la force des corps, les lois du mouvement, et celles de la gravité ont été connues. Et il suffit que la gravité existe, qu'elle agisse selon les lois que nous avons exposées, et qu'elle puisse expliquer tous les mouvements des corps célestes et ceux de la mer*[2].

Le rapport entre théorie et expérience, chez Newton, doit être clairement explicité au regard du fameux « *Hypotheses non figo* », thèse formulée aussi dans la Scholie générale. Au premier abord, cette thèse est comprise comme le rejet de tout argument hypothético-déductif corrélé à une

---

[1] *Principia*, p. 143. Sur ces points, voir B. I. Cohen, *The Newtonian Revolution*, Cambridge University Press, New York, 1980.

[2] *Principia*, p. 413. Cette "difficulté de logique interne" se dissout au sein des deux approches complémentaires de la certitude, approches qui s'avèrent relatives à deux entrées possibles dans la physique newtonienne – ce qu'illustrent parfaitement les concepts d'espace et de temps absolus. Voir Pierre Kerszberg, *Kant et la nature*, p. 79-82.

posture métaphysique. C'est ainsi que, dans la préface des *Principia*, il rejetait la méthode métaphysique de l'ancienne physique qui est basée sur « les formes substantielles et les qualités occultes ». A l'encontre de cette méthode, il convenait de « rappeler les phénomènes naturels à des lois mathématiques », d'où la nécessité, pour lui, d'approfondir l'étude de ces dernières « en ce qu'elles ont de rapport avec la philosophie naturelle », de telle sorte que l'on s'avise de l'indissolubilité de la géométrie et de la mécanique :

> *La géométrie appartient en quelque chose à la mécanique ; car c'est de cette manière que dépend la description des lignes droites et des cercles sur lesquels elle est fondée, soutenait-il*[1].

Enonciation des plus étranges qu'on puisse trouver chez un euclidien à qui la pureté de la géométrie semble échapper, même si l'on sait que cette notion de « pureté » doit être relativisée s'agissant même de la démarche proprement d'Euclide[2]. Vraisemblablement, au regard de ce passage, on peut dire qu'il y a chez Newton une conception beaucoup plus réaliste que « puriste » de la géométrie, « fondée sur une pratique de la mécanique » et considérée tout simplement comme « une branche de la mécanique universelle qui traite et démontre l'art de mesurer[3]. » Il ne faut toutefois pas confondre ce *réalisme métaphysique*, qui récuse en quelque sorte la nature hypothético-déductive des mathématiques, avec une forme quelconque d'*empirisme*.

D'après Max Jammer, c'est cette vision « positiviste » des mathématiques, sous-tendant la théorie des « fluxions », qui portait Newton à être ouvertement critique à l'endroit de l'algébrisation cartésienne de la géométrie, car, sous l'influence de son maître Isaac Barrow, il en venait à soutenir, dans le De *quatratura curvarum,* ce qui suit :

> *Je ne considère pas les grandeurs mathématiques comme formées de parties, si petites soient-elles, mais comme décrites d'un mouvement continu. [...] Ces genèses ont réellement lieu dans la nature des choses, et sont chaque jour perçues dans les mouvements des corps*[4].

Tout ceci éclaire l'emploi par Newton du terme d'axiomes, qui est à saisir dans le sens de principes manifestes pour présenter les lois du mouvement. Et, à partir de là, il convenait d'« expliquer ensuite comment les

---

[1] *Principia*, p. XV-XVII.
[2] Voir à ce sujet E. Klein, *L'unité de la physique*, Paris, PUF, 2000, p. 48.
[3] *Principia*, p. XVI.
[4] Max Jammer, *Concepts d'espace*, p. 112-113.

propriétés et les actions de toutes les Choses corporelles [en] découlent ». Alors ces axiomes, loin d'être arbitraires, selon quelque acception du principe hypothético-déductif, sont censés être indubitables, et même pourvus d'une certitude immédiate, alors qu'aujourd'hui nous savons que les lois newtoniennes du mouvement ne peuvent être prouvées de manière expérimentale[1].

L'idée d'une conception réaliste des mathématiques n'épuise pas l'interprétation de « *Hypotheses non figo* », à moins d'avoir une vue incomplète du rapport précis de Newton à la métaphysique. Mais, il semble que là où son appétence pour l'ontologie apparaît la plus forte, à savoir dans sa conception de l'espace absolu en tant que « *sensorium Dei* », fonctionnerait également son réalisme mathématique, pièce maîtresse de son dispositif cosmologique.

Nous avons signalé que deux notions fondamentales s'avèrent constitutives du tournant newtonien : la masse et la force. Énoncées en lien avec la quantification du mouvement, elles permettent d'en présenter une compréhension différentielle. C'est après la clarification mathématique des notions de force, d'attraction, d'impulsion et de propension que Newton énonçait les lois fondamentales du mouvement[2]. Cependant, force est de constater qu'il introduisait, dans la scholie qui les précède, une différence ontologique entre le mouvement relatif et le mouvement absolu, ontologiquement tributaire de celle entre l'espace et le temps relatifs et l'espace et le temps absolus[3]. C'est que la cosmo-physique newtonienne est sous-tendue par une métaphysique qui ne concerne pas seulement les notions de temps et d'espace mais également celle de force. Une fois connus les concepts fondamentaux et précisées les principales lois du mouvement, Newton pouvait ainsi mathématiser le mouvement des corps sous l'action des forces centrales : la construction théorique et la formulation de l'hypothèse de la gravitation universelle apparaissent comme l'un des points essentiels qui lui permettaient d'expliquer les phénomènes naturels sur la base d'une construction conceptuelle mathématisée et dans un registre

---

1 Suivant l'héliocentrisme, si la Terre est bien notre système de référence, « les lois de la mécanique, telles qu'elles sont formulées ici, ne sont pas rigoureusement valables dans un système de coordonnées rigidement lié à la Terre », du fait même de sa rotation orbitale et de notre impossibilité de nous placer entre elle et le Soleil afin d'avoir une absolue confirmation de la loi de l'inertie. Cet écart entre théorie et expérience n'empêche que les lois mécaniques de Galilée-Newton, qui supposent le choix de systèmes de coordonnées bien définis, soient le cadre d'un déterminisme scientifique clairement formulé. A. Einstein et L. Infeld, *L'évolution des idées en physique*, p. 188 et 271.

2 *Principia*, p. 3-12.

3 *Principia*, p. 7-12.

causal. D'où, le renouvellement de la mécanique céleste à partir de la caractérisation adéquate de la loi des aires keplérienne, qui en est venue à représenter le temps, commente Michel Blay :

> *La propriété caractéristique d'un mouvement à accélération ou à force centrale est précisément la constance dans un plan de la vitesse aréolaire où [...] dans un tel mouvement l'aire balayée par le rayon est proportionnelle au temps*[1].

Cela dit, les deux premières Propositions de la section II du livre I sont réciproques, fait observer M. Blay :

> I- *Dans les mouvements curvilignes des corps, les aires décrites autour d'un centre immobile, sont dans un même plan immobile, et sont proportionnelles au temps* ; II- *La force centripète d'un corps qui se meut dans une ligne courbe décrite sur un plan, et qui parcourt autour d'un point immobile, ou mû uniformément en ligne droite, des aires proportionnelles au temps, tend nécessairement à ce point*[2].

Cela bien compris, on se rend compte que la proposition VI, indique M. Blay, « donne l'expression générale, géométriquement manipulable, de l'intensité des forces centrales en un point. Cette expression lui permet [à Newton] alors d'obtenir, suivant le problème considéré, l'expression déterminée de la force en fonction de la distance entre les corps en mouvement et le centre donné de la force[3]. » Voici l'énoncé de la Proposition VI :

> *Si un corps décrit autour d'un centre immobile un orbe quelconque dans un espace non résistant, et qu'on suppose que la flèche de l'arc naissant que ce corps parcourt dans un temps infiniment petit (et qui partage sa corde en deux parties égales) passe, étant prolongée, par le centre des forces : la force centripète dans le milieu de l'arc sera en raison directe de cette flèche, et en raison doublée inverse du temps*[4].

Alors, en ce qui concerne un corps qui fait sa révolution dans une ellipse, « la loi de la force centripète, lorsqu'elle tend à un de ses foyers (Prop. XI) », est obtenue selon que la force centrale est « en raison inverse de la distance au centre de la force, c'est-à-dire $1/r^2$. Pour les astres donc, le centre de la force n'est plus considéré comme un point mathématique, « mais

---

[1] Michel Blay, « Newton », p. 263-264.
[2] *Principia*, p. 33 et 35.
[3] Michel Blay, « Newton », p. 364.
[4] *Principia*, p. 39.

comme un corps doué de masse (...) susceptible d'interagir[1] », d'où la nouvelle situation envisagée dans laquelle se trouve traité : « du mouvement des corps qui s'attirent mutuellement par des forces centripètes[2] ». Sans doute décrit-on que

> *Les forces par lesquelles les planètes principales sont perpétuellement retirées du mouvement rectiligne, et retenues dans leurs orbites, tendent au Soleil, et sont réciproquement comme le carré de leurs distances à son centre*[3].

Etant entendu ceci :

> *Les satellites de Jupiter gravitent vers Saturne, ceux de Saturne vers Saturne, et les planètes principales vers le Soleil, et c'est par la force de leur gravité que ces corps révoltants sont retirés à tout moment de la ligne droite et qu'ils sont retenues dans des orbites curvilignes*[4] .

Cela suppose que l'espace soit homogène et isotrope : positions et orientations spatiales devant être équivalentes selon que le temps coule *uniformément* et *éternellement*. Cela suppose également que l'espace des référentiels inertiels possède une géométrie particulière : celle d'un espace tridimensionnel (euclidien) – géométrie axée sur la notion de ligne droite. Pourtant, Newton faisait cette remarque :

> *[...] pour n'avoir considéré ces quantités que par leurs relations à des choses sensibles, on est tombé dans plusieurs erreurs. / Pour les éviter, il faut*

---

[1] Voir La Proposition LXXV de la section XII. Les équations de la dynamique newtoniennes sont présentées par Sander Bais, *Une relativité toute particulière*, précédé de *Les équations fondamentales de la physique*, trad. fr. Robert Lutz, Paris, Gallimard, 2010. Pour une présentation plus ambitieuse du point de vue formaliste, voir Jean-Louis Farvacque, *L'évolution de la physique de Newton à nos jours*, Paris, Ellipses, 2009, p. 13-56.

[2] Voir la section XI du livre I. Par la suite, Newton traite des problèmes dits des deux corps (Prop. LVII-LXV) et des trois corps (Prop. LXVI-LXVIII) : la résolution du premier problème commence dans la section XI et se développe dans le livre III au regard de la démonstration de la loi de la gravitation, à partir de nouvelles observations astronomiques. Voir Michel Blay, « Newton », p. 364-365. Sur la théorie des forces centrales, voir Michel Blay, *La science du mouvement de Galilée à Lagrange*, p. 133-163.

[3] *Principia*, p. 301. Pour une étude exhaustive : M. Blay, *Les « Principia » de Newton*, Paris, PUF, 1995.

[4] *Principia*, p. 304.

distinguer le temps, l'espace, le lieu et le mouvement, en absolus *et* relatifs, vrais *et* apparents, mathématiques *et* vulgaires[1].

Tandis que l'espace et le temps relatifs dépendent de mesures empiriques subjectives, l'espace et le temps absolus sont foncièrement objectifs en ce qu'ils demeurent « toujours similaire(s) et immobile(s) ». Indépendants, par conséquent, de toute mesure subjective. Par cette thèse, Newton représentait une fissure béante dans la longue tradition relationniste, qui s'étend d'Aristote à Leibniz et Huygens[2], en édifiant son Système du monde sur une conception substantielle de l'espace, du temps et du mouvement : la géométrie de l'espace absolu et infini, en tant que référent de longueur universel, n'évolue pas dans le temps qui est lui-même universel et pur, c'est-à-dire absolu : il y aurait alors une horloge universelle qui permettrait de mesurer les rapports de temps, sensibles ou empiriques, de même qu'il y aurait une règle universelle qui servirait à prendre toutes les mesures de l'espace. Au demeurant, pour la transformation des mesures physiques d'un système de référentiel à un autre, ces réquisits s'imposent :

> *1. Nous ne connaissons pas de règle pour trouver un système d'inertie. Mais si un tel système est donné, nous pouvons en trouver une infinité d'autres, puisque tous les SC se mouvant uniformément, l'un par rapport à l'autre, sont des systèmes d'inertie, si l'un d'entre eux l'est. / 2. Le temps correspondant à un événement est le même dans tous les SC. Mais les coordonnées et les vitesses sont différentes et changent conformément aux lois de transformation. / 3. Bien que les coordonnées et les vitesses changent quand on passe d'un SC à un autre, la force et le changement de vitesse, et, par suite, les lois de la mécanique sont invariantes par rapport aux lois de transformation. / Les lois de transformation [...] pour les coordonnées et les vitesses sont appelées lois de transformation de la mécanique classique, ou, plus brièvement, la* transformation classique[3].

Tout compte fait, Newton s'élevait contre Descartes qui pensait que le temps et l'espace appartiennent au monde extérieur et n'existent pas en soi : le premier s'identifiant à la mesure de la réalité de l'être créé et le second au substrat géométrique des choses sensibles, comprises comme de la pure étendue. Or, pour lui, ils ne sont que deux noms de la même entité objective et absolue[4]. Représentatif de son projet cosmologique somme toute limité,

---

[1] *Principia*, p. 7-10.

[2] M. Jammer, *Concepts d'espace*, p. 19-20.

[3] « SC » signifie ici système de coordonnées. Einstein et Infeld, *L'évolution des idées en physique*, p. 153-154.

[4] *Principia*, p. 9.

cet absolutisme semble relever de ce que Kant appellera l'« illusion dialectique », car, tout en avouant cet écueil :

> *[...] il est très difficile de connaître les mouvements vrais de chaque corps, et de les distinguer actuellement des mouvements apparents, parce que les parties de l'espace immobile dans lesquelles s'exécutent les mouvements vrais, ne tombent pas sous nos sens*[1].

Il se donnait pourtant cette tâche principale :

> *On fera voir plus amplement dans la suite comment les mouvements vrais peuvent se connaître par leurs causes, leurs effets, et leurs différences apparentes, et comment on peut connaître au contraire par les mouvements vrais ou apparents leurs causes et leurs effets*[2].

En effet, pour contrer divers reproches d'athéisme, Newton faisait, dans une lettre à Richard Bentley du 10 décembre 1692, une profession de foi somme toute théologique que corroborait l'exposé de sa pensée sur le but et la fin de la philosophie, en développant sa conception générale du monde qu'il rapportait à Dieu dont l'espace et le temps absolus constituent le cadre général de l'agir – la seconde édition des *Principia* (la scholie générale du livre III) et de l'*Optique* (les questions XIX-XXXI)[3]. En ce qui concerne le temps, il ne procédait qu'à une spatialisation[4]. Bien évidemment, sans la conception de l'espace absolu, la loi d'inertie paraissait, dans l'esprit de Newton, erronée, faute de pouvoir dissoudre la difficulté cardinale, à savoir que les espaces relatifs définissent des systèmes de coordonnées susceptibles d'être mobiles. A cet égard, comme l'explique fort bien Max Jammer, la dynamique du mouvement (accéléré) lui servait à identifier l'espace absolu,

---

[1] *Principia*, p. 12.

[2] Voir l'expérience de pensée sur les « deux globes » : Ibid., p. 12.

[3] M. Jammer, *Concepts d'espace*, p. 123-130 ; A. Koyré, *Du monde clos à l'univers infini*, p. 265-331.

[4] Les traits saillants du temps newtonien sont résumés par Marc Lachièze-Rey, *Au-delà de l'espace et du temps : la nouvelle physique*, Le Pommier, 2003, p. 47-56. La problématique de la synchronisation du temps est traitée au regard de la question de l'entrecroisement de la recherche fondamentale et de la recherche appliquée par Peter Galison, *L'empire du temps : Les horloges d'Einstein et les cartes de Poincaré*, trad. fr. Bella Arman, Paris, Robert Laffont, 2005. L'absolutisation de l'espace relevait de deux mouvements hétérogènes, relevait Max Jammer : celui de l'émancipation de l'aristotélisme et celui de la divinisation où se conjuguent des aspects du judaïsme palestinien (du premier siècle), de la philosophie mystique juive et de la Kabbale. M. Jammer, *Concepts d'espace*, p. 18 et p. 41-109 ; A. Koyré, « Le vide et l'espace infini au XIVe siècle », in *Etudes d'histoire de la pensée philosophique*, Paris, Gallimard, 1973, p. 37-92.

d'où, malgré sa profession de foi mathématisante, le substrat anthropo-métaphysique de sa notion de force :

> *Les effets par lesquels on peut distinguer le mouvement absolu du mouvement relatif, sont les forces qu'ont les corps qui tournent pour s'éloigner de l'axe de leur mouvement ; car dans le mouvement circulaire purement relatif, ces forces sont nulles, et dans le mouvement circulaire vrai et absolu elles sont plus ou moins grandes, selon la quantité du mouvement*[1].

La détermination de l'espace absolu est liée, *in fine*, à la question de la définition du centre de gravité du monde, d'où la perspective cosmologique du choix d'un centre du monde (en repos) qui s'écarte le moins du Soleil : il est censé être formé du « centre de gravité du système composé du soleil, de la terre et des planètes[2] ». Ce que l'on induit d'habitude de ces dernières assertions est que « les forces centrifuges déterminent le mouvement absolu, lequel à son tour détermine l'espace absolu[3] ». Dans ces conditions, l'hypothèse cosmologique permettrait d'éviter la dualité physique de l'espace : absolu pour le mouvement accéléré et relatif pour le mouvement uniforme, ce qu'illustrent bien les expériences du sceau et des deux sphères reliées par une corde[4].

Cependant si, en général, on considère que le mécanisme constitue l'« enveloppe métaphysique » de la cosmo-physique newtonienne, cela ne doit aucunement occulter son ancrage onto-théologique qui apparaît nettement dans la concession faite au finalisme relativement au caractère énigmatique de l'attraction universelle qui s'éclaire dans un schéma de causation divine, étant donné qu'un « esprit très subtil qui pénètre à travers tous les corps solides [et qui] est caché dans leur substance[5]. » La difficulté de se satisfaire d'une explication exclusivement mathématique des forces d'attraction de la gravité, du magnétisme et de l'électricité, indispensables pour expliquer l'existence des corps, sapait la possibilité d'un modèle purement mécaniste de la nature, ainsi que l'explique A. Koyré. Le mécanisme strict était pour ainsi dire « relativisé », puisque les forces sont de l'énergie non mécanique, immatérielle et même spirituelle. Or, elles sont des éléments fondamentaux sans lesquels il n'y aurait point de nature, car il n'y aurait ni cohésion, ni unité, ni mouvement. En ce sens, la nature se revêt d'une double structure matérielle et immatérielle. L'étude des phénomènes

---

[1] *Principia*, p. 10.
[2] *Principia*, p. 312.
[3] Sur ces points, voir M.-A. Tonnelat, *Histoire du principe de la relativité*, p. 68-73.
[4] *Principia*, p. 8-12 ; M. Jammer, *Concepts d'espace*, p. 118-123.
[5] *Principia*, p. 413.

mécaniques implique qu'il y ait une Première Cause dont l'action constante tient le monde durablement dans l'être.

En définitive, on comprend bien que le temps et l'espace absolus sont des attributs de Dieu dont « l'éternité est sempiternelle durée et l'omniprésence étendue infinie[1] ». Or, dans le *Scholium Generale* des *Principia*, Newton fait valoir une méthode somme toute inductive corrélée à la fameuse thèse « *Hypotheses non fingo*[2] » : non seulement celles des qualités occultes de la métaphysique péripatéticienne, mais aussi celles proprement physiques ou mécaniques seraient à exclure. Cela n'empêche pour autant un support d'interaction gravitationnelle impliqué par la problématicité mécanique de l'action à distance : la cosmologie newtonienne se fonde en dernier ressort sur Dieu qui garantit la gravitation universelle et, du coup, l'équilibre de l'Univers, et dont l'action constante se manifeste nécessairement à travers l'absoluité du temps et de l'espace.

> *Cet admirable arrangement du Soleil, des planètes et des comètes, ne peut être que l'ouvrage d'un être tout puissant et intelligent. Et si chaque étoile fixe est le centre d'un système semblable au nôtre, il est certain que tout portant l'empreinte d'un même dessin, tout doit être fourni à un seul et même Être : car la lumière que le Soleil et les étoiles fixes se renvoient mutuellement est de même nature. De plus, on voit que celui qui a arrangé cet Univers, a mis les étoiles fixes à une distance immense les unes des autres, de peur que ces globes ne tombassent les uns sur les autres par la force de la gravité*[3].

Ces aspects spéculatifs évoqués, il n'en demeure pas moins vrai que l'absolutisme newtonien dissolvait les difficultés liées au « caractère approché du mouvement inertiel » en assurant la « validité rigoureuse du principe d'inertie ». S'inspirant d'Euler, M.-A. Tonnelat qualifie d'*asymptotique* la validité conjointe du Principe d'inertie et du Principe de Relativité, nous invitant à considérer les absolus newtoniens comme des « *notions limites* qui possèdent la *rigueur* et la *validité asymptotique des notions mathématiques*[4] ». Le plus significatif réside dans le fait que « la dynamique newtonienne fonde, ainsi, sur une notion limite, l'introduction d'une classe d'observateurs privilégiés – les *observateurs galiléens* –, dont *le mouvement strictement inertiel, garantit la totale équivalence* » : en combinant, d'une part, « une *Relativité physique* : le mouvement relatif (rectiligne et uniforme) n'influence pas les phénomènes qui se déroulent dans chaque système galiléen » ; d'autre part :

---

[1] A. Koyré, *Du monde clos à l'univers infini*, p. 271.
[2] *Principia*, p. 413.
[3] *Principia*, p. 410.
[4] M.-A. Tonnelat, *Histoire du principe de la relativité*, p. 70.

une *Relativité descriptive* : un même mouvement est décrit par des lois de même forme dans tous les systèmes galiléens. En particulier, on peut vérifier que le passage d'un système galiléen à un autre ne modifie pas la forme de la loi d'attraction[1].

En définitive, l'intelligibilité de ladite dynamique impose de prendre ses distances avec l'opposition traditionnelle de l'absoluité à la relativité, opposition arc-boutée au fixisme terrestre : en servant en quelque sorte « d'adjuvant à une physique résolument expérimentale », sans doute « le rôle de l'espace et du temps absolus est beaucoup plus fonctionnel que topologique[2] ». On sait que Mach établira que l'espace et le temps absolus ne sont nullement nécessaires à la formulation des principes de relativité et d'inertie, mais « pour des raisons physiques, les absolus newtoniens sont parfaitement admissibles jusqu'aux critiques d'Einstein et définissent, à la limite, une parfaite relativité restreinte[3] ». Il va sans dire que c'est quand on veut « incarner les absolus dans un *milieu matériel* effectivement immobile et universel » que les difficultés surgissent : « la notion asymptotique d'espace absolu reste purement spéculative tant que l'espace ne s'incarne pas dans un éther universel ou dans l'ensemble des étoiles fixes[4]. »

---

[1] Ibid., p. 74.
[2] A.-M. Tonnelat, op. cit., p. 75.
[3] Ibid., p. 77.
[4] Ibid.

II

Le problème d'une science pure de la nature : la synthèse mathématico-physique

§ 5. Une « épistémologie génétique » : les présupposés du problème de la synthèse *a priori*

Sans conteste, le traitement du temps et de l'espace constitue l'une des problématiques qui permettent de saisir le cheminement philosophique de Kant. Quand on parcourt toute la période que la *Kantsforschung* qualifie de pré-criticisme, force est de constater qu'il s'y dégage quelque ambivalence entre les conceptions leibnizienne et newtonienne concernant la correspondance entre espace physique et espace géométrique, ambivalence qui sera neutralisée au profit d'une approche foncièrement transcendantale. En fait, deux opuscules précritiques manifestent cette ambivalence : d'une part, en 1758, dans *Neuer Lehrbegriff der Bewegung und Ruhe*, Kant revendiquait, dans le sillage de Huygens, l'universalité de la relativité du mouvement et du repos. En effet, L'universalité de la relativité reposait, chez Huygens, sur la loi de l'équivalence du mouvement rectiligne et du mouvement circulaire – la quantité de mouvement est prise ici dans le sens cartésien de *mv*, ce qui implique néanmoins la relativité de la substance physique. Rappelons que sous l'effet des critiques de Samuel Clarke, défenseur de la doctrine newtonienne de l'espace et du mouvement absolus, Leibniz avait du mal à repousser l'idée d'un espace ontologique puisque sa conception purement géométrique du mouvement ne pouvait résister aux arguments dynamiques tenant compte de l'action des forces : la relativité cinématique implique l'indistinction du repos et du mouvement saisi uniquement comme changement de situations ou de lieux en l'absence de forces, d'où l'idée de mouvement inertiel-possible, lequel n'implique nullement la relativité dynamique puisque le mouvement « réel » suppose l'action des forces : il est ainsi censé être discernable du repos. Apparaissait alors l'idée d'une dualité entre le mouvement rectiligne uniforme (relativité spatiale) et le mouvement curviligne (absoluité spatiale) : Huygens est reconnu, en dépit d'arguments fort contestables d'ailleurs, comme celui qui s'attachait indissolublement à l'équivalence des mouvements rectiligne et circulaire en évacuant la question de l'absoluité du mouvement (curviligne) et de l'espace y afférant, alors que Leibniz montrait une certaine ambivalence au regard de l'appréciation des forces centrifuges[1].

Kant laissait entendre que l'espace absolu ne pouvait être qu'une certaine abstraction induite de l'idée qu'un espace peut s'inclure et se mouvoir dans un autre, mais l'absoluité du repos est, en tant que tel, à nier, puisqu'il est indiscernable du mouvement qui ne peut être que relatif[2]. Cette nouvelle définition du mouvement se trouvera consacrée dans les *Premiers principes* (1786)[3], après que la *Critique de la raison pure* (1781, 1787) aura défendu la doctrine du formalisme, mieux, de l'apriorisme sensible[4]. Or, l'adhésion kantienne à Huygens cachait quelque ambivalence que *Von dem ersten Grunde des Unterschiedes der Gegenden in Raume* mettait, en 1768, au grand jour : dans ce « petit article » de journal, Kant aurait exprimé son adhésion expresse au schème newtonien au détriment de la relativité leibnizienne. Il s'agit là d'une problématique centrale dans l'itinéraire kantien, son ampleur étant relative au fait qu'elle « se transforme en problème des antinomies, ainsi que l'explique Cassirer » :

---

[1] M. Jammer, *Concepts d'espace*, p. 131-139 ; E. Cassirer, *Erkenntnisproblem* II, 442-550 ; trad. fr., p. 313-366

[2] H. J. de Vleeschauwer, *DTOK* I, p. 130-139.

[3] *Anfangsgründe*, AK IV, 381-382 ; *OP* II, p. 380. J. Vuillemin, *PMK*, p. 252-254.

[4] En effet, dès la *Monadologie physique* (1756), la métaphysique était censée pouvoir s'articuler à la géométrie : il y allait de la nature foncièrement phénoménale de l'espace qui servait à neutraliser la différence fondamentale entre l'espace géométrique et l'espace physique, sachant qu'étendue et matière devaient demeurer irréductibles. Kant était ici très loin d'adhérer au substantialisme de Newton même s'il en adoptait en quelque sorte le réalisme : l'atomisme monadique (la chose en soi simple douée d'*appetitio* et non de *perceptio*) lui paraissait compatible avec l'infinie divisibilité spatiale (l'étendue géométrique) étant donné que l'espace physique ne pouvait être que relationnel (dans le sens leibnizien), c'est-à-dire une simple détermination externe de la substance : sa continuité phénoménale ne pouvait concerner la « simplicité » de la monade dont l' « activité » substantielle s'avère constitutive des « lieux » ou « situations » des corps. Ce texte ainsi que *Neuer Begriff der Bewegung und Ruhe und der damit verknüdften Folgerungen in den ersten Gründen der Naturwissenschaft* (1758) et *Von dem ersten Grunde des Unterschiedes der Gegenden in Raume* (1768) sont traduits par S. Zac, *Quelques opuscules précritiques*, Paris, Vrin, 1970.

[...] la solution critique de la question nouvelle est donnée en même temps que sa connaissance : les antinomies trouvent leur élucidation et leur résolution dans la doctrine de l'idéalité de l'espace et du temps[1].

Cela compris, l'enquête kantienne sur l'espace-temps se trouve ainsi subordonnée aux motifs de sa pensée dans les *Traüme eines Geistersehers* (1766). Si l'on reste attaché à son concept de métaphysique,

[...] la question ne peut plus être de savoir comment les substances qui existent en soi peuvent s'unir dans l'espace et y agir les unes sur les autres, elle doit maintenant s'orienter sur le rapport de notre connaissance des substances à notre connaissance de l'espace[2].

C'est dans cette optique que se pose la question de l'espace absolu. En fait, même s'il repoussait ultérieurement le vide et le repos absolus, en raison de ses considérations purement physiques, il ne put leur refuser, dans son œuvre cosmogonique, l'existence ontologique : l'espace cosmique était supposé être « le contenant infini de la présence divine » et le temps cosmique absolu et illimité *a parte post* – rappelons que le temps newtonien était illimité également *a parte ante*. En 1768, la tournure réflexive se voulait plutôt *philosophique* : au lieu de l'étude mathématique leibnizienne d'une *Analysis situs*[3], Kant entendait « analyser les propriétés qualitatives » de l'espace au regard des « jugements intuitifs relatifs à l'étendue », c'est-à-dire au regard des jugements géométriques, afin d'établir

[...] une preuve évidente que l'espace absolu, indépendant de l'existence de toute matière, envisagé comme premier fondement de la possibilité de sa composition, comporte une réalité qui lui est propre[4].

Aussi faisait-il une place de choix à la notion de région (*Gegenden*) en tant que fondement de la situation (*Lage*) des corps dans l'espace – corps « tridimensionnels », saisis au regard des différentes directions (plans) du

---

[1] *Erkenntnisproblem* II, p. 621-622 ; trad. fr., p. 439.

[2] *Erkenntnisproblem* II, p. 618 ; trad. fr., p. 436.

[3] Par ce biais, Kant entendait dépasser l'approche *apostériorique* de L. Euler, approche qui se basait, dans ses *Réflexions sur l'espace et le temps* (1748), sur la mécanique expérimentale. Il faut néanmoins reconnaître l'éventuelle influence d'Euler sur Kant. A ce sujet : H.E. Timerding, « Kant und Gauss », *Kantstudien*, 28, 1923, cité par M. Jammer, *Concepts d'espace*, p. 145-152 ; F. Pierobon, *Kant et les mathématiques*, p. 51-52.

[4] *Von dem ersten Grunde*, trad. fr. S. Zac, *QOP*, p. 92.

corps-sujet[1]. Sans entrer, ici, dans le détail de son argumentaire, il revient juste à préciser que, pour rendre compte de l'intuitivité de l'espace physique, la corporéité ne saurait se départir de l'intuitivité des formes géométriques : c'est précisément en tenant compte d'un *paradoxe*, celui des *corps non-congruents ou chiraux*, que le caractère paradoxal de cette indexation, (congruence des espaces géométrique et physique), se dissolvait[2], aux yeux de Kant. Il s'ensuivait donc ceci :

> *Les déterminations de l'espace ne sont pas des conséquences des situations des parties de la matière les unes par rapport aux autres, mais que celles-ci sont les conséquences de celles-là ; que, dans la structure des corps, on peut trouver des différences et même de vraies différences qui se rapportent uniquement à un espace absolu et originaire, car c'est lui seul qui rend possible le rapport des choses corporelles, et que, puisque l'espace absolu est non pas l'objet d'une sensation extérieure, mais un concept fondamental qui, avant tout, en conditionne la possibilité, nous ne pouvons apercevoir ce qui, dans la forme d'un corps, a trait seulement à son rapport à l'espace pure que par son opposition symétrique aux autres corps*[3].

La position charnière de cet opuscule ne serait plus à démontrer. On y trouve les rayons du changement paradigmatique, décrit par Kant comme la « grande lumière » de l'année 1769, où l'épine dorsale de sa nouvelle conception de l'espace et du temps aurait été, en grande partie, constituée[4]. Une rétrospective s'imposerait, afin de bien voir cette « grande lumière »

---

[1] *Von dem ersten Grunde*, trad. fr. S. Zac, QOP, p. 91-92. Dans le sillage de David Wolford (« Towards an Interpretation of Kant's 1768 *Gegenden im Raum Essay* », *Kant-Studien*, 92, 2001, p. 407-439), Claude Piché propose de traduire « *Gegenden* » par « direction » au lieu de région. Il analyse de manière éclairante l'exemple typique kantien d'objets *énantiomorphes*, à savoir les « triangles sphériques », que l'on trouve dans l'opuscule de 1768, dans la *Dissertation de 1770*, section III, § 15, AK II, 402-406 ; *OP* I, p. 652-658, et aux § 12-13 des *Prolégomènes*, AK IV, 283-294 ; OP II, p. 53-64. Voir C. Piché, « Les triangles sphériques et le paradoxe des objets non congruents », in S. Grapotte, M. Lequan et M. Ruffing (dir.), *Kant et les sciences*, p. 55-71.

[2] H. Blomme, « La preuve de l'espace absolu et l'argument des homologues non congruents en 1768 », in L. Langlois (dir.), *Années 1747-1781*, p. 169-176.

[3] *Von dem ersten Grunde*, trad. fr. S. Zac, QOP, p. 98.

[4] Cette « *Grosses Licht* » (Refl. 5037, AK. XVIII, 69 ; trad. fr. F.-X. Chenet, *Manuscrit de Duisbourg (1774-1775)*, Paris, Vrin 1988, p. 156) renvoie au changement même de paradigme du sens interne, voir H. Panknin-Schappert, « Les ténèbres qui précèdent la lumière de 1769. Le changement de paradigme du sens interne », in L. Langlois (dir.), *Années 1747-1781*, p. 185-192 ; J. Nabert, « l'expérience interne chez Kant », in *Revue de métaphysique et de morale*, 31, 1924, 205-268.

dans la *Dissertation de 1770*, parce qu'elle est liée, de façon indissoluble, au « problème critique » de la connaissance, problème qui concerne non le rapport du sujet avec les choses en soi, mais celui de l'accord de ses représentations avec l'objet[1]. On peut, en effet, s'apercevoir qu'en partant d'une préoccupation cosmogonique, la réflexion kantienne sur l'espace et le temps demeurait, dans la période précritique, inséparable de la vision théologique newtonienne[2]. Cela compris, en dépit de l'intérêt affiché pour la relativité de Leibniz-Huygens, il y aurait comme une constante dans la conception kantienne du temps et de l'espace. Ce qui relie l'œuvre cosmogonique, plus largement les opuscules de 1755, et celui de 1768 : malgré l'effort de désubstantialisation, on peut toujours penser que la thèse que Kant y défendait ne serait venue que renforcer la thèse dite de divinisation qu'il avait présentée dans la *Recherche*[3]. Or, l'héritage newtonien doit être circonscrit au regard même du paradigme que constitue le *paradoxe des objets chiraux* puisque, contre toute évidence, la réalité de l'espace absolu se trouvait défendue aussi bien contre le mathématisme leibnizien que contre l'ontologisme newtonien, ce, au regard du projet renouvelé de passer de la métaphysique à la géométrie, appliquée elle-même à la physique *via* l'histoire naturelle spécifique et individuelle de Bouffon[4]. Si ce paradoxe est paradigmatique chez Kant, ce n'est pas tant en raison de sa récurrence que de sa fonctionnalité transcendantale : à partir de 1770 et jusqu'en 1786[5], il sera à la base de la démonstration de l'idéalité spatiale. Contrairement à ce que pensait Louis Couturat dont F.X. Chenet semble

[1] Lettre à Marcus Herz du 21 février 1772, AK LXXII, 41 ; trad. fr., p. 93-99. Robert Theis, « Après la *Dissertation*, avant la *Critique*. Remarques sur les lettres de Kant à Marcus Herz de juin 1771 et de février 1772 », in L. Langlois (dir.), *Années 1747-1781*, p. 145-153.

[2] Le problème du temps, contrairement à celui de l'espace, ne se posait pas en tant que tel dans ce contexte. A. Philonenko, *OK*, p. 57-58 et 61-63.

[3] *Allgemeine Naturgeschichte*, AK I, 228, *OP* I, p. 45 ; *Untersuchung*, AK II, 297, *OP* I, p. 244.

[4] Voir à ce sujet l'article fort instructif de C. D. van Troostwijk, « Buffon catalyseur de la Critique », in R. Theis et L. K. Sosoe (dir.), *Les sources de la philosophie kantienne. XVIIe et XVIIIe siècles*, p. 353-360.

[5] Cette problématique de chiralité constitue le présupposé méthodologique de deux études de Frank Pierobon, *Kant et la fondation architectonique de la métaphysique*, Grenoble, Jérôme Million, 1990 ; *Système et représentation : la déduction transcendantale des catégories dans la Critique de la raison pure*, Grenoble, Jérôme Million, 1993 [voir particulièrement : p. 201-225]. Pour une étude exhaustive: J. Van Cleve et R. E. Frederick, *The Philosophy of Left and Right – Incongruent Counterparts and the nature of Space*, Kluwer Academic Publischers, 1991.

partager la perplexité[1], il n'y aurait là rien d'équivoque, aucune rupture, remarque Mai Lequan, mais l'affirmation d'une certaine continuité, qui s'exprimera dans la conception de l'espace comme intuition pure (*Anschauung a priori*) :

> *Dès 1768, Kant pose le nerf de l'argument futur, qui est aussi le ressort du paradoxe des incongruents, à savoir que l'intuition pure,* via *la construction géométrique, révèle 1) l'*unité-homogénéité *des espaces* géométrique *et* physique*, 2) que cet unique espace géométrico-physique est réel au sens empirico-phénoménal, comme le sont les objets spatiaux, 3) que* grâce à l'intuition, l'incongruence *perd son caractère paradoxal ; l'antinomie trouve sa solution dans la construction géométrique qui réduit l'asymétrie à un cas de symétrie antitaxique. [...] il n'y a en 1768 nulle promotion métaphysique-réaliste de l'espace. L'espace ouvert par la chiralité est déjà un indice de l'idéalisme transcendantal, dont le corrélat sera le réalisme empirique des objets*[2].

En effet, « Philosophe newtonien », Kant l'était à bien des égards, mais sa révolution copernicienne, même restreinte à l'expression de sa *Kritik der reinen Vernunf*, supposait un « écart » théorique avec l'*épistèmê* newtonienne. L'opuscule précritique où il s'affirmait le plus newtonien, en enjoignant au philosophe de suivre la *méthode analytique* de la physique, véhiculait l'idée de l'opposition de celle-ci à la *méthode synthétique* des mathématiques. Ce qui était en décalage par rapport au newtonianisme, même si l'expression du dualisme entre la *géométrie* et l'*arithmétique* pouvait y être interprétée dans le sens d'une évidente concordance. En fait, dès l'*Allgemeine Naturgeschichte* (1755), apparaissait le mode de rapport que Kant entendait nouer avec Newton[3] : un rapport « critique » d'*Aufhebung* qui, en réaménageant son arsenal conceptuel – comme dans, par exemple, l'affirmation de la dualité ou de l'équilibre des forces attractives et répulsives, définissant l'impénétrabilité de la matière –, opposait un mécanisme purement *génétique* à son finalisme purement

---

[1] L. Couturat, *La philosophie des mathématiques de Kant* (1904, 1905), Houilles, Manucius, 2004. F.-X. Chenet semble partager cette perplexité : *L'assise de l'ontologie critique : l'Esthétique transcendantale*, Lille, Presses Universitaires de Lille, 1994.

[2] M. Lequan, « 1768 : le paradoxe des incongruents et l'intuitivité de l'espace », in L. Langlois (dir.), *Années 1747-1781*, p. 166. Pour des arguments complémentaires, Pierre Magne, « l'espace et ses différences. Sur l'opuscule de 1768 : *Du premier fondement de la différence des régions dans l'espace* », in L. Langlois (dir.), *Années 1747-1881*, p. 177-184 ; Franck Pierobon, *Kant et les mathématiques*, p. 53-62.

[3] F. Marty, « Avec Newton, plus loin que Newton. L'*Histoire générale de la nature et théorie du ciel* (1755) », in L. Langlois (dir.), *Années 1747-1781*, p. 107-112.

descriptif, selon les expressions de Vuillemin[1]. L'intérêt de cette histoire mécanique de la *genèse* du monde, que l'on peut considérer du point de vue critique comme une « illusion transcendantale », tenait au fait qu'elle investissait d'emblée, à partir de l'*hypothèse nébulaire* d'un état chaotique originaire (état de dispersion kantienne), la dynamique du mouvement en rompant avec l'idée leibnizienne de *l'harmonia praestabilita*, remise en cause dès les *Pensées sur la véritable estimation des forces vives* – les grandeurs intensives identifiées par la première *Critique* comme porteuses d'une différence intrinsèque (qualitative) étaient considérées comme constitutives de la genèse « différentielle » de l'*Histoire du ciel*[2]. Cela s'effectuait au regard d'une rationalisation du *clinamen* de l'atomisme épicurien et lucrétien, et par la refonte de l'attraction newtonienne – *via* le *nexus rerum* wolffien – dans l'affirmation d'un principe de coexistence des substances qui explique les connexions et les interactions constitutives de l'espace. Kant y esquissait déjà sa tentative de laïcisation de la cosmo-théologie engagée par Descartes. Il privilégiait, néanmoins, la dynamique leibnizienne sur la phoronomie cartésienne dans une cosmo-théologie négative, qui rejette l'intervention divine créatrice en accordant un rôle constitutif à l'ordre générateur des lois générales de la nature – le Dieu de la loi morale (comme Sagesse) tendra à évincer celui du ciel étoilé (comme Puissance)[3], au fur et à mesure qu'aura été peaufinée la critique des idées cosmologiques selon que le monde est saisi comme machine ou horloge[4]. Il en résulte, note F. Pierobon, une « crise » qui ressortit aux présupposés fondamentaux des concepts d'espace, de temps et de connaissance :

> *Le traitement philosophique que Kant essaie en 1755 de donner des concepts de la physique newtonienne, à proportion de ce qu'il leur confère une signification « réelle », rompt l'équilibre purement mathématique entre les*

---

[1] L'*Histoire du ciel* kantienne renfermait déjà les trois idées fondamentales : densités spécifiques, force d'attraction et force de répulsion qui formeront, certes remaniées, les trois catégories de la qualité ou contenu du principe des grandeurs intensives, et les trois moments de la Dynamique présentée dans les *Premiers principes* : *PMK*, p. 96-97 et 100.

[2] *PMK*, p. 103-104.Voir surtout la deuxième partie de l'*Histoire générale de la nature et théorie du ciel*, AK I, 259-335 ; *OP* I, p. 60-95. Pour une traduction complète, P. Kerszberg, A.-M. Roviello et J. Seidengart, Paris, Vrin, 1984.

[3] E. Moutsopoulos, « A propos de l'« astrophysique » kantienne », in S. Grapotte, M. Lequan et M. Ruffing (dir.), *Kant et les sciences*, p. 151-155.

[4] *PMK*, p. 108. Voir à cet égard : N. S. Madrid, « l'entrecroisement de la théologie et de l'idée de système dans l'*Histoire générale de la nature et théorie du ciel.* La genèse d'une réflexion athéologique sur le cosmos », in Luc Langlois (dir.), *Années 1747-1781*, p. 129-136 ; Robert Theis, *La raison et son Dieu. Etude sur la théologie kantienne*, Paris, Vrin, 2012.

notions d'espace (et de distances), de matière et de force ; cela l'amènera à terme à penser avec une profondeur inégalée le concept d'espace, non sans se limiter à une conception déjà archaïque des mathématiques comme essentiellement composée de géométrie euclidienne et d'arithmétique. *Or, le traitement mathématique sur lequel repose la physique newtonienne consiste à interpréter ces notions (masse, distance, force) sur un même plain-pied mathématique ; la philosophie kantienne (pré-critique), en leur rendant des significations non mathématiques, a pour effet de leur ôter cette appartenance commune à un champ unifié de pensée, qui est celui du formalisme mathématique. La première conséquence est une sorte d'implosion conceptuelle entre les notions d'espace et celle de matière-corps ; l'espace pourrait être pensé comme ce qui résulterait de l'interaction des substances, en même temps que l'attraction universelle devrait supposer une force qui contrebalance, la répulsion, afin de rendre compte de la différence entre ce qui est la matière d'une masse vis-à-vis de son action attractive sur toute autre masse distincte*[1].

Cette conception des mathématiques était très loin d'être archaïque, même si on était au seuil de la « révolution algébrique ». Au moment opportun, nous allons apprécier cette conception « traditionnelle », mieux, classique au regard de ladite révolution. Remarquons, à ce niveau, que l'interprétation philosophique kantienne de la physique classique va de pair avec une reconfiguration de l'ontothéologie qui, à défaut d'être révolutionnaire, recèle une signification dont il revient de souligner toute la teneur[2]. On serait tenté, à l'instar de Cassirer, de ne voir dans *La Nova dilucidatio* que « certaines modifications formelles dans le schéma traditionnel de l'ontologie », pourtant, elle présente une continuité évidente avec l'*Unique fondement* (1762-1763), en ce qui concerne la réévaluation

[1] F. Pierobon, *Kant et les mathématiques*, p. 25-26. C'est nous qui soulignons. Il est intéressant d'observer avec J.-H de Vleeschauwer que la réflexion de Kant, dès les *Gedanken von der wahren Schätzung der lebendigen Kräfte* (1747) investissait le champ épistémologique : « Les *Lebendige Kräfte* discutent principalement non l'estimation mathématique des forces vives, mais le *modus cognoscendi* de cette estimation. [...] Il attribue, en effet, les fausses estimations cartesio-leibniziennes à une erreur de méthode. Cela l'amène à rechercher le véritable *modus cognoscendi* de ces penseurs, et le vrai but qu'il poursuit est de découvrir une méthode plus appropriée. Cette dernière prend son point de départ dans une différenciation soigneuse des domaines scientifiques. Mathématiques et physique, mathématiques et philosophie répondent à d'autres besoins et à d'autres traitements. » H.-J. de Vleeschauwer, *LPK*, p. 24-25 ; J. Vuillemin, *PMK*, p. 232-246.

[2] C. Lavaud, « L'unique fondement possible d'une démonstration de l'existence de Dieu (1763) : un moment clef de l'histoire de la métaphysique », in L. Langlois (dir.), *Années 1747-1781*, p. 70-71 ; J.-F. Marquet, « Kant et l'objet de la métaphysique avant la Critique de la raison pure » et R. Theis, « L'ontothéologie kantienne avant 1781 », respectivement p. 18-26 et p. 32-33.

critique de l'ontothéologie classique dans la perspective méthodique d'une « analyse sémantique[1] » des concepts – en refusant de faire d'eux « l'ombre portée des choses[2] » : Kant y établissait que le concept véritable de Dieu ne peut y être présupposé, n'étant pas originairement enraciné dans le cadre de l'ontologie. Ce concept n'est déductible que de la démonstration de l'absolue nécessité, ou mieux, ce n'est qu'à partir d'elle que la position du *Dasein* peut avoir une consistance ontologique. Force est de noter que c'est par une décision épistémologique rectrice que le philosophe critique parvenait à la conception de l'existence nécessaire. Dans la *Nova dilucidatio*, cela « repose sur le déplacement de la *ratio antecedenter determinans*, donc de la *ratio essendi*, vers la ratio *consequenter determinanans* ou *ratio cogonscendi*, souligne R. Theis[3]. » Il engageait alors la réflexion ontologique sur la voie où l'on puisse rendre compte de l'être de la chose par-delà la logique du possible : en dehors d'une simple explication logique du possible, saisi comme non contradictoire conceptuellement, la théologie pouvait retrouver un soubassement ontologique dans la position même du *Dasein*, dans la mise en évidence de la *Wirklichkeit*[4] : « l'affirmation théologique fonctionne comme fondation ontologique au sein d'une métaphysique reconfigurée[5]. » Une question se pose, à savoir : comment s'articule cette fonction fondatrice de l'instance théologique avec le projet transcendantal à proprement parler

[1] R. Theis, « Avec Wolff, au-delà de Wolff », in S. Grapotte et T. Prunéa-Bretonnet (dir.), *Kant et Wolff. Héritages et ruptures*, p. 31-42. P. Clavier, « Kant. Les idées cosmologiques », in *La philosophie de Kant*, 7-109 ; P. Kerszberg, « Kant ou la cosmologie comme philosophie première », in L. Langlois (dir.), *Années 1747-1781*, p. 95-105. La cosmogonie de l'*Histoire générale de la nature*, représentative de la période dite rationaliste-dogmatique, se trouve résumée dans *Von dem ersten Grunde*, AK II, 137-151 ; *OP* I, p. 405-422.

[2] Cette procédure peut être considérée comme un trait essentiel de la méthode transcendantale, où l'enquête sur la « possibilité réelle » épouse minutieusement la forme d'une analyse des significations, de manière à démarquer le champ sémantique de toute indexation sur la chose. Sur ce point : G. Lebrun, *KFM*, p. 84-89 ; S. Grapotte, « Ontologie critique / ontologie wolffienne : la réforme kantienne de l'ontologie », in S. Grapotte et T. Prunea-Bretonnet (dir.), *Kant et Wolff : héritages et ruptures*, p. 131-146.

[3] R. Theis, « L'ontothéologie kantienne avant 1781 », in L. Langlois (dir.), *Années 1747-1781*, p. 39 ; Guiseppe Motta, « Ratio fiendi ». La redéfinition kantienne des principes fondamentaux de l'ontologie dans la Nova dilucidatio de 1755 », op. cit., p. 119-129.

[4] I. Schüssler, « Essence et existence. La preuve de l'existence de Dieu dans la philosophie précritique de Kant. Son noyau et ses enjeux », In Luc Langlois (dir.), *Années 1747-1781*, p. 55.

[5] Robert Theis, op. cit., p. 40.

d'une « métaphysique de la métaphysique »[1] ? En effet, la radicalité de la thèse kantienne réside, insiste P. Huneman, dans le fait qu'il « n'assimile pas le fondement réel à l'entendement divin. Dieu ne sera pas tant compris comme *lieu des essences*, que comme *fondement des possibles*[2]. »

Sur cette même base, l'« épistémologie génétique », approfondie dans le sillage de l'*Allgemeine Naturgeschichte* (1755), éclipse purement et simplement la *volonté divine* placée à l'assise de la *preuve cosmologique*, qui part de l'ordre et de la finalité de la nature ou, plus précisément, chez Leibniz, de sa contingence. Ainsi y va-t-il d'une nouvelle conception de l'« ordre de la nature », expliqué non en fonction du meilleur choix possible d'un Dieu « intelligent », mais par son ravalement, le plus que possible, au niveau de celui des propriétés mathématiques : « le mouvement kantien consiste donc à ramener du domaine de l'existant vers celui du possible le concept même d'ordre », sachant que l'idée d'un « architecte » ne peut garder toute sa pertinence qu'eu égard à l'idée d'une *finalité technique* liée à une intentionnalité. Kant en vient, en revanche, à signifier toute la teneur de l'idée d'une *finalité systématique*, dont la pertinence s'accuse non seulement dans le domaine scientifique, mais aussi quant à la définition de l'ordre nécessaire de la nature.

> *[Cet ordre se trouve – J.H.P] inclus dans les lois mêmes du mouvement, qui concernent la possibilité même des choses et non leur existence, puisque quelle que soit la matière existante, elle se conformera à ces lois de matière possible*[3].

En d'autres termes :

> *Par-là, le fondement de cet ordre est le fondement du possible et non de l'existant. [...] L'ordre (nécessaire, c'est-à-dire le système) est fondé sur l'essence même de la nature : ce qui a besoin d'un fondement, ce n'est donc*

---

[1] *L'Unique fondement* est le lieu de l'unité de la théologie et de la philosophie naturelle dans la mesure où la redéfinition de l'une va de pair avec la reconception « épistémologique » de l'autre, selon l'articulation de « deux motifs qui seront au cœur de la doctrine de Dieu comme Idéal de la raison pure [...] : le sens de l'Idée de Dieu renvoie à la synthèse de la *totalité du pensable* ; cette idée entretient un rapport essentiel avec le concept d'*ordre de la nature*. » P. Huneman, « L'unité de l'unique fondement : théologie et philosophie naturelle », in L. Langlois (dir.), *Années 1747-1781*, p. 57 et 67.

[2] Ibid. p. 60. Leibniz, lui, liait les vérités nécessaires ou éternelles aux essences selon qu'elles sont fondées dans l'existence d'une substance nécessaire : *Monadologie*, § 44 ; trad. fr. L. Bouquiaux, Paris, Gallimard, 1995, p. 103-104.

[3] P. Huneman, « L'unité de l'unique fondement : théologie et philosophie naturelle », p. 62-63.

*pas sa venue à l'existence au détriment d'autres natures possibles [...] mais bien sa possibilité. [...] L'ordre apparemment contingent ne saurait résulter de l'application immédiate, actuelle ou présente, des lois de la nature. C'est pourquoi on croit à une technique divine, et c'est aussi pourquoi Newton lui-même y eut recours pour placer les planètes sur des orbites coplanaires. Mais si on suppose un temps relativement long où on laisse agir « le jeu des lois générales », on peut arriver à cette même configuration ordonnée, en laissant travailler la seule nécessité, sans recours à aucun artifice extramondain, ainsi que le propose la théorie des nébuleuses de l'*Histoire générale de la nature. L'épistémologie génétique permet donc souvent de ramener l'ordre contingent de la nature à un ordre nécessaire. *La physico-théologie rénovée que propose Kant présuppose donc cette nouvelle démarche physique qui saisit la nature comme produit d'un certain devenir*[1].

Ce qu'il convient d'appeler une « épistémologie génétique » s'articulerait au renversement copernicien de la philosophie. Notre intention n'était pas d'exposer, dans ses menus détails, la cosmogonie kantienne précritique, mais de laisser entrevoir l'écart qu'elle institue avec le finalisme newtonien, même si elle mobilise l'armature conceptuelle du système newtonien[2]. Cela dit, nous n'insisterons pas non plus sur les limites propres à l'*Essai pour introduire en philosophie les grandeurs négatives* (1763), essai dans lequel la solution proposée n'exclut pas quelque paradoxe :

[...] la légalité mathématique générale du devenir est établie par l'expérience et l'observation ; mais dans l'ensemble de la sphère de notre pensée, nous ne trouvons rien qui puisse exprimer ce rapport fondamental de l'être[3] ,

si le principe d'identité est écarté, et si aucun jugement n'est à même d'exprimer le rapport du principe réel à la conséquence, faisait remarquer Cassirer. D'où, les limites propres à la terminologie kantienne de cette époque qui semble réduire, ainsi que l'atteste l'écrit sur la *Fausse subtilité des quatre figures du syllogisme* (1762)[4], tout jugement au jugement analytique :

[...] le rapport du principe réel à la conséquence est au contraire une relation complètement différente. Ce qu'on affirme ici, ce n'est pas une

[1] Ibid., p. 65-66.
[2] *PMK*, p. 106.
[3] *Erkenntnisproblem* II, p. 585-596 ; trad. fr., p. 413-420.
[4] Pour bien saisir l'enjeu de ce texte : F. Courtès, *Etude historique et critique sur la « Fausse subtilité des quatre figures du syllogisme, démontrée par Kant »*, Paris, Vrin, 1972.

qualité qu'on sépare par analyse d'un sujet existant, c'est une dépendance entre deux sujets différents ou deux états différents de l'être[1].

Cependant, ces limites n'empêchaient nullement Cassirer de voir dans cet essai l'intérêt décisif de toute cette époque, où *la critique kantienne du concept d'être doit être privilégiée par rapport à celle du concept de cause* : la saisie du hiatus entre l'*opposition réelle* et l'*opposition logique* est conforme à une nouvelle intelligibilité de la réalité physique (rapport d'opposition entre des forces), qui se trouve suspendue à une « désémantisation du concept général de négation[2] », comprise à rebours du réalisme parménidien du non-être. Pareil investissement théorique de l'opérateur mathématique de négation en venait à accuser, par la reconnaissance expresse de l'opérativité théorique du concept d'infinitésimal, « l'indépendance de plus en plus affirmée du signe par rapport à la chose signifiée[3] ». Et, se dessinait par-là, relève F. Pierobon, un nouveau

> *chemin de pensée », que nous retrouverons, en 1768, avec le paradigme de la symétrie chirale dans l'opuscule sur le fondement de la différence des régions de l'espace : forme d'opposition purement relationnelle [qui] offrira un schéma de penser qui permet de réinterpréter et de résoudre [...] les antinomies*[4].

Revenons, quelques instants, sur le problème de la chiralité. La position de F. Pierobon n'est pas très différente de celle de M. Lequan, mais il tient à nuancer l'idée de pré-configuration de l'espace pur, en pointant les difficultés du caractère d'« opérateur pur » de la symétrie chirale dans l'opuscule de 1768[5]. La différence entre l'*analyse philosophique* et la *construction géométrique* est, à ses yeux, la plus décisive, parce que devenue plus manifeste à travers l'*irréductibilité de la symétrie chirale à l'intellectualité* :

> *[...] la géométrie est à la fois réelle et représentationnelle ; elle est tout autant générative, en ce qu'elle invente ses propres objets, que projective, en ce sens qu'elle permet de penser les variations [...] topologiques auxquelles l'on peut soumettre un objet sans qu'il perde son identité conceptuelle*[6].

---

[1] *Erkenntnisproblem* II, p. 597-599 ; trad. fr., p. 421-423.
[2] F. Pierobon, *Kant et les mathématiques*, p. 29.
[3] Ibid., p. 30.
[4] Ibid., p. 30-31; A. Philonenko, *OK* I, p. 66-68.
[5] F. Pierobon, *Kant et les mathématiques*, p. 58.
[6] Ibid., p. 59.

Si le constructivisme géométrique présente un *modus operandi*, qui s'avère générateur de l'idéalisme transcendantal, c'est dans la mesure où il est constitutif du véritable renversement de l'objectif vers le subjectif :

> *Transposé du niveau de l'ontologie à celui de la connaissance, la question de l'absoluité de l'espace n'est plus celle de sa réalité, mais bien plutôt celle de la valeur de la connaissance mathématique (géométrique) qu'elle sous-tend*[1].

Cela renvoie à la problématique générale de la *Dissertation de 1770*, et, en somme, à la « position » du problème critique proprement dit. L'intérêt de l'étude de C. Piché ressortit au privilège accordé à la troisième occurrence de l'exemple standard de Kant : celui des triangles sphériques, en soulignant ainsi, de manière informée, qu'il avait en ligne de mire la théorie leibnizo-wolffienne de la *similitude* : l'intellectualisme des « caractères internes », qui sont liés au caractère relationnel de l'espace, s'avère à coup sûr incompatible avec les figures géométriques symétriques, mais non superposables. C'est que, pour le philosophe critique, « l'emploi en géométrie du concept de congruence et, par extension, de la notion de similitude, doit être restreint aux figures planes ». Or, Wolff, dans le sillage de Leibniz, les étendait aux figures sphériques. A vrai dire, avec Kant surgissait un problème qui, jusque-là, demeurait en suspens[2] : compris comme tel, le caractère « intrinsèque » de la différence des triangles sphériques chiraux sera, *in fine*, à l'appui de la thèse selon laquelle l'espace est une intuition pure conformément à l'idéalisme transcendantal et, donc, à rebours de l'absolutisme originaire. Contre toute apparence, C. Piché voit là, à l'encontre de Wittgenstein (*Tractatus*, 6.3612) une certaine pertinence de cet exemple dans l'économie du criticisme, qui veut à tout prix garder « l'autonomie de la philosophie » vis-à-vis de la science, et singulièrement de la mathématique : « Dans l'esprit de Kant, c'est la philosophie qui fournit à la géométrie le concept juste d'espace, en sorte que le géomètre se voit assigner la tâche de construire ses objets dans cet espace[3]. » Cela compris, c'est la question, soulevée par C. Piché, qui doit retenir toute notre attention : « Serait-il dans ces conditions autorisé à construire l'espace lui-même, à en démultiplier les dimensions ? » Cette question est capitale à double titre, c'est du moins ce qu'entend ce dernier :

---

[1] F. Pierobon, *Kant et les mathématiques*, p. 61-62.

[2] C. Piché, « Les triangles sphériques et le paradoxe des objets non congruents », p. 62.

[3] C. Piché, op. cit., p. 71.

La question est complexe car il n'est pas aisé de faire le partage entre ce qu'affirme Kant de l'espace d'un point de vue strictement philosophique et ce qu'il en dit à l'égard de la géométrie. Ainsi, d'une part, il a la prudence de tenir le plus souvent l'espace tridimensionnel euclidien à l'écart de son discours transcendantal, mais on peut légitimement se demander, d'autre part, s'il aurait pu accepter un espace autre qu'euclidien[1].

En effet, Gottfried Martin n'hésitait pas à trancher cette question en prétendant qu'« il n'était pas seulement possible, mais nécessaire d'admettre la possibilité implicite des géométries non-euclidiennes au sein de l'édifice kantien[2] ». Cependant, dans le second tome de cet ouvrage, nous verrons que la question de la tridimensionnalité de l'espace, en lien avec le postulat des parallèles et le problème des géométries analytiques, constitue l'un des enjeux modernes de l'intelligibilité de la conception kantienne des mathématiques. Au préalable, il convient de clarifier le rapport de la conception kantienne de l'espace comme intuition pure avec l'édifice doctrinaire de la géométrie euclidienne : la différence de l'*espace métaphysique* et de l'*espace géométrique* apparaîtra plus nette au regard de la distinction problématique faite entre la « *forme de l'intuition* » et l'« *intuition formelle* » que nous rencontrons à divers endroits du corpus kantien, sans qu'elle recouvre forcément la même signification.

Avant de nous intéresser à la doctrine kantienne de l'idéalité de l'espace et du temps, remarquons que, contrairement à ce qui est présenté plus haut concernant la démonstration kantienne de l'absoluité spatiale, les *Reflexionen* de 1768-1769 montrent la présence manifeste de l'influence leibnizienne dans le fait qu'espace et temps sont considérés comme des « concepts purs » de l'entendement ; sachant que, si l'on peut y déceler quelque ébauche de la différence que fera la *Dissertation de 1770* entre concepts élémentaires « sensibles » et « intellectuels », cette différence est loin d'être assurée, décèle Cassirer, fidèle à « l'un des présupposés fondamentaux de l'exégèse cohénienne[3] », à savoir qu'« espace et temps ne sortent que peu à peu du système commun fondamental des concepts purs de l'entendement, ce sont des « principes objectifs de la synthèse » avant de devenir des « concepts de l'intuition » et finalement des « formes de la sensibilité[4]. » Par conséquent, dans la terminologie originaire kantienne, les « concepts purs des intuitions », saisis en tant que *concepts singuliers*, sont certes compris en ce qu'ils se distinguent des concepts génériques abstraits,

---

[1] C. Piché, op. cit., p. 71.

[2] G. Martin, *Science moderne et ontologie traditionnelle chez Kant*, trad. fr. J.-C. Piguet, Paris, PUF, 1963, p. 25.

[3] *KTE*, p. 118-125 ; trad. fr. p. 130-134 ; *Erkenntnisproblem* II, p. 624 ; trad. fr., p. 440.

[4] *Erkenntnisproblem* II, p. 622-626 ; trad. fr., p. 439-441.

mais ils n'en demeurent pas moins des concepts de l'entendement – ce qui ne va pas sans problème quand on considère la géométrie :

> *[...] le concept « intuitif » ne constitue pas le contraire, mais une détermination plus précise du concept « intellectuel ». [...] En géométrie, au contraire, intervient déjà un moment étranger : « l'intuition » n'a pas ici simplement le caractère de construction spontanée d'une figure spatiale, elle se situe face à l'esprit comme quelque chose de « donné*[1] *».*

Là encore, ce sont les motifs des *Traüme eines Geistersehers* qui permettent de comprendre la nécessité, qui s'imposait aux yeux de Kant, de distinguer les *principes du monde sensible* et les *principes du monde intelligible* : « c'est moins la critique de la science que la critique de la métaphysique qui le pousse à aller plus loin[2] », de manière à dégager l'aperception de l'espace des réquisits ontologiques propres au *mysticisme spéculatif* incarné aussi bien par More que par Newton[3]. Au demeurant, à travers cette différenciation, qu'il convient de comprendre à la lumière de la découverte du *problème critique fondamental*, ce sont les principes formels de la connaissance objective qui en viennent à acquérir une nouvelle détermination – dans la perspective d'élaborer une véritable logique de la réalité physique dite *logique transcendantale*. Dans cette perspective, il ne faut pas se méprendre sur le but principal de la *Dissertation de 1770* qui, précise Cassirer,

> *[...] n'est pas de nous ouvrir au monde de la pensée pure, il vise à le séparer et à le distinguer. C'est donc moins un essai de métaphysique que de propédeutique à la métaphysique, qui veut délimiter la sphère et le domaine des deux sources fondamentales de la connaissance*[4].

La *Dissertation* contient cette caractéristique d'être – à la différence des écrits précédents où Kant prenait d'emblée parti soit pour Leibniz, soit pour Newton – un véritable *tribunal de la raison pure*, dans la mesure où il se veut « l'arbitre intègre, capable, en se mettant lui-même par la pensée à la place des protagonistes, de soupeser les arguments. » D'une manière générale, si l'on examine les écrits précritiques à la lumière de la crise de la métaphysique incarnée dans les *Traüme*, il en ressort, concluait de Vleeschauwer, que l'acquis philosophique de toute cette période consiste au fait que la métaphysique, en tant qu'« une science à portée de transcendance », se trouve « limitée au contenu fourni par l'expérience » :

---

[1] *Erkenntnisproblem* II, p. 627-629; trad. fr., p. 442-443.
[2] *Erkenntnisproblem* II, p. 629 ; trad. fr., p. 443.
[3] *Erkenntnisproblem* II, p. 631-639; trad. fr., p. 445-450.
[4] *Erkenntnisproblem* II, p. 630 ; trad. fr., p. 444.

« la connaissance réelle est limitée au contenu de l'expérience » ou, si l'on préfère, « la raison n'est pas limitée en soi, mais elle est limitée dans son contenu par l'expérience[1] ». Mais quelle est la portée de ce principe d'expérience, compris en tant que condition objective de la connaissance, que Kant opposait au logicisme de l'Ecole, quand on s'achemine, dans la *Dissertation de 1770*, à la séparation de deux ordres hétérogènes de connaissance : celui des *phénomènes* soumis aux principes formels de la *sensibilité pure* et celui des *noumènes* soumis aux principes formels de la *pensée pure* ?

Malgré les mérites de cette *Dissertation,* où Kant définit l'autonomie objective de la sensibilité pure, le principe d'expérience semble souffrir ici d'un manque d'universalité, dans la mesure où l'exigence de l'absolu et de la transcendance ne ferait que la reléguer à un niveau inférieur d'objectivité, atteinte en plein cœur par le problème des antinomies dans lesquelles les deux sources du savoir ne cessent de se chevaucher, de s'enchevêtrer, bref, de s'imbriquer, sans que l'on se rende compte que la certitude tant désirée n'installe ainsi que dans l'illusion du savoir. En revanche, ce n'est qu'au regard de la question de l'objectivité du savoir, question posée dans les termes critiques convenables, que le principe de l'expérience acquiert, en tant que tel, sa propre universalité. Et dans ce cadre, les principes formels de la pensée pure perdent, pour le dire de manière lapidaire, toute légitimité quant à la sphère de la transcendance : ils n'ont de signification objective qu'en ce qu'ils sont rapportés aux phénomènes du monde de l'expérience réglée, mieux, « bornée » par les principes formels de la sensibilité pure. La question de l'objectivité posée en termes de « possibilité de la connaissance *a priori*, qui soit stable par elle-même sans être titrée des objets[2] » – et sans recourir à un *Deus ex machina* qui justifie, face à la subjectivité du Je connaissant, l'extériorité des objets –, cette question n'est saisissable que si l'on jette un regard attentif sur la longue période dite de silence (10 ans), mais où Kant n'a jamais cessé de travailler à sa révolution copernicienne de la philosophie, ainsi que le révèle la *Kantsforschung.* Quand on analyse les écrits de cette période, on décèle qu'il en vient à penser que « c'est dans la nature des connaissances en général qu'il faut chercher comment est possible une relation, une connexion où n'est pourtant donné qu'un terme de la

[1] Sur ces éléments de l'évolution de la pensée kantienne de l'influence du newtonisme méthodologique vers l'autonomie de la problématique criticiste : *DTOK* I, p. 79-172 ; *LPK*, p. 5-70. Il y a un trait constant entre les *Traüme* et la Dialectique kantienne : le caractère pathologique de l'erreur résultée d'« une influence inaperçue de la sensibilité sur l'entendement » ; une réinterprétation kantienne de l'erreur arc-boutée sur l'apparence (transcendantale). Sur les analogies entre ces deux textes : G. Lebrun, *KFM*, p. 71-78.

[2] *Erkenntnisproblem* II, p. 639 ; trad. fr., p. 450.

relation[1]. » Autrement dit : « il s'agit, au sein même de la sphère de la connaissance, de dégager les synthèses et les formes de liaison auxquelles la représentation doit son objectivité[2] », étant entendu que « le problème de l'objet se ramène donc au problème de la nécessité de la connexion[3]. » Dès lors qu'est écartée l'existence de choses en soi en dehors de l'espace et du temps,

> *[...] au cœur même des conditions de l'intuition, il s'agit de distinguer les connexions nécessaires et constantes de celles qui sont changeantes et contingentes et d'indiquer les critères de cette distinction[4].*

Cette idée de « connexion nécessaire », qui sous-tend toute la démarche logique classique, apparaît très riche chez Kant : elle définit à proprement parler la connaissance objective comprise comme une « synthèse ». Concept de connaissance objective, la synthèse acquiert toute sa fécondité non seulement parce que les formes pures de la sensibilité ne signifient rien, en dehors de leur puissance synthétique, mais surtout les concepts purs de l'entendement ne sont rien, si l'on s'acharne à y voir le caractère analytique de la raison. L'on décèle bien, dans la manière dont Kant décrira le processus d'objectivation scientifique quant à la transformation des jugements de perception en jugements d'expérience, ce principe fondamental : « l'unité analytique de la conscience présuppose nécessairement l'unité synthétique[5] ». Il y va de la « double origine de la formation des concepts », qu'illustre bien la distinction kantienne des *jugements analytiques* et des *jugements synthétiques*. Il s'en déduit, contre le logicisme traditionnel, ce qui suit :

> *L'unité d'une norme idéale précède donc l'unité de l'espèce, une connexion constructive précède la comparaison abstractive. Le concept, en son véritable sens fondamental, n'est que la conscience de cette unité de la synthèse[6].*

C'est pourquoi, au sens propre,

---

[1] *Erkenntnisproblem* II, p. 640 ; trad. fr., p. 451.
[2] *Erkenntnisproblem* II, p. 641 ; trad. fr., p. 452.
[3] *Erkenntnisproblem* II, ibid.
[4] *Erkenntnisproblem* II, ibid.
[5] *Erkenntnisproblem* II, p. 676 ; trad. fr., p. 477.
[6] *Erkenntnisproblem* II, p. 676 ; trad. fr., p. 477.

Le terme « synthèse » désigne « le dépassement » spécifique du donné, la « marque » qu'y imprime la pensée et qui seul peut faire accéder le contenu donné à la nécessité et à la validité d'un jugement d'expérience[1].

Dans ce qu'il convient d'appeler la généalogie du concept de synthèse, le temps joue un rôle cardinal, insiste Cassirer : le problème de la « connexion nécessaire » apparaît au prime abord comme celle de la « connexion de la série temporelle », où il faut démarquer deux formes de série, celle subjective et celle objective : viennent à se spécifier les règles de la « perception » en tant que lois universelles d'objectivité en dehors du seul fait que les phénomènes sont « donnés » dans l'« intuition ». Le temps a précisément cette fécondité théorique significative parce que

[...] l'analyse de la forme du temps et de son « objectivité » doit nous guider vers les différentes fonctions du concept dans la construction de la connaissance de l'expérience[2].

Avec la question de l'objectivité du temps, on sait qu'apparaissent les catégories de la relation (substance, causalité, relation réciproque), et celles-ci renseignent sur la fonction du concept en général qui,

[...] en tant que forme de la relation nécessaire entre les éléments, par opposition à leur juxtaposition contingente, purement associative, est donc devenu la véritable condition fondamentale de l'objectivité de l'ob-jet de l'expérience[3].

Essentiellement synthétique, l'activité conceptuelle est, au-delà du formalisme sensible, d'ordre fonctionnel : « ce qui constitue l'unité, ce n'est pas ce *en quoi* le divers est ordonné, mais ce *par quoi* il est porté à l'unité[4]. » Les fonctions conceptuelles s'identifient ainsi, même si Kant n'est pas encore en possession de sa table des catégories, à l'activité intellectuelle du sujet de représentation : le subjectif et l'objectif ne définissent plus deux ordres séparés ; le premier devient la condition de possibilité du second selon une distribution « conditionnelle » qui sera dite transcendantale :

[...] même les concepts de l'endentement sont absolument voués à ce caractère conditionné qui est celui de l'espace et du temps. [...] Toutes les propositions synthétiques relèvent donc d'une seule et même sphère de validité : elles sont « homogènes » dans la mesure où, en elles, ce qui est

---

[1] *Erkenntnisproblem* II, p. 674-675 ; trad. fr., p. 476.
[2] *Erkenntnisproblem* II, p. 643 ; trad. fr., 454.
[3] *Erkenntnisproblem* II, p. 642 ; trad. fr., p. 453.
[4] *Erkenntnisproblem* II, p. 644 ; trad. fr., p. 455.

intellectuel et ce qui est sensible n'ont de véritable valeur de connaissance que corrélativement, et jamais séparément. [...] puisque les conditions de l'entendement ne déterminent plus par elles-mêmes au-delà de l'expérience un objet indépendant de connaissance, elles sont entraînées dans la sphère de la subjectivité[1].

C'est ainsi que dans la « continuité distante » de la *Dissertation de 1770* et de l'*Esthétique transcendantale*, les principes formels de l'idéalisme critique seront définis fidèlement à la centration de l'entreprise épistémique sur le sujet, dont la *sensibilité* est définie comme la *réceptivité* originaire, l'intuition pure spatio-temporelle constituant sinon les bornes, du moins les limites en tant que « sites » d'une « donation » originaire. D'où, le geste fondamental, constitutif de la philosophie transcendantale :

[...] la séparation entre « sujet » et « objet » n'est pas antérieure à l'analyse de la connaissance, mais, dans la mesure où elle reste valable, on ne peut y accéder que grâce à cette analyse et la définir qu'en fonction de ses résultats. C'est seulement au terme de la « déduction subjective » que ce but est atteint. Cette dernière nous fait connaître qu'il y a un système fondamental commun de règles valables qui se situent en dehors de l'opposition du « sujet » et de « l'objet », parce que les termes mêmes de ce couple d'opposés ne peuvent être posés que par lui. La distinction entre les jugements de perception et les jugements d'expérience, par quoi commencent les Prolégomènes de Kant, et qui constituent également dans la Critique de la raison, avec la déduction des analogies de l'expérience, le véritable nerf de la preuve, apparaît [...] elle aussi sous un nouvel éclairage[2].

---

[1] Du coup, « le « noumène » lui-même prend un autre sens : le fondement transcendant du phénomène devient l'unité ponctuelle, idéelle et pensée, à laquelle nous rapportons la diversité des représentations pour lui donner l'enchaînement et la nécessité systématiques de la connexion ». C'est ce que Kant entend avant la première *Critique* par « objet transcendantal de l'intuition sensible ». Cf. *Erkenntnisproblem* II, p. 646-647 ; trad. fr., p. 456. En guise de contraste, voir : R. Theis, *Approches de la Critique de la raison pure : études sur la philosophie théorique de Kant*, Hildesheim, Georg Olms Verlag, 1991, p. 32-76.

[2] *Erkenntnisproblem* II, p. 721-722 ; trad. fr., p. 509-510.

§ 6. Le jugement de vérité et l'antinomie cosmologique

Modèle pour la science physique, la nature des connaissances mathématiques permettait à Kant de décider de celle de la science de la nature. Certes, le jugement de prédication demeurait pour lui le modèle du jugement de vérité. Il ne pouvait, néanmoins, y régner sans partage l'analyticité que postule le principe de l'inclusion du prédicat dans le sujet. Car, aucune connaissance n'est possible en dehors de la *synthèse* du sujet et du prédicat (dans l'intuition pure du temps et de l'espace). Selon son exemple emblématique : « tous les corps sont pesants », le concept de pesanteur n'est pas inclus dans celui de corps, mais lui *appartient*. Le premier caractère du concept kantien de connaissance apparaît dans cette notion d'« appartenance ». Très attentif à l'enseignement humien, le philosophe critique, par l'affirmation du jugement synthétique *a priori*, voulait faire droit à l'*expérience* dans l'édifice de la connaissance tout en sauvant celle-ci du scepticisme résultant de la *critique humienne de l'induction*. Ainsi toute sa recherche portait-elle sur l*a structure et la légalité logiques de l'expérience* :

> *[...] toute synthèse particulière ne peut être transcendentalement justifiée qu'en référence au système de la nature, compris comme système des principes purs de la connaissance. [...] la nature, c'est seulement l'expérience ; mais celle-ci se réduit elle-même à un ensemble de jugements synthétiques*[1].

Or, eu égard au *problème de l'inférence inductive* soulevé par D. Hume, aucune philosophie, faisant de l'expérience le fondement de la connaissance, ne saurait faire l'économie de s'interroger sur la légitimité des propositions universelles que sont les *lois de la nature*, mises au fondement des sciences physiques. C'est pour cela que Kant lui-même prétendait relever le défi humien en fondant l'induction sur l'apriorisme transcendantal, très loin, toutefois, de la prétention d'une logique inductive en tant que telle. La révolution transcendantale accordait à un type de jugements nouveau le privilège d'objectivité scientifique : les jugements synthétiques *a priori*, constitutifs des mathématiques et de la science mathématique de la nature. Dans cette mesure, la première tâche de la logique de la science, dite logique transcendantale, consistait à démontrer leur validité en déduisant leurs conditions intellectuelles de possibilité, en tant qu'elles se combinent avec

---

[1] *Erkenntnisproblem* II, p. 682; trad. fr., p. 482. Dans cette citation, nous procédons à une interpolation.

leurs conditions sensibles *a priori*. Cette logique supposait alors une *esthétique transcendantale*, qui devait présenter une théorie de la sensibilité pure, identifiée à une structure subjective spatio-temporelle, où apparaissent et se représentent des phénomènes selon qu'ils sont connaissables par des sujets finis pensants.

Le jugement, selon l'orthodoxie classique, est défini en terme prédicatif : il résulte de la « liaison » d'un prédicat à un sujet. Ainsi est-il aisé de comprendre que Kant distinguait, premièrement, les *analytiques* dits explicatifs, c'est-à-dire universels et nécessaires parce qu'exclusivement *a priori* ; par exemple : « *tous les corps sont étendus* ». L'extension étant une propriété intrinsèque des corps, elle les définit « substantiellement » : on a donc, ici, une tautologie qui consiste en l'analyse de la notion de corps pour en exhiber l'une de ses propriétés fondamentales ; en outre, la caractéristique d'une tautologie, c'est d'être « toujours » vraie. Deuxièmement, on désignait les *synthétiques* dits extensifs, dans lesquels le prédicat définit de manière contingente ou, pour parler comme Aristote, « accidentelle » le sujet, en y ajoutant quelque chose qui n'est pas l'une de ses propriétés intrinsèques. D'habitude, les logiciens considèrent qu'un tel « ajout » se fait *a posteriori* : dans ce cas, ces jugements sont dits perceptifs ou empiriques – parler de jugements synthétiques *a posteriori* serait même un pléonasme. Comme exemple, on peut dire : « le tableau est vert » ; on comprend bien que le prédicat « vert » n'entretient avec le sujet « tableau » aucun rapport d'inclusion *a priori*, en tant qu'une propriété qui lui serait propre comme la triangularité (le fait de posséder trois angles et trois côtés) au triangle, mais la verdure ne peut lui être attribuée que par et dans l'expérience sensible. Présenté ainsi, le jugement de vérité déborde déjà le cadre d'une logique formelle, qui ne tient compte que des formes logiques et des règles universelles de la pensée, abstraction faite des contenus. Cependant, Kant nous expliquait, c'est en cela inédit, que cette « extension » du concept de sujet peut se faire aussi *a priori*, dans une expérience pure, d'où, troisièmement, les jugements synthétiques *a priori* – lesquels s'avèrent être les jugements scientifiques proprement dits.

Revenons, un instant, sur le fameux exemple : « *tous les corps sont pesants* ». On serait tenté de voir en ce jugement une synthèse *a priori*. Or, pour Kant, il n'en est rien. Un tel jugement correspond à un jugement d'expérience, dans la mesure où il postulait d'entrée de jeu que la pesanteur, quoique toujours liée aux « caractères de l'étendue, de l'impénétrabilité, de la figure, etc. », ne peut, à la différence de ceux-ci, être connue comme son prédicat que de manière synthétique, par conséquent, par et dans l'intuition sensible :

> *C'est donc sur l'expérience que se fonde la possibilité de la synthèse du prédicat de la pesanteur avec le concept du corps, parce que les deux*

concepts, bien que l'un ne soit pas contenu dans l'autre, appartiennent cependant l'un à l'autre, de manière toutefois seulement contingente, comme partie d'un tout, celui de l'expérience, qui est elle-même une liaison synthétique des intuitions[1].

On n'a pas manqué de souligner que la distinction kantienne entre « explication » et « extension » n'était pas sans une certaine ambiguïté[2]. Car, la pesanteur semble incluse ou non dans le concept de corps selon la manière dont on l'a défini *a priori*. On insiste surtout sur le fait que les exemples fournis dans la *Critique* étaient loin d'être satisfaisants. H. Cohen notait, cependant, que la justification de ceux-ci fut logiquement consolidée dans la Réponse à Eberhard (1790)[3], justification maintenue dans l'écrit *Sur le progrès de la métaphysique depuis Leibniz et Wolff* (1804)[4]. On peut y lire :

Tous les jugements analytiques sont des jugements a priori, *et valent donc avec une universalité rigoureuse et une nécessité absolue parce qu'ils se fondent entièrement sur le principe de contradiction. Mais les jugements synthétiques peuvent aussi être des jugements d'expérience qui nous apprennent certes comment sont construites certaines choses, mais jamais qu'elles doivent nécessairement être ainsi et ne peuvent être constituées autrement ; par exemple tous les corps sont pesants ; alors leur universalité n'est que comparative : tous les corps, autant que nous en connaissons, sont pesants, universalité que nous pourrions appeler empirique, à la différence de l'universalité rationnelle qui, en tant que connue* a priori, *est rigoureuse*[5].

En effet, les limites des exemples de Kant peuvent être imputées à la philosophie et à la science de la nature de son époque, coutumière de la distinction entre *qualités premières* et *qualités secondes*. Qu'on se souvienne que, même chez Newton, la pesanteur n'est pas une propriété essentielle de la matière[6]. L'important semble, de toute façon, être ailleurs, souligne Cassirer :

[...] il ne s'agit pas ici essentiellement [...] des déterminations qui s'ajoutent à un sujet déjà tout fait, mais de l'origine logique du concept même de sujet. La question ne porte donc jamais sur la simple forme logique du jugement,

[1] A 7/B 12 ; *OP* I, p. 766-767.
[2] H. Cohen, *Commentaire*, p. 58.
[3] E. Kant, *Réponse à Eberhard*, AK VIII, p. 185-251 ; introduit, traduit et annoté par J. Benoist, Paris, Vrin, 1999.
[4] *KTE*, p. 498-504, trad. fr., 402-405.
[5] E. Kant, *Fortschritt*, XX, p. 323 ; *OP* III, p. 1270.
[6] *Erkenntnisproblem* II, p. 677-683, trad. fr., p. 478-482.

mais sur les voies et les moyens que la connaissance utilise pour atteindre et établir le sujet lui-même[1].

Il y va du fait que Kant prenait ses distances avec l'institution logique traditionnelle, où prévalait la distinction entre *jugements identiques* et *jugements non identiques*, pour instituer une logique transcendantale, où s'affirme « cette référence déterminante à l'*unité synthétique*[2] ». S'explique, à cet égard, tout l'intérêt du schématisme transcendantal :

Il n'importe pas que notre conscience soit élargie par un concept, mais que l'unité synthétique soit efficiente dans le jugement. Or, cette unité ne se réalise toujours que par rapport au divers de l'intuition. Par conséquent, si nous disons que les jugements synthétiques sont des jugements tels qu'en eux est exprimée l'unité synthétique de l'aperception, cela signifie qu'en eux, grâce à l'unité synthétique dans son rapport au divers de l'intuition, est réalisée une connaissance. Et puisque l'objet est produit dans le schème par la liaison des deux sources de connaissance, nous pouvons dire que les jugements synthétiques sont tels qu'en eux l'unité synthétique de l'aperception lie sujet et prédicat en vue de la validité objective d'un objet de l'expérience[3].

Qu'en est-il des jugements dits synthétiques *a priori* ? Il va sans dire que ces derniers jugements sont très problématiques : comment un jugement peut-il être à la fois *synthétique*, c'est-à-dire supposé tributaire, *de fait*, de l'expérience (sensible), et *a priori*, c'est-à-dire indépendant d'elle, *de droit* ? Tel est le problème de la scientificité des sciences, mathématique et physique, problème qui se pose donc en termes de synthèse *a priori*. Deux questions s'imposaient à Kant : en quoi consiste cette expérience où s'arc-boute la synthèse *a priori* ? Dans quel sens et comment constitue-t-elle la connaissance mathématico-physique ?

En tout premier lieu, Kant soutenait que le problème du jugement de vérité ne peut être traité qu'à une seule condition : dans le cadre d'une *logique transcendantale*. Celle-ci doit, à la différence du formalisme aristotélicien, porter une attention expresse et continue sur les modalités réelles d'appréhension et d'aperception des objets scientifiques. La réflexion logique se trouve ainsi commandée par les connaissances objectives que sont les mathématiques et les sciences de la nature. Puisque ces dernières sont

[1] Ibid., p. 678 ; trad. fr., p. 478-479. Cohen parle d'une « définition nominale » dans l'introduction de la *Critique*, alors que la « définition réelle » concerne le système du point de vue architectonique que présentent les principes : *KTE*, p. 509-517 ; trad. fr., p. 409-414.

[2] *KTE*, p. 504 ; trad. fr., p. 406.

[3] *KTE*, p. 504-505 ; trad. fr., p. 406.

proprement objectives, en ce qu'elles, seules, portent sur des objets, il est impératif d'en concevoir une détermination *a priori*[1]. Instruite des manquements d'un *canon*, d'un *organon* et d'un *carthaticon* de l'entendement, cette logique cherche comment les règles ou lois de l'entendement se rapportent à des « objets *a priori* »[2]. Son intérêt tient à la fonction même du concept de *transcendantal* qui s'écarte de son assimilation courante à l'*a priori*, et à la question de la « possibilité de la connaissance » qui forme son contenu[3]. Le synthétique constituant l'essence de la connaissance, assimilée à l'expérience saisie comme science, c'est pourquoi la possibilité de la connaissance signifie, tout simplement, la possibilité de l'expérience en tant qu'à la fois mathématique et physique ou, mieux, en tant que science mathématique de la nature, d'où se dégage le « le concept d'une logique transcendantale [...]. La forme devient ainsi la forme du contenu, nous disait H. Cohen[4]. » Ainsi comprise, la logique transcendantale se trouve déclinée en une *Analytique transcendantale*, qui se démarque d'une *Dialectique transcendantale*. Cette subdivision est sous-tendue par la *critique de la logique générale*, étant entendu que

> *Le critère purement logique de la vérité, à savoir l'accord d'une connaissance avec les lois universelles et formelles de l'entendement et de la raison, est donc bien la* condition sine qua non, *et par conséquent la condition négative de toute vérité ; mais la logique ne saurait aller plus loin, et l'erreur qui atteint non la forme, mais le contenu, la logique ne peut la découvrir au moyen d'aucune pierre de touche*[5].

A cet égard, cette partie de la logique, à savoir l'*Analytique*, qui définit un simple critère logique, donc négatif de la vérité, devient transcendantale par la prise en compte du versant positif de celle-ci, à savoir la relation à l'objet[6]. L'*Analytique transcendantale* comme logique de la vérité a pour tâche de montrer jusqu'où s'étend le régime d'objectivité scientifique, qui est censée s'astreindre à la délimitation du sol de l'expérience possible – le seul sur lequel les structures *a priori* de la « subjectivité » transcendantale (finie) sont aptes à construire des objets scientifiques comme tels, conformément à l'expérience réelle. La logique

---

[1] B A 3-6/B 8-10 ; *OP I*, p. 762-765.

[2] Pour voir comment la question de la « transcendantalité » déborde le cadre de la première *Critique* : François Marty, « Quand la logique se fait transcendantale. Recherches sur l'Ecriture des Critiques kantiennes », in Mai Lequan (dir.), *Métaphysique et philosophie transcendantale*, p. 49-78.

[3] A 56/B 80 ; *OP* I, p. 815-816.

[4] H. Cohen, *Commentaire*, p. 87.

[5] A 59/B 87 ; *OP* I, 818-819.

[6] A 62-64/B 87-88 ; *OP* I, 820-822.

kantienne se trouve ainsi conçue sur la base du *hiatus* entre *Verstand et Vernunft* : ce hiatus est bien celui de la raison pure elle-même scindée en deux sphères ou, mieux, saisie suivant deux polarités ou points de vue : la raison pure *théorique* et la *raison pure pratique* ; c'est ainsi qu'elle supporte la démarcation du « *erkennen* » et du « *denken* », d'où la fonction à la fois négative et positive de la première *Critique*[1]. Par ailleurs, c'est la *Dialectique transcendantale* qui s'attache à mettre au jour la « *Verengung unseres Vernunftgebrauchs* (rétrécissement de l'usage de la raison)[2] ». Doit alors succéder à la logique de la vérité celle de l'apparence, dont Kant exhibait le caractère non seulement logique, mais aussi transcendantal comme « illusion naturelle » due à l'« usage hyperbolique » de la raison pure spéculative relativement aux Idées de l'âme, du monde et de Dieu.

Disons, pour évacuer quelque équivoque, qu'il y a chez Kant une notion positive de l'« apparence », définie, au § 5 de la *Dissertation de 1770*, de la sorte :

> *[...] dans les données propres à la connaissance sensible et dans les phénomènes, ce qui précède l'usage logique de l'entendement est appelée apparence, et la connaissance réfléchie qui naît de la comparaison, par l'entendement, de plusieurs apparences, est appelée* expérience[3].

L'*apparence dialectique* doit, quant à elle, être comprise dans le sens où la logique générale est prise comme « un prétendu *organon* »

> *[...] pour produire réellement, du moins en en donnant l'illusion, des affirmations objectives, ce qui est en fait abuser de la logique. [...] Aussi, si l'on a attribué le nom de dialectique à la logique, c'est plutôt à titre de critique de l'apparence dialectique, et c'est à ce titre que nous voulons ici la voir prise,* indiquait Kant[4].

Tandis que l'*Analytique transcendantale* doit exhiber et dresser la liste exhaustive des principes *a priori* de l'objectivité mathématico-physique, la *Dialectique transcendantale* doit montrer que la métaphysique spéciale

---

[1] Rappelons qu'« [...] il est totalement étranger à Kant, note Frank Pierobon, d'abandonner tout à fait le point de vue de la logique générale analytique comme si la logique transcendantale nouvellement fondée l'avait annulée et remplacée... » F. Pierobon, *Système et représentation : la déduction transcendantale des catégories dans la Critique de la raison pure*, Grenoble, Jérôme Million, 1993, p. 23-24.

[2] B XXIV-XXV ; *OP* I, p. 744-745. Ce rétrécissement est déjà à l'œuvre dans l'*Esthétique*. Voir F.-X. Chenet, *L'assise de l'ontologie critique : l'Esthétique transcendantale*, chap. 1, Lille, Presses universitaires de Lille, 1994, p. 9-31.

[3] *Dissertatio*, AK II, p. 394; *OP* I, p. 641.

[4] A 61/B 86; *OP* I, p. 819-820.

(dogmatico-sceptique) échappe à ce régime de légalité transcendantale, en ce qu'elle est le lieu d'un *usage hyper-physique* de la raison pure, usage auquel s'associe une *apparence dialectique*, compte tenu que les principes transcendantaux eux-mêmes sont rapportés à l'Inconditionné considéré, en tant que tel, comme objet de connaissance au sein d'intuitions intellectuelles. Cela correspond à une transgression de l'expérience possible, dont on nie l'immanence, c'est-à-dire tout ce qui la rattache à l'expérience réelle, si bien que l'*apparence transcendantale* s'écarte nettement de l'*apparence empirico-logique*. L'usage des principes transcendants renvoie à un *usage supra-physique* de la raison pure en rupture avec son usage empirique via l'entendement : la raison se met à « voler au-dessus de l'intuition, nous disait Cohen[1] ». Un tel usage nous trompe ainsi quant à la chimère d'une extension de l'entendement pur, ce qui n'est que de l'illusion sophistique. Il en ressort qu'il y a, d'une part, des *jugements d'expérience*, valides eu égard aux principes transcendantaux objectifs et légitimes, d'autre part, des *raisonnements dialectiques* non objectifs et, du coup, illégitimes en ce qu'ils transgressent les limites (*Grenzen*) de l'expérience possible en se donnant des objets, à vrai dire des pseudo-objets, en rupture avec l'expérience réelle – quand bien même de tels raisonnements auraient leur point de départ dans l'expérience sensible[2].

En effet, dans sa lettre à Christian Garve du 21 septembre 1798[3], Kant situait l'origine théorique de son philosopher dans l'*Antinomie de la raison pure*[4], c'est-à-dire dans la prétention dialectique de la raison à connaître scientifiquement le monde (*Welt*) comme totalité absolue des choses en soi. Il indiquait ainsi la place prépondérante de la question spatio-temporelle dans sa philosophie théorique, étant entendu que la première Idée cosmologique concerne la limite (*Umfang*) ou l'origine (*Ursprung*) du monde[5]. Sous une forme interrogative, les deux thèses qui sous-tendent l'*Antithétique de la raison dialectique*, dans le premier conflit (*Widerstreit*) métaphysique de la raison pure avec elle-même, s'expriment ainsi :

> *Le monde a-t-il un commencement (*Anfang*) dans le temps et, quant à l'espace, est-il renfermé dans des limites (*Grenzen*), ou n'a-t-il ni*

[1] *KTE*, 506 ; trad. fr., p. 407.

[2] Nous ne pouvons pas nous arrêter à chaque fois pour montrer l'héritage aristotélicien dans la manière kantienne de penser la logique. Sur la notion de dialectique, on peut se reporter à G. Lebrun, *KFM*, p. 78-84.

[3] E. Kant, AK DCCCXX, p. 425 ; trad. fr., p. 704-705.

[4] A 405/B 432 – A 567/B 595 ; *OP* I, 1086-1192.

[5] Kant ne doutait jamais de l'existence du monde et de son extériorité au sujet. *Dissertatio*, § 1 et 2, AK II, p. 387-392, *OP* I, p. 629-636 ; *Prolegomena*, § 13, AK IV, 286-294 ; *OP* II, p. 54-64.

*commencement ni limites dans l'espace, mais infini (*unendlich*) aussi bien par rapport au temps que par rapport à l'espace ?*[1]

Tel est le *Leitfaden* à partir duquel on peut présenter les modalités du rapport de Kant à Newton, eu égard au cadre général de la problématique relative à la possibilité d'une *cosmologia rationalis*. Il est possible d'établir comment il y dénonçait, au prime abord, l'apparence (*Schein*) spatio-temporelle, en insistant sur le fait que son *idéalisme critique* n'est nullement réductible à une simple épistémologie de l'*épistèmê* newtonienne, qu'il n'a pas épargnée dans sa tentative de limitation transcendantale de la connaissance scientifique, limitation due notamment à la convocation de la *cosmologia rationalis* devant le tribunal de la raison (*Gerichtshoft der Vernunft*). Il en résulte que sa conception de l'espace et du temps intuitifs, subjectifs, *a priori* et idéaux ne serait pas à confondre, en dépit de leur corrélation, avec la conception newtonienne de l'espace et du temps absolus, vrais et mathématiques, si tant est qu'il n'en récusât guère moins les implications onto-théologiques et qu'il repoussât les attendus dogmatico-sceptiques qui soutinrent les cosmologies classiques.

Afin de bien saisir comment le tournant des années 1768-1770, où furent définis les principes de la réceptivité finie comme ceux du *mundi sensibilis*, conduisait dans la *Kritik der reinen Vernunft* (1781, 1787) à une remise en cause de l'apparence spatio-temporelle largement assimilée au substantialisme théologique newtonien, il convient d'avoir à l'esprit que, quoique fondée sur les principes de relativité et d'inertie, la cosmo-physique newtonienne devait en appeler à l'absoluité du temps, de l'espace et du mouvement. Mais, on ne saurait du reste y parvenir si l'on ignorait comment l'entreprise cosmo-physique kantienne, suspendue à la cosmogonie précritique, visait originellement à une « synthèse critique » des conceptualités scientifiques et philosophiques classiques, ce qui faisait montre une certaine ambivalence entre l'absolutisme newtonien et l'universalisme de la relativité de Leibniz-Huygens. Il apparaîtra, ainsi, que la mise au jour de l'apparence spatio-temporelle s'inscrivait dans une ressaisie transcendantale de la philosophie précritique, elle-même fortement marquée du sceau d'un radicalisme spéculatif, qui était pourtant absent du newtonianisme. Afin d'établir comment Kant procédait à la détermination de l'idéalité transcendantale de l'espace et du temps, en vue de la saisie adéquate de sa conception de l'objectivité théorique, il nous paraît opportun de déployer ici, succinctement, la teneur de la problématique cosmologique en ce qu'elle sert à appréhender en amont le problème d'une science objective de la nature : non seulement les notions du temps et de l'espace,

[1] A 426/B 454 ; A 427/B 455 ; *OP* I, p. 1086-1087.

mais aussi celles de la substance, de la causalité et du déterminisme y recèlent une expression fort questionnante.

Leitfaden métathéorique, l'*Antinomie de la raison pure* forme le lieu où il convient d'examiner l'idéalisme transcendantal, en ce qui concerne le régime métaphysique de la science et de la vérité. Rôle que lui attribuait après coup Kant, ce, pour sa philosophie tout entière : lieu, d'où les interrogations et thèses criticistes peuvent à bon droit se redéployer *au regard* et *au rebours* du pré-criticisme[1]. C'est pour cette raison, dans sa lettre à Christian Garve, il joignait ses préoccupations *génétique* et *architectonique* par rapport à ce qui se présentait à lui comme le « supplice de Tantale », à savoir la nécessité d'un *Übergang* des Fondements métaphysiques de la Science de la Nature à la Physique : « cette tâche doit être remplie, avouait-il, sans quoi le Système de la philosophie critique comporterait une lacune[2] ». A l'en croire, c'est la prétention métaphysique d'une connaissance spéculative de l'inconditionné (*Unbedingte*) qui l'amenait à s'interroger non seulement sur la validité des thèses métaphysiques, mais surtout sur le sens et la portée des questions philosophiques tenues, jusque-là, pour essentielles. La « révolution copernicienne » supposait, comme crise endémique, l'*Antithétique de la raison dialectique* qui se trouvait empêtrée dans des conflits cosmologiques vraisemblablement indécidables : la raison pure y apparaissait intrinsèquement contradictoire, en affirmant, de manière aussi bien parallèle que conjointe, des thèses opposées sans véritable pouvoir discriminant ou décisionnaire : de telles thèses apparaissaient, à vrai dire, indécidables puisque les critères de résolution purement logiques en fonction desquels s'exerçait la raison, de façon unilatérale, s'y sont révélés défaillants et inadéquats à fonder des connaissances objectives qui doivent, au contraire, se soumettre à l'*usage immanent* des principes *a priori*. Cela dit, « l'originalité historique » de la *Dialectique transcendantale* kantienne, eu égard aux antinomies cosmologiques elles-mêmes, ne consiste pas

> *[...] dans la découverte négative des contradictions de la métaphysique dogmatique, mais dans la mise à nu, quand on s'efforce de suivre ces contradictions jusque dans leurs sources, d'une nouvelle et plus profonde couche conceptuelle à la base de l'expérience,* fait remarquer Cassirer[3].

---

[1] Lettre à M. Herz, après le 11 mai 1781, AK CLXVI, p. 96, trad. fr. p. 180-182 ; *Prolegomena*, § 50, AK IV, p. 338, trad. fr., p. 118-119.

[2] AK DCCCXX, p. 425 ; trad. fr., p. 704-705.

[3] *Erkenntnisproblem*, II, p. 556 ; trad. fr., p. 534. Voir également: A 293-338/B 350-396; *OP* I, p. 1012-1044; *Leçons de métaphysique* (1775-1781), trad. fr. par. M. Castillo, Paris, Librairie Générale Française, 1993.

Terminons cette section par une mise au point terminologique, permettant de bien situer la cosmologie rationnelle au sein de la dialectique de la raison pure. En effet, dans ce plan de transcendance[1], s'exerce l'« omnipotence » de la raison pure, qui tâche de trouver l'unité suprême ou finale de la connaissance conditionnée de l'entendement, en la rapportant à l'inconditionné[2] – ou, en la subsumant sous celui-ci – à travers un nombre restreint de conditions universelles[3]. Alors formellement, il convient de distinguer entre les *jugements de connaissance* que sont les synthèses *a priori*, et les *raisonnements spéculatifs* qui sont de véritables ratiocinations syllogistiques, l'entendement étant le pouvoir des *règles* et la raison celui des *principes*[4].

> *La raison considérée comme le pouvoir de donner une certaine forme logique à la connaissance est le pouvoir d'inférer, c'est-à-dire de juger immédiatement (en subsumant la condition d'un jugement possible sous la condition d'un jugement donné), soutenait Kant. Le jugement est donc la règle générale (la majeure,* major*). La subsomption de la condition d'un autre jugement possible sous la condition de la règle est la mineure* (minor*). Enfin, le jugement réel qui exprime l'assertion de* la règle dans le cas subsumé *est la conclusion* (conclusio), poursuivait-il. *En effet, la règle exprime quelque chose d'universel sous une certaine condition, Or, la condition de la règle se trouve dans un cas donné. Donc ce qui avait une valeur universelle sous cette condition doit être considéré comme ayant de la valeur également dans le cas donné (qui renferme la condition),* concluait-il[5].

Si d'une manière générale, le *jugement* est l'acte qui rapporte l'unité subjective des représentations à leur unité objective, le *raisonnement* consiste à rapporter l'unité subjective du jugement objectif à sa condition objective, dit autrement, à la « condition de la condition » :

> *Le concept transcendantal de la raison n'est donc que celui de la* totalité *des conditions pour un conditionné donné. Or, comme l'*inconditionné *seul rend possible la totalité des conditions, et que réciproquement la totalité des conditions est elle-même toujours inconditionnée, un concept pur de la*

---

[1] F. Pierobon, *Kant et la fondation architectonique de la métaphysique*, Grenoble, Jérôme Million, 1990, p. 71-72.

[2] Yves-Jean Harder, « Kant et la question de la transcendance », in Mai Lequan (dir.), *Métaphysique et philosophie transcendantale*, p. 79-102.

[3] A 305-307/B361-363 ; *OP* I, p. 1020-1022.

[4] Pour des éléments de distinction du jugement et du syllogisme, voir G. Lebrun, *KFM*, p. 102-111.

[5] A 322/B 379 ; *OP* I, p. 1033.

raison peut être défini en général comme le concept de l'inconditionné, en tant qu'il contient un fondement de synthèse du conditionné[1].

Alors, aussi bien formellement que fonctionnellement, la raison est dans un rapport de superposition avec l'entendement. Ainsi, aux types de rapports, que se représente le second au moyen de ses unités catégoriales dans la synthèse des données de la sensibilité, correspondent les espèces conceptuelles pures de la première. Ces dernières sont nommées, conformément à l'héritage platonicien, *Idées rationnelles*[2]. A cet égard, on constate que la raison pure s'évertue, en raison de trois sortes d'hypostases à

> *[...] chercher en premier lieu un inconditionné de la synthèse catégorique dans un sujet, en second lieu un inconditionné de la synthèse hypothétique des membres d'une série, en troisième lieu de la synthèse disjonctive des parties dans un système*[3].

Selon qu'on prête attention aux espèces elles-mêmes de raisonnements, qui visent par l'entremise de prosyllogismes à l'unité de l'entendement dans l'appréhension de l'absolu ou de la totalité, les *Idées transcendantales* peuvent être ramenées

> *sous trois classes, dont la* première *contient* l'unité *absolue (inconditionnée) du* sujet pensant ; la seconde, *l'unité absolue de la* série des conditions du phénomène ; la troisième, *l'*unité *absolue de la* condition de tous les objets de la pensée en général[4].

On comprend ainsi que si la fonction des concepts purs est d'assurer la synthèse des représentations, les Idées de la raison ont la particularité d'opérer l'*unité synthétique inconditionnée de toutes les conditions en général* : elles fournissent respectivement

> *l'idée d'une doctrine transcendantale de l'âme (*psychologia rationalis*), d'une science transcendantale du monde (*cosmologia rationalis*) et d'une connaissance transcendantale de Dieu (*theologia rationalis*)*[5].

On s'aperçoit que *doctrine*, *science* et *connaissance* renvoient à une fort intéressante gradation. Kant soutient à cet égard qu'il s'agit pour chacune d'elles d'une esquisse qui « n'est qu'un produit pur ou bien un

---

[1] A 322/B 379 ; *OP* I, p. 1033.
[2] A 312-320/B 369-377 ; *OP* I, p. 1025-1032.
[3] A 323/B 379, *OP* I, p. 1033.
[4] A 334/B 391 ; *OP* I, p. 1041.
[5] A 334-335/B 391-392, *OP* I, p. 1042.

problème de la raison pure ». Cela veut dire qu'aucune de ces Idées n'offre immédiatement une connaissance positive réalisée *in concreto*[1]. Par conséquent, il ne faut pas perdre de vue que la portée architectonique de la notion d'esquisse ressortit à un tracé idéal, ou à un « schème » selon l'enseignement du schématisme transcendantal. Il en résulte qu'à défaut d'avoir une connaissance objective de leur objet, les Idées ne sont pas pour autant contingentes : elles sont liées nécessairement à la nature de la raison selon que cette dernière n'a d'autre visée que la série ascendante du côté des conditions, en tant qu'elle porte donc sur l'absolu dans une optique architectonique et selon des lois originaires[2].

Faisons quelques mises au point terminologiques. Kant prétendait que « la raison arrive à une connaissance par des actes de l'entendement qui constituent une série de conditions ». Cela veut dire ceci :

> *[...] je passe par une série de conditions (prémisses) pour arriver à une connaissance (conclusion). Or, toute série dont l'exposant (que ce soit d'un jugement catégorique ou hypothétique) est donné pouvant être poursuivie, ce même acte de la raison conduit par suite à la* ratiocinatio polysyllogistica, *laquelle est une série de raisonnements qui peut être constituée sur une étendue indéterminée, soit du côté des conditions* (per prosyllogismos), *soit du côté du conditionné* (per episyllogismos), observait-il[3].

Ainsi, se trouve affirmé le fonctionnement *dual* de la raison, suivant qu'elle s'exerce au regard de la série ascendante des *raisonnements prosyllogiques*, ou de la série descendante des *raisonnements épisyllogiques*. Néanmoins, dans un cas comme dans l'autre, elle fonctionne selon une seule et unique exigence en présentant

> *[...] sa connaissance comme déterminée* a priori *et comme nécessaire, soit en elle-même, auquel cas elle n'est pas besoin de raisons, soit quand cette connaissance est dérivée, comme un membre d'une série de raisons, qui est en elle-même vraie de façon inconditionnée*[4].

Pourtant, bien qu'ils soient issus de la nature de la raison, il s'ensuit que ces raisonnements ne sont que des ratiocinations et des sophismes : Kant les nomme des *sophistications de la raison pure elle-même*. Autant dire qu'elles sont constituées de trois espèces correspondant aux trois Idées transcendantales : d'abord, la conclusion dialectique du concept transcendantal du sujet à l'absolue unité de ce sujet lui-même porte le nom

---

[1] F. Pierobon, *Kant et la fondation architectonique de la métaphysique*, p. 331.
[2] A 339/B 397; *OP* I, p. 1045.
[3] A 330-331/B 387; *OP* I, p. 1038-1039.
[4] A 331-332/B 387-388; *OP* I, 1039-1040.

de « *paralogisme transcendantal* » ; ensuite, les conclusions dialectiques de la seconde classe, ordonnées au concept transcendantal de totalité absolue de la série des conditions pour un phénomène donné en général, sont saisies sous le nom de l'« *antinomie de la raison pure* » ; enfin, les raisonnements sophistiques où l'on conclut, à partir de choses que l'on ne connaît pas d'après leur propre concept transcendantal, à un être de tous les êtres, sont rangés sous l'appellation de l'« *idéal de la raison* »[1]. L'apparence transcendantale s'arc-boute alors sur des raisonnements dialectiques qui, en exprimant le rapport de la connaissance de l'entendement, se révèlent dans le premier cas *catégoriques*, dans le deuxième cas *hypothétiques* et dans le troisième cas *disjonctifs*[2].

Il est, en effet, à remarquer que la cosmologie rationnelle se caractérise, à la différence de la psychologie et de la théologie rationnelles, par l'expression manifeste du problème de la contradiction de la raison pure, eu égard au conflit métaphysique du dogmatisme et du scepticisme. C'est pourquoi elle cristallise, de manière optimale, la problématique critique : la nécessité de trouver une nouvelle voie transcendantale. La notion d'antinomie doit être saisie ici dans toute sa teneur et toute sa rigueur significatives comme : *Widerstreit der Gesetze* (conflit des lois), contrairement aux raisonnements paralogiques et théologiques qui mettent en œuvre une apparence seulement unilatérale[3]. Les Idées transcendantales, qui animent ces « scènes de discorde et de déchirement » (*die Auftritte des Zwiespalts und der Zerrüttungen*), qui se rapportent donc à l'absolue totalité dans la synthèse des phénomènes, ces Idées sont appelées des concepts du monde (*Weltbegriffe*), étant entendu qu'une distinction s'impose entre deux notions de monde. D'un côté, la première notion définit *die Welt* :

> *[...] l'ensemble mathématique (*mathematische Ganze*) de tous les phénomènes et la totalité de leur synthèse, en grand aussi bien qu'en petit, c'est-à-dire dans le développement progressif de cette synthèse aussi bien par assemblage que par division*[4].

De l'autre côté, la seconde notion nomme *die Natur*, autrement dit, le monde

> *en tant qu'il est considéré comme un tout dynamique (*dynamische Ganze*), et qu'on n'a point égard ici à l'agrégation dans l'espace ou dans le temps, pour la réaliser comme une grandeur, mais à l'unité dans l'existence des phénomènes.*

---

1 A 340/B 398; *OP* I, 1046.

2 A 304/B 361 et A 406/B 433 ; *OP* I, p. 1020 et 1070.

3 A 407/B 434; OP I, p. 1070-1071.

4 A 418-419/B 446-447 ; *OP* I, p. 1078-1079.

Au regard des catégories de l'entendement auxquelles l'idée de « série » (*Reihe*) paraît consubstantielle quant au *regressus*[1], il apparaît que pour tout conditionné *x*, des conditions les plus proches à celles les plus lointaines selon la loi synthétique de subordination et non de coordination (*untergeordneten nicht beigeordneten Bedingungen*), on peut dénombrer quatre Idées cosmologiques :

> 1- l'intégralité absolue de l'assemblage de tout donné de tous les phénomènes ; 2- l'intégralité absolue de la division d'un donné dans le phénomène ; 3- l'intégralité absolue de la genèse d'un phénomène en général ; 4- l'intégralité absolue de la dépendance de l'existence de ce qu'il y a de changeant dans le phénomène[2].

Par conséquent, il appert que ce sont les antinomies concernant la *limite* ou non (quant à l'espace et au temps), la *substance* (continuité ou discontinuité), la *causalité* (déterminisme ou liberté) et l'*existence divine* (transcendance ou immanence) qui permettent de prendre la métaphysique en défaut : la dérivation d'un principe unique de thèses contraires est seule à même de dévoiler l'illusion sophistique qui pourrait sinon demeurer éternellement latente. Elles permettent à la raison de prendre conscience de la vermine qui n'a jamais cessé de la ronger, en lui offrant ainsi l'occasion unique d'échapper à une part d'elle-même quant à l'apparence naturelle où elle s'est réfugiée.

Nous venons de voir que la question onto-cosmologique occupe une place prépondérante dans l'itinéraire du kantisme dès l'*Histoire générale de la nature et théorie du ciel* (1755). Elle y joue le rôle d'un point focal où s'enracinent toutes les questions critiques jusque dans l'*Opus postumum* (1796-1803). S'y greffent, pour ce qui nous concerne, ces deux questions solidaires appelées à tisser la trame de notre étude : celle de la « non objectivité » métaphysique ou, pour exprimer un parallélisme parfait, la « non objectivité » cosmologique et celle de l'objectivité physique. Une simple question la commande : que peut-on connaître *scientifiquement* du monde (ou de la nature), ou comment le connaît-on en tant qu'objet de science ? Pour y répondre, nous supposions que les différentes phases de la pensée métaphysique kantienne ne peuvent, en aucune manière, être séparées de leurs réquisits épistémologiques. Par cette démarche, nous continuerons à élucider l'interprétation kantienne de la cosmo-physique newtonienne et, de

---

[1] Pour une élucidation de l'Antinomie quant à la notion de *regressus* : G. Lebrun, *KFM*, p. 112-128.

[2] A 415/B 443 ; *OP* I, p. 1077.

façon solidaire, des théories de la connaissance classiques, suspendues indistinctement à l'antithétique constituée par le dogmatisme et le scepticisme de la raison pure. Ces deux questions peuvent résumer notre parcours analytique jusqu'ici, tout en nous projetant de façon résolue dans la suite de notre étude : la philosophie peut-elle ne reconnaître que la puissance exclusive de la raison et ne s'imposer comme tâche que l'intellectualisation des phénomènes ? Ou, à l'inverse, doit-elle se plier aux contraintes empiriques et ne concevoir pour elle-même que la tâche qui consiste en la sensualisation des concepts ?

§ 7. L'idéalité spatio-temporelle et la synthèse mathématique

Une fois soulignés certains points essentiels qui éclairent ce qu'on entend ici par la « phénoménologie » de Kant – notion qui définit ses œuvres, ses problématiques et ses concepts –, il nous semble que celle-ci ne puisse s'élucider qu'au sein d'une approche « architectonique » en vertu de laquelle se manifeste la doctrine kantienne de l'objectivité scientifique. Pour cela, il nous faut saisir les liens indissolubles entre la première *Critique* et les *Premiers principes*. En leur sein et à leur lumière, s'établissent les deux niveaux fondamentaux d'objectivité scientifique chez Kant. Cependant, ce qui se donne comme deux niveaux : l'*Analytique des principes* et la *Métaphysique de la nature*, sera appréhendé en un seul et même geste, étant entendu que les deux autres niveaux : la théorie de l'*Übergang* et la connaissance empirique sont appelés à demeurer dans le cadre du criticisme des problèmes brûlants. Cela compris, avant de parvenir à l'exposé commun des deux niveaux fondamentaux à travers leurs différents moments, il nous faut prendre le temps de préciser la détermination kantienne de l'idéalité transcendantale du temps et de l'espace, conformément à la synthèse mathématique, ainsi que celle de l'aperception transcendantale, au regard de l'objectivité de la science pure de la nature – nous continuerons à joindre les deux niveaux d'analyse : historique et systématique.

Tout d'abord, intéressons-nous, tant soit peu, au rapport entre la *Dissertation de 1770* et l'*Esthétique transcendantale*. Sur ce sujet, F.-X. Chenet a pris le contre-pied de Heinemann et de Philonenko : s'il y a une concordance très poussée entre ces deux écrits, il n'en demeure pas moins qu'une *distance théorique* considérable les sépare en dépit de l'acquisition dès la *Dissertation* de nombreuses thèses essentielles de l'*Esthétique* : la réceptivité de la sensibilité et la sensibilité de l'intuition (humaine), définies au regard de la distinction des choses « *uti sent* » et « *uti apparent* » et selon que les intuitions pures du temps et de l'espace se rapportent au « sujet sensible[1] ». Comme on l'a évoqué plus haut, cette distance tient essentiellement à la *découverte du problème critique* et, en conséquence, à l'élaboration de différents concepts critiques pendant la longue période « intermédiaire ». En tout premier lieu, on peut alors relever le passage d'un point de vue « empiriste » des phénomènes à une approche « idéaliste »[2], ensuite, le rejet pur et simple de l'« usage réel » de l'entendement : la sensibilité aura le monopôle de l'objet, puisque toute connaissance humaine est finie et requiert l'« *intuitus derivativus* », et, enfin, la prétention à une connaissance de l'en-soi sera donc complètement évacuée. S'ensuivent donc deux nouveautés majeures dans l'*Esthétique* :

> *(I) les propositions mathématiques ne sont pas comprises dans la* Dissertation *comme des propositions synthétiques* a priori *et la tâche, proprement transcendantale, de leur explication, n'est pas encore perçue.*
> *(II) les thèses leibnizienne (l'espace et le temps sont des accidents) et newtonienne (l'espace et le temps sont des substances, donc des absolus) sont récusées en 1770 pour des raisons distinctes. L'*Esthétique *les rejette pour la même raison, avance F.-X. Chenet[3].*

H. Cohen mettait l'accent sur ce point autrement fondamental : « l'espace infini constitue précisément le point essentiel qui distingue les deux écrits l'un de l'autre[4] ». Dans cette même optique, M. Fichant nous montre que « la radicalité de l'Esthétique » tient précisément à la thèse de l'infinité spatiale telle qu'elle est énoncée dans la seconde édition de la *Critique* : « *l'espace est représenté comme une grandeur infinie donnée*[5]. » Il y aurait là une curieuse anomalie, soulignée par H. Cohen, dans la mesure où dans la Remarque à la première antinomie on peut lire qu'« *une grandeur infinie donnée est impossible*[6]. » Or, cette anomalie n'est qu'apparente, rétablit M. Fichant : elle s'estompe très vite, si l'on s'en tient à l'architectonique kantienne. En vertu de celle-ci, il convient de distinguer

---

[1] J. Benoist, *Kant et les limites de la synthèse : le sujet sensible*, Paris, PUF, 1996.
[2] Il y a là le passage entre un point de vue réaliste-transcendantal à un point de vue idéaliste-transcendantal : F. Pierobon, *Kant et les mathématiques*, p. 80-91.
[3] F.-X. Chenet, « La Dissertation de 1770 et l'Esthétique transcendantale », Cahiers Philosophiques, 54, mars 1993, p. 7-56.
[4] *KTE*, p. 212 ; trad. fr., p. 197.
[5] Nous mettons en italique. C'est la quatrième thèse du concept métaphysique de l'espace, qui n'est ni un « concept empirique », ni un « concept discursif », mais « une représentation nécessaire *a priori* », c'est-à-dire une « intuition pure » qui se trouve au fondement des « intuitions externes » : B 37-40 ; *OP* I, p. 784-786.
[6] Nous mettons en italique. B 459 ; *OP* I, p. 1089-1091.

deux acceptions de la grandeur (*Grösse*) : la *quantitas* et le *quantum*, bien décrits notamment par A. J. Dietrich et R. Heinrich. L'infinité spatiale doit être entendue dans le sens d'un *quantum*, c'est-à-dire dans le sens où « l'infini n'est pas une propriété quantitative » et l'espace lui-même s'offre comme la condition de la *quantitas*. La thèse kantienne s'inscrit bien dans une démarche qui tend à « autonomiser » l'espace par rapport au temps, comme on le voit dans la réécriture de l'argument, en 1787, à propos de l'infinité spatiale[1]. Selon M. Fichant, qui prend le contre-pied de H. de Vleeschauwer et de B. Longuenesse, tout cela peut s'éclairer au regard de la distinction, autrement problématique, que fait Kant entre la « forme de l'intuition » et l'« intuition formelle », distinction elle-même devenue plus intelligible dans la « Réponse à Kästner » où il est question du partage et du rapport entre l'*espace métaphysique* et l'*espace géométrique*.

En effet, n'ignorant rien des différences qui séparent les écrits de 1770 et 1781-1787, Cassirer ne pouvait s'empêcher de souligner leur concordance, attentif qu'il était à la place rectrice qu'acquiert le concept de synthèse dans la première *Critique*, dont la logique transcendantale exprime la signification essentielle en réduisant la séparation des facultés de connaissance à leur caractère purement méthodologique, étant entendu qu'

> *Intuitions pures de l'espace et du temps et concepts de l'entendement pur ne constituent que des développements différents et des expressions différentes de la forme fondamentale qu'est la fonction de l'unité synthétique*[2].

On sait que le simple cadre de l'Esthétique transcendantale ne permet pas de saisir de manière exhaustive l'idéalité transcendantale du temps et de l'espace[3], si tant est qu'elle ne puisse fonder à elle seule l'objectivité

---

[1] M. Fichant, « L'espace est représenté comme une grandeur infinie donnée » : la radicalité de l'esthétique », in J.-M. Vaysse (dir.), *Kant*, In *Les cahiers d'histoire de la philosophie*, Paris, Editions du Cerf, 2008, p. 14-17.

[2] *Erkenntnisproblem* II, p. 684 ; trad. fr., p. 483-484.

[3] G. Lebrun soulignait que « la similitude des concepts ne doit [...] pas dissimuler la différence des problématiques. En 1770, Kant ne s'est pas encore retiré du débat cosmologique ; il critique non la cosmologie rationnelle, mais la cosmologie finitiste à laquelle il s'en prend depuis 1755 ». L'Antithétique sera animée d'une intention nouvelle dans la mesure où « en 1770, c'est seulement la monadologie, le dogmatisme au sens strict qui est combattu, et il n'est pas encore question du dogmatisme inconscient de l'entendement ». Cf. *KFM*, p. 42 et 128-134. Sur le rapport espace/temps au regard de la genèse de la problématique cosmologique selon les analogies entre les écrits de 1768 et 1770 : p. 134-153 ; « Le rôle de l'espace dans l'élaboration de la pensée kantienne » et « L'approfondissement de la *Dissertation de 1770* dans la *Critique de la raison pure* », in *Kant sans kantisme*, Paris, Fayard, 2009, p. 51-69 et 71-92.

mathématique réductible à une « objectivité formelle » dans la mesure où, en dehors de la science de la nature, il ne peut y avoir d'objets proprement dits. Nous pouvons expliciter ces notions en nous reportant au fameux texte de la *Réfutation de l'idéalisme* qui permet de comprendre ce renouvellement relativement à l'espace, au temps et à la question de l'existence des choses hors de nous. Kant y pourfendait les *idéalismes problématique* (Descartes) et *dogmatique* (Berkeley), qui auraient prétendu que « l'existence des choses dans l'espace hors de nous ou simplement *douteuse* et *indémontrable*, ou *fausse* et *impossible* », alors qu'il faut reconnaître que les choses existent bel et bien hors de nous dans la mesure où elles sont déterminées en ce qu'elles sont appréhensibles dans le temps et l'espace, qui définissent les conditions de possibilité de l'expérience externe comme de l'expérience interne. Cela dit, il n'y a à strictement parler de choses en soi posées en dehors (ou face à) des conditions subjectives (de l'objectivité du savoir), quand bien même il faudrait démarquer le *Je pur* du *Je empirique*. Certes, l'espace et les choses ne sont pas des fictions, car « *la simple conscience, mais empiriquement déterminée, de ma propre existence prouve l'existence des objets dans l'espace hors de moi*[1]. » Cependant, la *conscience transcendantale* ne peut plus être regardée comme « quelque chose » qui possèderait une consistance ontologique en dehors des conditions sensibles lui faisant face : elle se présente comme la condition « première » de l'objectivité, en ce qu'elle définit purement et simplement l'instance logique qui subsume les règles, les fonctions et les principes synthétiques purs. A vrai dire, l'espace et le temps s'avèrent être les cadres subjectifs qui déterminent et dé-limitent « objectivement » l'expérience humaine, laquelle se trouve soumise aux conditions synthétiques du *Je pur*, ce qui veut dire que la connaissance empirique du *Je* et la connaissance de l'objet de la nature sont soumises aux mêmes conditions logiques d'objectivité. Alors, à la différence d'une connaissance qui serait *archétypique*, la nôtre est dite *ectypique,* parce que souscrite à l'intuition empirique qui suppose que quelque chose s'annonce, surgisse et se donne suivant le strict plan d'une *donation originaire* : elle est en cela soumise à l'écho du « *sensatum*[2] » ou, si l'on préfère, de l'« affectivité », qui est pensée de façon telle que le sujet transcendantal ne puisse prétendre constituer des « objets » de connaissance que suivant la stricte et rigoureuse conditionnalité phénoménale. Mais, cela ne veut nullement dire que l'objectivité du savoir dépend de son inscription « chronologique » dans la sphère sensible – référons-nous au tout début de

---

[1] A 226/B 274 ; *OP* I, p. 954-955.

[2] M. Heidegger, *Kant und das Problem der Metaphysik*, § 5, « Das Wesen der Endlichkeit der Erkenntnis », Frankfurt am Main, Vittorio Klostermann GmbH, 1951, p. 25-35 ; trad. fr. A. de Waelhens et W. Blemel, *Kant et le problème de la métaphysique*, Paris, Gallimard, 1953, p. 86-95.

l'introduction de la première *Critique* –, dans l'ordre empirique des affections et impressions sensibles, au contraire l'« origine » qui se fait jour à travers l'interrogation transcendantale s'avère foncièrement *logique*, mieux, *pure* puisque même la sensation et l'affection, qu'on tente de légitimer par l'association psychologique, ne peuvent s'éclairer que sous les conditions logiques nécessaires. Avant de poursuivre, cette remarque semble s'imposer. En fait, il serait bon de lire le texte de la *Réfutation de l'idéalisme* au regard de la *critique kantienne de la psychologie rationnelle*. Une lecture exhaustive suppose que l'on éclaircisse tous les philosophèmes fondamentaux de la *Logique transcendantale* qui permettent de jeter une pleine lumière sur la *doctrine des analogies de l'expérience* – il y va, dans l'ensemble, de la rupture avec la doctrine leibnizienne, relate Cassirer :

> *La naissance et le développement de la métaphysique de Leibniz se caractérisent en effet par le fait qu'elle commence avec l'analyse du concept logique de sujet pour finir par la position du concept métaphysique de sujet. [...] La déduction transcendantale des catégories s'oppose à cette conception fondamentale selon laquelle l'être empirique temporel dérive de principes intellectuels supérieurs et est expliqué par eux. C'est là que la doctrine du schématisme des concepts purs de l'entendement révèle sa signification. Les concepts de substance et de cause ne sont eux-mêmes, d'après elle, que les moyens de rendre connaissable la série temporelle des phénomènes et de lui donner une forme objectivement nécessaire ; ils ne peuvent donc jamais nous faire sortir de la condition de la temporalité en général. Le « principe de raison » perd son sens métaphysique et se limite à la fonction qu'il peut exercer dans la physique scientifique*[1].

En quoi l'espace et le temps sont-ils idéaux et transcendantaux ? En quoi forment-ils des « méthodes » constitutives de la connaissance scientifique ? Une cosmologie rationnelle est-elle possible en tant que connaissance « scientifique » des choses en soi, ou du monde pris comme totalité absolue ? En effet, pour y répondre, Kant soutient que l'intuition empirique s'avère tributaire de l'intuition pure du temps et de l'espace : n'appartenant pas à la matière et n'étant pas à proprement parler des représentations, l'espace et le temps définissent les formes sensibles originaires et *a priori*, c'est-à-dire des intuitions *pures* constitutives de la subjectivité épistémique. *Subjectifs*, *intuitifs* et *purs*, ils ne renvoient alors ni à des concepts abstraits, ni à des choses en soi, mais à des représentations *a priori*, nécessaires et universelles, représentations qui s'identifient à des

[1] *Erkenntnisproblem* II, p.731; trad. fr., p. 517.

totalités continues et à des grandeurs infinies données. Telle est à grands traits la démonstration de la *metaphysische Erörterung*[1].

Mais, il n'y a pas que l'*intuitivité* et l'*apriorité* qui soient consubstantielles aux structures subjectives réceptrices que sont l'espace et le temps. Suivant ce que nous enseigne la *transzendantale Erörterung*[2], ils sont dits par ailleurs *transcendantaux*. Ce qui veut dire qu'ils contiennent une *fonction idéale et objective*, en ce sens qu'ils possèdent une certaine dignité scientifique[3]. Kant reconnaît ainsi à l'intuitif, tel qu'il s'identifie au couple spatio-temporel, d'être tout simplement un *a priori* : un *procédé scientifique* qui participe à la constitution de la science en tant que telle. A défaut de lui attribuer cette nature d'intuition pure *a priori*, la synthèse pure *a priori* se révèle impossible, *a fortiori*, la fondation des sciences s'écroule.

Mais, comment sortir de la simple postulation : en quoi le *formalisme* sensible contient-il une valeur objective sans laquelle l'objectivité scientifique ne serait possible ? Comme l'enseigne la doctrine du schématisme, la connaissance scientifique résulte d'une synthèse de l'intuition et de la catégorie, toutes deux indispensables : « L'entendement ne peut rien intuitionner, ni les sens rien penser[4]. » La synthèse *a priori*, qui constitue la connaissance scientifique suppose une sortie (*Ausgang*) hors du concept sujet, sortie rendue possible par l'apriorisme sensible. Notre intuition pure est constitutive des sciences mathématiques et physiques de la nature. Rappelons que la question relative à la possibilité de l'apriorité en

---

1 A 23-25/B 37-40 et A 31-32/B 46-48 ; *OP* I, 784-786 et 791-793. Sur la démarcation de la déduction métaphysique de l'analyse psychologique : H. Cohen, *KTE*, p. 111-173 et 255-310 ; trad. fr., p. 125-167 et 229-267.

2 A 25-30/B 41-45 et A 32-41/B 48-58 ; *OP* I, p. 787-791 et 793-800. Le transcendantal comme garantie de la validité de l'*a priori* – le transcendantal ne s'occupant pas tant de nos objets que de « nos concepts *a priori* des objets », non des choses mais des connaissances. Cohen parle d'une « affinité complémentaire des deux concepts [qui] élève l'*a priori* en dehors du district des oppositions suivantes : effectif-possible, objet-concept, chose-Idée, objectif-subjectif ». C'est une nouvelle opposition qui surgit, celle du phénomène et du noumène : *KTE*, p. 181-183 ; trad. fr., p. 174-175.

3 Le point de vue transcendantal témoigne précisément de l'héritage du rationalisme classique que Kant dépasse dans son exposition métaphysique : E. Cassirer, *Erkenntnisproblem* II, p. 488-694 et 704-705 ; trad. fr., p. 486-490 et p. 497-499.

4 A 51/B 75 ; OP I, p. 813. Sur la conceptualisation kantienne de l'*Esthétique*, voir J. Benoist, « Du champ et du sol d'une Esthétique transcendantale », p. 317-318 ; F.-X. Chenet, « Réceptivité de la sensibilité et subjectivité de la réceptivité : la question du fondement de la phénoménalité du phénomène », *Revue de métaphysique et de morale*, 1988, p. 469-487.

tant qu'intuition pure renvoie avant tout à celle de la scientificité de la géométrie, autrement dit, à « la possibilité de la synthèse *a priori* en géométrie ». D'où, le sens véritable de l'interrogation transcendantale : « Que signifie l'intuition pure de l'espace, si on la considère comme une méthode qui rend possible l'apriorité de la mathématique ?[1] »

Profitons-en pour introduire la remarque kantienne concernant la distinction évoquée plus haut entre la « forme de l'intuition » et l'« intuition formelle », remarque faite dans une note du § 26 de la *Critique* concernant la déduction transcendantale :

> *[...] l'espace représenté comme objet (ainsi qu'il en est réellement besoin dans la géométrie), contient plus que la simple forme de l'intuition ; il contient le rassemblement en une représentation* intuitive *du divers, donné selon la forme de la sensibilité, de telle sorte que la* forme de l'intuition *donne simplement du divers, tandis que l'*intuition formelle *donne l'unité de la représentation*[2].

Tout en repoussant toute « équipollence des concepts d'*a priori* et d'inné » en ce qui a trait à l'espace, donc toute réduction de l'apriorité spatiale à l'organisation psycho-physique, Cohen ne voyait pas dans la question relative au « contenu » de l'espace comme forme de la sensibilité une simple question psychologique : cette question recèle, à son avis, un aspect transcendantal dans la mesure où il semble que l'on ne puisse pas se contenter de dire que ce contenu renvoie à la géométrie, l'arithmétique et la dynamique qui apparaissent en principe inépuisables, puisqu'inachevées du point de vue de leur contenu. Toute la question est de savoir si cette forme possède un contenu « en elle-même et pour elle-même », étant donné qu' « il y a, d'un point de vue critique, une distinction entre l'assimilation de l'espace au contenu de la géométrie et l'assimilation de l'espace au contenu de la physique[3]. » Ainsi se posent, aux yeux de Cohen, ces questions entremêlées :

> *[...] toutes les déterminations plus précises à partir desquelles la consistance théorique de la géométrie se développe, c'est-à-dire les axiomes, constituent-ils la conception de cet espace que nous qualifions de forme de la sensibilité et par conséquent d'a priori ? [...]* Cette forme de l'espace est-elle cette ordonnance des trois dimensions ou peut-elle être considérée comme fondement d'une diversité d'ordres qui ont seulement besoin d'être semblables et analogues à celui des trois dimensions ? *L'espace est-il la*

[1] *KTE*, p. 181-183 ; trad. fr., p. 174-175.
[2] B 161 ; *OP* I, p. 873. Voici le commentaire de Cohen, KTE, p. 31 ; trad. fr., p. 70. Sur ce point, voir Cassirer, *Erkenntnisproblem* II, p. 694-700 ; trad. fr., p. 490-494.
[3] *KTE*, p. 277; trad. fr., p. 244.

forme de notre sensibilité physiologique ou doit-il seulement figurer à titre de symbole d'une autre espèce de configuration qui peut certes avoir son refuge dans la pensée, mais dans un entrelacement si profond avec la sensibilité que cette autre espèce d'organisation devrait à présent être reconnue comme forme et ordre de l'espace ?[1]

Cohen remarquait qu'on ne peut pas mettre ces questions dans le même registre, et il s'apprêtait à s'en prendre aux conceptions « modernes » de l'espace liées à une approche psycho-physiologique : c'est ainsi, dans un même mouvement critique, qu'il allait considérer les conceptions de Herbart, de Mill, de Riemann et de Helmholtz. Nous prendrons en compte, dans le second tome, les critiques de Cohen à l'encontre de ces derniers à qui échappait, selon lui, le sens même de la révolution copernicienne. Il se contentait d'indiquer, dans un premier temps, qu'il revenait dans cette perspective d'identifier l'espace à la « possibilité de la réunion », alors que le temps s'identifie à la « possibilité de la succession » : tel est leur contenu en tant qu'ils sont les conditions formelles constitutives de l'expérience. Ainsi pouvait-il répondre plus précisément à la question de la congruence de l'intuition pure à l'espace euclidien, ainsi que le note Eric Dufour :

*Il y a dans l'intuition pure un remplissement qui passe par le concept (permettant de poser l'objet, par exemple le triangle) et qui n'existe pas dans la forme de l'intuition (qui est forme du phénomène et non de l'objet). De la proposition qui affirme que l'espace n'a que trois dimensions, Kant souligne qu'elle est une proposition (*Satz*) de la géométrie, ce qui implique qu'il ne l'a pas pensée comme forme de l'espace. L'espace euclidien n'est pas renfermé dans la forme* a priori *de l'espace. Les axiomes des mathématiques impliquent, outre des conditions sensibles pures, le concept pur de grandeur. Il faut enfin ajouter que la distinction entre forme de l'intuition et intuition pure signifie que le travail du philosophe n'empiète pas sur celui du mathématicien : « Quels sont les axiomes que doit adopter la géométrie, et comment elle doit les formuler, c'est l'affaire de la géométrie. Mais qu'il doive y avoir des axiomes en général, c'est sur cette remarque que doit insister la recherche transcendantale*[2].

Dans cette même optique, selon M. Fichant, l'intuition pure est un *quantum originaire* qui correspond à la *forme de l'intuition*, tandis que l'espace géométrique de type euclidien est, comme tel, une *intuition dérivée* qui s'identifie donc à l'*intuition formelle*, laquelle se trouve déjà combinée avec les conditions conceptuelles pour être constitutive des axiomes géométriques. C'est que l'infini spatial est un *infini actuel*, alors que l'infini

[1] H. Cohen, *KTE*, p. 277; trad. fr., p. 244-245. Nous soulignons.
[2] H. Cohen, *Commentaire*, note de bas de page d'Eric Dufour, p. 69-70.

mathématique ne peut être que « virtuel », telle est la visée de la réécriture de l'argument kantien en 1787. M. Fichant attitre ainsi notre attention sur certaines *Reflexionnen*, où Kant distingue entre le « *totum analyticum* » et le « *totum syntheticum* » selon que les parties se laissent ou non penser en dehors de toute composition, sachant que « ce qui est donné seulement par composition est toujours fini, même si la composition va à l'infini. » Comme *quantum*, c'est à un « *totum analyticum* » que s'identifie l'espace en lequel s'accuse la « coprésence des parties à l'infini ». En ce sens, l'infinité spatiale de l'Esthétique n'est ni la « grandeur extensive » dans le sens défini par le principe des « Axiomes de l'intuition » par lequel l'espace mathématique se trouvera doté d'une structure métrique *ipso facto* applicable aux phénomènes de l'espace », ni « le vrai concept transcendantal de l'infini » décrit dans la Remarque à la première antinomie, à savoir que « la synthèse successive de l'unité dans la mesure d'un *Quantum* ne peut jamais être achevée[1] ». Par conséquent, il deviendrait impossible de distinguer entre l'espace métaphysique et l'espace géométrique, si l'on confondait la forme de l'intuition et l'intuition formelle comme le fait – à la suite de de Vleeschauwer et de Lachièze-Rey – Béatrice Longuenesse, qui semble vouloir trouver dans la *Critique* les philosophèmes de l'*Opus postumum* quant à l'autoposition du *Je pense* comme détermination des formes de l'intuition sensible. Or, M. Fichant décèle dans la « Réponse à Kästner », la continuité et la cohérence de la pensée kantienne de l'espace compris de manière duale : comme *forme métaphysique subjective* et *comme objet de la géométrie*, de même que l'infini doit être distingué en deux sens : métaphysique et géométrique suivant « le rapport de l'originaire au dérivé[2] ». Nul besoin de nous appesantir sur la « Réponse à Kästner » qui ne fait que conforter la position du constructivisme géométrique selon que l'infini potentiel ne peut jamais rejoindre l'infini en acte[3], telles que l'attestent les séries arithmétiques, les asymptotes ainsi que les approximations des quadratures[4].

Il nous faut maintenant mieux caractériser l'approche des mathématiques de Kant, en faisant ressortir la manière dont il concevait ses

[1] Fichant, « L'espace est représenté comme une grandeur infinie donnée » : la radicalité de l'esthétique », p. 22-23.

[2] Voir le tableau qu'en propose Fichant, op. cit., p. 39.

[3] Vue sous l'angle de la construction, cette problématique est traitée par A. Moretto, « L'infini potentiel et actuel dans la philosophie des mathématiques de Kant », in S. Grapotte, M. Lequan et M. Ruffing (dir.), *Kant et les sciences*, p. 107-115.

[4] La « Réponse à Kästner », disciple d'Eberhard, est traduite et présentée par M. Fichant, op. cit., p. 47-64. Pour des éléments complémentaires, voir M. Fichant, « Espace esthétique et espace géométrique chez Kant », *Revue de métaphysique et de morale*, n° 4, 2004.

différentes branches. Mentionnons, en ce qui concerne les axiomes, la difficulté repérée par F. Pierobon quant à la fondation même des mathématiques : les axiomes sont compris comme des principes synthétiques *a priori* en ce que les concepts mathématiques sont constructibles dans l'intuition pure *via* des constructions auxiliaires qui sont autant de médiations à l'appui de la démonstration géométrique : la difficulté serait qu'en l'absence d'intuition, on tomberait en arithmétique où il n'y a pas de principe axiomatique à proprement parler[1]. Il semble qu'on ne puisse pas suivre ici F. Pierobon, qui reconnaît néanmoins que le modèle de la construction a une portée universelle chez Kant : par la question de la définition des axiomes, c'est la problématique des schèmes non-euclidiens qui s'impose :

> *La problématique de l'axiome ne se pose qu'à l'occasion d'une activité constructive mathématique, dont elle est l'épiphénomène : l'activité constructive et démonstrative, en géométrie euclidienne, fait apparaître des* indemonstrabilia*, tout comme l'activité réflexive par laquelle la grandeur extensive est déterminée comme formant un tout, fait apparaître l'horizon de l'espace comme grandeur infinie donnée. Dans la conception kantienne, les principes synthétiques* a priori *(les axiomes) sont formellement ce que l'espace est matériellement, comme intuition pure* a priori *; la difficulté d'une telle position est qu'elle amène sensiblement à tenir l'énoncé axiomatique pour le seul possible, ce qui, exprimé différemment, veut dire qu'il semble exclure pour Kant que différents axiomes produisent des géométries différentes sans s'exclure mutuellement et sans entrer en opposition logique avec les autres. C'est ainsi que se posent la question de la tridimensionnalité de l'espace mathématique et celle des géométries non euclidiennes*[2].

Sans doute l'intuition pure s'avère-t-elle constitutive des mathématiques. Et s'ensuivent, aux yeux de Kant, toutes les sciences, s'il est vrai que ces dernières sont au fondement de la science en général. Les propositions mathématiques sont toujours des jugements synthétiques *a priori* ; par exemple, dans « 7 + 5 = 12 », affirme-t-il, « sans nous l'aider de l'intuition, au moyen de la simple analyse de nos concepts, nous ne pourrions jamais trouver la somme[3]. » Remarquons, avec H. Cohen, « qu'il s'agit ici des principes et non des théorèmes qui, étant « des conclusions, procèdent toutes du principe de non-contradiction ». Ne serait-ce que par les

---

[1] F. Pierobon, *Kant et les mathématiques*, p. 105.

[2] F. Pierobon, *Kant et les mathématiques*, p. 106-107. Sur les critiques classiques de la théorie kantienne des mathématiques, voir F.-X. Chenet, *L'assise de l'ontologie critique*, chap. VI, « L'exposition transcendantale de l'espace et le débat sur la philosophie kantienne des mathématiques », p. 149-185.

[3] B 15 ; *OP* I, p. 769.

exemples donnés, il est aisé de voir que Kant « ne se tient pas rigoureusement à l'idée fondamentale » énoncée, à savoir l'exigence d'un principe synthétique démarqué du simple principe analytique de non-contradiction. Il convient, néanmoins, de bien saisir ce qui est en jeu dans cet exemple :

> *Ce qui est ici en question, ce n'est pas cette proposition arithmétique singulière, mais plutôt le principe que suppose nécessairement chaque théorème. Il en est de même pour la géométrie. Il s'agit également dans son cas du fait qu'« aucun principe de la géométrie pure n'est analytique ». Une affirmation ne devait pas renvoyer à l'« intuition », mais plutôt [...] au « principe des axiomes de l'intuition »*[1].

A vrai dire, il existe une relation d'inséparabilité entre les différentes sciences constitutives des mathématiques et les formes *a priori* de la sensibilité. Or, Couturat relevait une variation du rapport kantien aux mathématiques : doit-on s'en tenir, comme ce dernier, à la division que fait Kant dans l'introduction de la *Critique*, à savoir qu'aux mathématiques pures appartiennent, d'une part, l'Arithmétique (avec l'algèbre et l'analyse) et, de l'autre, la Géométrie[2] ? J. Hintikka distingue deux niveaux différents au sein de la philosophie kantienne des mathématiques. *Primo*, une doctrine plus vaste, mais aussi plus vague qu'il qualifie de *théorie préliminaire* qui

> trouve sa source la plus importante dans la discussion kantienne de « la *raison pure dans son emploi dogmatique ». Discussion qui apparaît dans la* Methodenlehre, *dans les remarques concernant les mathématiques dans l'introduction de la première* Critique, *dans les sections 6 à 8 des* Prolégomènes, *et dans les essais pré-critiques de l'année 1764*[3].

Secundo, on trouve la théorie « complète », la plus connue et admise,

---

[1] H. Cohen, *Commentaire*, p. 60.

[2] L. Couturat, *La philosophie des mathématiques de Kant*, p. 26-40. Il faut garder à l'esprit la difficulté d'identifier chez Kant une philosophie des mathématiques à strictement parler. La distinction entre l'arithmétique et l'algèbre n'est pas du tout nette et la principale limite de la conception kantienne tient précisément au manque de détermination de la « construction symbolique » qui est censée caractérisée l'algèbre : sa relation avec la « construction géométrique » de nature ostensive demeure problématique. C'est ce que montre bien, à la suite de J. Vuillemin, F. Pierobon, *Kant et les mathématiques*, p. 177-201.

[3] J. Hintikka, *La philosophie des mathématiques chez Kant*, p. 69.

*dans l'*Esthétique transcendantale*, dans la* Dissertation *et dans les sections 9 à 13 des* Prolégomènes *comme d'ailleurs dans certaines parties de l'*Analytique transcendantale[1].

A l'en croire, la première théorie forme les prémisses de la seconde. Ce qui les différencie principalement, c'est que dans celle-là on ne présuppose aucune relation entre les intuitions et la sensibilité, relation qui devient fondamentale dans celle-ci en ce que toutes les intuitions y apparaissent comme sensibles. Et, sachant que l'une des notions centrales de la philosophie kantienne des mathématiques est celle de construction, rappelle-t-il, il en découle que dans la théorie préliminaire, « les constructions peuvent être purement symboliques, alors que dans la théorie « complète », Kant s'efforce de les réduire à de l'« instantiel » : « la production d'un exemple réel des objets considérés[2] ». Soutenir que toutes nos intuitions sont subjectives à l'origine, et plus particulièrement, qu'elles sont dues à la structure de notre sensibilité, sert à résoudre donc certaines difficultés que soulève la théorie préliminaire des mathématiques, conçues finalement comme les sciences qui construisent leurs concepts : construction qui suppose le formalisme spatio-temporel en tant que fondement. Cependant, tel est le principal motif du rejet du criticisme dans la philosophie des mathématiques anglo-saxonne[3] : en chef de file, J. Hintikka, à la suite de Couturat et, surtout, de Russell, ne ferait que projeter sur le criticisme le paradigme algébrique moderne pour mieux le repousser. F. Pierobon souligne parfaitement les défauts de ce logicisme mathématique, défendu entre autres par Stephen Barker, Michael Friedman et Darius Dario, logicisme qui s'enrichit du paradigme algébrique pour mettre en exergue la fécondité des géométries analytiques[4]. Nous aborderons cette question dans le second tome, où nous nous intéresserons à l'analytique de la crise du criticisme comme celle en autre du paradigme euclidien.

On prétend que Kant ne prenait pas toute la mesure du changement de paradigme qui était pourtant bien entamé, prisonnier qu'il était au paradigme euclidien[5]. Si ce reproche est quelque peu biaisé, il n'en demeure pas moins que sa conception repose intégralement sur un classicisme mathématique

---

[1] J. Hintikka, Ibid.

[2] J. Hintikka, *op. cit.,* p. 70.

[3] Les principales thèses et orientations de cette philosophie des mathématiques sont présentées dans C. J. Posy (dir.), *Kant's Philosophy of Mathematics*, Kluwer, 1992.

[4] Sur cette question, voir F. Pierobon, *Kant et les mathématiques*, p. 107-138.

[5] Sur les limites de l'approche que fait Charles Parsons de la conception kantienne de l'arithmétique (celui-ci partage les réquisits logicistes de l'approche de J. Hintikka) : F. Pierobon, *Kant et les mathématiques*, p. 158-175.

hérité de l'antiquité, tel que l'exprime l'exemple du rapport de l'angle droit à la somme des angles du triangle rectangle :

> *D'une manière générale, la démonstration mathématique classique se compose de la thèse,* protasis, *suivi de l'*ecthesis, *c'est-à-dire l'instanciation (« supposons que ... ») ; vient ensuite le* diorismos, *c'est-à-dire la « résolution » qui s'appuie sur la construction auxiliaire ou préparation (la* kataskeue*) pour constituer la preuve proprement dite, c'est-à-dire l'*apodeixis. *La* kataskeue, *en déployant* in concreto *les potentialités de la figure géométrique pour faire apparaître, au moyen de tracés supplémentaires, ce qui tout d'abord ne se voyait pas, constitue l'élément qui différentie essentiellement la démonstration géométrique de la démonstration logique*[1].

Ce sont l'espace et le temps purs qui permettent respectivement à la géométrie et à l'arithmétique de se constituer comme sciences pures et non expérimentales. Qu'en est-il des sciences de la nature ? Kant soutient que

> *L'arithmétique élabore elle-même ses concepts de nombre par additions successives d'unités dans le temps, et la mécanique surtout ne peut élaborer ses concepts de mouvement qu'au moyen de la représentation du temps*[2].

Avant de passer à la problématique de la fondation des sciences physiques, précisons que ce qui est en jeu dans le problème de l'objectivité des mathématiques, ce n'est pas « leur fondement propre, mais celui du fondement de leur utilisation dans la connaissance physique des données du sens externe, nous rappelait B. Rousset[3]. » Cela transparaît dès l'*Esthétique*

---

[1] F. Pierobon, *Kant et les mathématiques*, p. 94-95. Cela dit, il ne faut pas perdre de vue la transformation qui intervient quant au rapport entre les mathématiques et la perception sensible : il y a « une mutation des mathématiques qui cessent d'être une « *géo-métrie* » topographique du monde physique. Car elles ne peuvent plus avoir leur sol dans les mesures propres des phénomènes sensibles. [...] elles s'*autonomisent* (« s'émancipent ») par rapport à la perception naturelle pour devenir une *mathesis universalis opérationnelle*, soit qu'elles présentent leurs opérations dans l'intuition pure du sujet (Kant), soit qu'elles abandonnent encore cette dernière pour devenir un simple calcul logique des opérations mathématiques. » Cf. I. Schüssler, « Les mathématiques dans la cosmologie ancienne et dans les sciences modernes de la nature : Aristote et Kant », in S. Grapotte, M. Lequan et M. Ruffing (dir.), *Kant et les sciences*, p. 77-85. S'appuyant sur les travaux d'Erwin Panofsky et de Gérard Simon, F. Pierobon souligne la transformation même de l'attitude dite naturelle quant à la *perspective* dite « artificielle », d'où est issue la géométrie projective : *Kant et les mathématiques*, p. 118-123.

[2] *Prolegomena*, § 10, AK IV, p. 283 ; *OP* II, p. 51.

[3] B. Rousset, *DKO*, p. 225.

transcendantale, indiquait H. Cohen, où l'intuition apparaît comme « l'opération méthodologique par laquelle la sensibilité s'accomplit dans la mathématique[1]. » En d'autres termes, à la différence de la méthode du concept propre à la philosophie :

> *[...] une autre méthode règne ici : celle de l'intuition pure, laquelle ne peut pour cette raison être rabaissée au niveau de l'intuition empirique, de sensation et de perception, parce que c'est d'abord elle qui aiguise les instruments avec lesquels la physique opère dans la* perception[2].

Cela possède une signification d'une grande portée :

> *[...] l'exposition « transcendantale » ne peut par conséquent pas se contenter de fonder la possibilité de la géométrie pour elle-même ; mais elle a besoin, même si ce n'est pas explicitement, de la référence anticipatrice à la physique pour rendre « compréhensible » la géométrie. La connaissance synthétique est la connaissance de l'expérience, à titre de science, la géométrie et la mathématique en général sont alors liées à la physique*, et c'est seulement ce lien qui rend d'abord « compréhensible » la géométrie elle-même[3].

En effet, c'est la visée architectonique kantienne que H. Cohen ne cesse de nous rappeler, nous sommant d'être attentifs au fait que « chaque condition transcendantale est, comme telle, non pas un tout achevé[4] », mais « une contribution et un moyen particuliers subordonnés à ce principe suprême qu'est l'aperception transcendantale[5] », à comprendre dans le *sens proleptique* de principe de l'*unité* de l'expérience[6]. Tel est le « point culminant du système » auquel Kant ne pouvait nous amener qu'en nous faisant gravir pas à pas chacun des sommets définis par les conditions transcendantales[7], dont les premières sont les intuitions pures du temps et de l'espace. La prééminence du second n'aurait fait aucun doute pour Kant en ce qui concerne la construction des objets mathématiques : « c'est pourquoi la réalité objective des mathématiques se situe dans la géométrie ; par exemple, l'être arithmétique, le nombre, doit être construit dans l'espace sous la forme d'un ensemble de points pour être un objet d'intuition,

---

[1] H. Cohen, *Commentaire*, p. 65.
[2] Ibid., p. 73.
[3] Ibid., p. 75.
[4] *KTE*, p. 183; trad. fr., p. 175.
[5] *KTE*, p. 207; trad. fr., p. 192.
[6] *KTE*, p. 187; trad. fr., 178.
[7] KTE, p. 191; trad. fr., p. 181.

observait B. Rousset[1]. » C'est ce que supposait Kant, quand il affirmait que « la représentation du temps lui-même est une intuition, puisque toutes ses relations peuvent être exprimées par une intuition externe », tel que l'atteste « la représentation de la suite du temps par une ligne qui se prolonge à l'infini, et dans laquelle le divers constitue une série qui n'a qu'une dimension[2] ». B. Rousset soulignait ainsi que « le primat de la géométrie exprime le principe de la *Réfutation de l'idéalisme* » :

> *[...] l'un des traits fondamentaux de la doctrine kantienne de l'objectivité* : le primat de la forme du sens externe sur la forme du sens interne, *de l'espace sur le temps, le premier contenant une réalité qui peut être un objet d'intuition pour le sujet, alors que le second est la simple forme de son intuition et de son activité, incapable de devenir son objet direct*[3].

Il semble qu'on ne puisse pas suivre B. Rousset jusqu'au bout, si l'on veut bien apprécier la signification des schèmes transcendantaux. Certes, « c'est seulement sur la méthode géométrique que repose la signification de l'espace[4] », et à ce titre, c'est-à-dire à titre d'*intuition pure de la géométrie*, il s'identifie à une forme subjective *a priori « d'après la liaison méthodologique qu'entretient cette intuition géométrique avec la physique*[5] ». Il n'en demeure pas moins que, du point de vue architectonique, l'universalité temporelle s'impose dans la mesure où l'espace lui-même se donne comme un mode de la temporalité : au-delà du schématisme transcendantal du temps, cela s'atteste explicitement au sein du principe des analogies de l'expérience. En creux, l'*Esthétique transcendantale* ne semble pas défendre une thèse différente, en affirmant l'universalité (plus large) du « sens interne » par rapport au « sens externe », « limité comme condition *a priori* simplement aux phénomènes externes[6] ». Le sens d'un rapport de mutuelle dépendance, au sein de la doctrine critique de l'objectivité scientifique, apparaîtra tout au long de notre développement. *In fine*, résumons :

> *[...] la géométrie ne peut se réaliser, du moins dans la manière dont elle procède, sans le nombre. Le nombre, donc l'*arithmétique *et la partie métrique de la géométrie, présuppose toutefois le temps dans lequel le*

[1] « Si la construction se fait dans le temps, grâce à la synthèse réflexive qu'est le dénombrement, le nombre construit est dans l'espace ... » Cf. *DKO*, p. 221-122.
[2] A 33/B 50 ; *OP* I, 794-795.
[3] *DKO*, p. 222.
[4] H. Cohen, *Commentaire,* p. 76.
[5] Ibid., p. 79.
[6] A 34/B 51 ; OP I, p. 795.

nombre est produit et par la légalité duquel la légalité du nombre est conditionnée[1].

A certains égards, l'analyse de B. Rousset semble redevable à la présentation de J. Vuillemin, qui nous montrait bien que le privilège du géométrique, chez Kant, est relatif au primat de la méthode ostensive sur les méthodes apagogique (arithmétique) et symbolique (algébrique). Mais là réside également les limites de la conception kantienne de la mathématique[2]. Certes, les définitions mathématiques s'avèrent génétiques, en ce que les axiomes s'identifient à des synthèses figurées réalisées par la faculté imaginative. Il ne saurait, cependant, y avoir d'objectivité mathématique sans la synthèse catégoriale : ici, prévalent les catégories de l'ordre de la quantité (unité, pluralité et totalité) puisque, « étant donné la nature du contenu unifié : l'espace pur et ses points, il s'agit nécessairement de concepts qui représentent, [selon Kant], la « simple synthèse du divers d'une intuition homogène en général[3]. » Cela implique en ce sens le privilège du « principe de la numération » :

> *Le concept déterminant de l'objectivité mathématique est donc le nombre. Il s'ensuit que tout objet déterminé ou conçu est nombré ; inversement, ce qui n'est pas nombrable ne réussit jamais à être un objet mathématique complètement déterminé [...]*[4].

Aussi la relation de la géométrie et de l'arithmétique acquiert-elle une signification véritablement transcendantale :

> *L'arithmétique représente ainsi l'intelligibilité suprême d'une construction dont la géométrie contient la possibilité et la réalité,* explique Rousset *: les deux principales branches des mathématiques constituent un modèle pour une objectivité faite de deux branches, l'un qui fonde la détermination et l'autre qui procure la réalité, aussi bien dans la perfection de leur adéquation idéale que dans le fait déconcertant de leur inadéquation*[5].

En d'autres termes, citons Vuillemin :

---

[1] H. Cohen, *Commentaire*, p. 80-81. Pour plus de précision, voir le chap. III : la signification méthodologique du caractère subjectif de l'espace et du temps », H. Cohen, *TKE*, p. 195-210.
[2] *PMK*, p. 34-37.
[3] *DKO*, p. 222.
[4] *DKO*, ibid.
[5] *DKO*, p. 222-223.

*L'arithmétique en elle-même est une synthèse intellectuelle, mais son application à la géométrie et son extension aux irrationnelles exigent la limitation de la sensibilité. Ainsi, la géométrie ne fournit pas seulement la théorie de l'espace à l'*Esthétique transcendantale *; elle lui fournit surtout la théorie du temps, dans la mesure où elle réalise la continuité irrationnelle et permet d'appliquer les nombres arithmétiques. Dès le moment où la* Critique *fait du temps le fondement du nombre, elle dépasse l'analyse métaphysique des actes intellectuels, pour passer à l'analyse transcendantale, c'est-à-dire à la démonstration de la continuité*[1].

Dans sa présentation, F. Pierobon traite sans pouvoir le résoudre du problème de l'autonomie de l'arithmétique par rapport à la géométrie, en tirant parti de toute la fécondité épistémologique de l'*écriture* (*via* la question du *chiffre*), qu'il n'arrive toutefois pas à évacuer complètement du dénombrement : le recours aux ressources qu'offrent le schématisme et la méthodologie kantienne ne lui sert qu'à conclure à cette thèse tout à fait étrange du point de vue de l'autonomie recherchée :

> [...] en géométrie, l'intellectualisation est ce qui médiatise l'intuition (géométrique) et permet de le construire, tandis qu'en arithmétique, la sensibilisation (notationnelle) est ce qui schématise le concept (de grandeur) et permet, analogiquement, de le « construire ». *Cette médiation, dans chaque cas dis-paraît de la représentation finale, mais elle est ce qui justifie l'insistance de Kant sur le caractère constructif de la mathématique, au-delà des descriptions de surface sur les procédés comptables qui ne sont guère, prima facie, convaincants (l'addition 7 et 5),* reconnait-il[2].

---

[1] Pour la réflexion kantienne sur le problème des irrationnelles et des imaginaires, voir ses deux lettres du 25 novembre 1788 et 25 septembre 1790 adressées respectivement à Johann Schultz et Auguste Wihlhelm Rehberg. « Penser l'irrationnel comme coupure, le rapporter à son support géométrique, telle est pour Kant, commente Vuillemin, la véritable science du continu » fondée sur le principe de la réfutation de l'idéalisme : « les paradoxes de Zenon, voilà précisément ce qui doit nous faire saisir la continuité temporelle créatrice des objets mathématiques non comme une expérience intérieure de la continuité psychologique, mais comme l'appréhension extériorisée par la forme de l'espace d'une approximation à l'infini ». Toutefois, si le privilège de la continuité géométrique sur la discontinuité arithmétique est le gage de la cohérence du concept kantien de la science mathématique de la nature, les conséquences qui s'ensuivent peuvent expliquer les limites du concept kantien de mathématique : dans ce cadre ainsi circonscrit, Kant ne pouvait pas « élargir la notion de nombre réel », et « la notion de nombre imaginaire, si riche d'avenir mathématique, lui semble simplement contradictoire » – cela se comprend d'autant plus qu'il impliquerait le privilège de l'algèbre et donc, la nécessité d'une réforme du criticisme. Sur cette question : *PMK*, p. 42-51.

[2] F. Pierobon, *Kant et les mathématiques*, p. 156-157.

Ces points une fois posés, on peut remarquer qu'un véritable problème se pose aux mathématiques, dont le modèle d'objectivité paraît reposer sur la « création arbitraire des objets » par l'intuition imaginative : leur formalisme les expose à l'indétermination conceptuelle et à la vacuité intuitive tant que ne sont pas explicités « un véritable élément de détermination nécessaire et un véritable élément de réalité (...) l'objet mathématique n'est qu'un pur possible qui n'est même pas le possible réel de l'expérience, constate Rousset[1]. » C'est la raison pour laquelle le problème de l'objectivité scientifique prend dès l'*Esthétique transcendantale* la tournure de l'application des mathématiques à l'expérience (réelle) : la question cardinale paraît d'emblée la possibilité de construction d'objets scientifiques qui ne soient purement mathématiques, c'est-à-dire exclusivement formels, mais relatifs aux objets donnés et connus suivant une modalité phénoménale. A une élucidation métaphysique des fondements de la mathématique devait se substituer une critique transcendantale, qui allie à la philosophie transcendantale une physiologie rationnelle dans la mesure où « l'idéalisme transcendantal apparaît comme la science des actes intellectuels par lesquels l'homme pense la mécanique rationnelle[2]. » Répondre à la question posée, c'est alors établir que les éléments constitutifs des mathématiques, l'intuition pure spatiale et les catégories de quantité, sont essentiels à la détermination scientifique de la réalité physique au regard de l'élaboration de la science mathématique de l'expérience. Si celle-ci doit avant tout s'identifier à la science pure de la nature, sous la condition, à vrai dire, de la forme transcendantale de l'expérience possible, elle ne peut être exhaustivement déterminée que pour autant qu'on ne perde jamais de vue ce qui la lie intrinsèquement au domaine de la réalité sensible, dont la condition primordiale est l'intuition empirique externe. D'où, en au moins deux étapes, la démonstration kantienne de l'objectivation mathématique nécessaire à la détermination de l'expérience possible et réelle, c'est-à-dire en ce qu'elle fonde non seulement la science pure de la nature, mais aussi la science empirique de la nature :

> *[...] si l'*Exposition métaphysique *de l'espace et la* Déduction métaphysique *des catégories de la quantité fondent la possibilité de l'objectivité intrinsèque – mais insuffisante – des mathématiques, l'*Exposition transcendantale *du premier et la* Déduction transcendantale *des secondes fondent leur objectivité complète – mais extrinsèque sur la nécessité de leur intervention pour la possibilité de l'intuition et de la connaissance. / Il faut ensuite prouver que les déterminations mathématiques sont effectivement constitutives de la*

[1] DKO, p. 224-225.
[2] *PMK*, p. 3.

*science et poser les principes de cette mathématisation du donné empirique ; telle est la tâche réservée à l'*Analytique des principes[1].

§ 8. L'aperception transcendantale : le principe suprême de l'expérience possible

Kant prétendait que la science de la nature ne peut nullement se passer de tels principes, par exemple : d'une part, « dans tous les changements du monde corporel, la quantité de matière reste inchangée » ; d'autre part, « dans toute communication du mouvement, l'action et la réaction doivent être toujours égales l'une à l'autre[2]. » Prenant l'exemple de la causalité, il affirmait que l'entendement doit prendre appui sur une espèce d'inconnu = X, « quand il croit trouver hors du concept de A un prédicat B qui lui est étranger, et qu'il estime pourtant lui être attaché ». Contrairement à Hume, il stipulait que cet inconnu ne peut nullement provenir de l'expérience (sensible) :

> *[...] le principe dont il s'agit ici a ajouté la deuxième représentation à la première, non seulement avec une plus grande généralité, mais avec l'expression de la nécessité, par suite complètement* a priori, *et à partir de simples concepts*[3].

C'est qu'en définitive « la visée finale entière » du connaître repose sur de tels principes synthétiques extensifs, puisque les principes analytiques, certes nécessaires, ne font accéder qu'à « cette clarté des concepts qui est requise pour une synthèse sûre et étendue, constituant une acquisition réellement nouvelle[4] » en vertu des objets réellement connus. Alors, en ce qui concerne la fondation d'une science mathématique de la nature, déterminée au regard des conditions de possibilité de l'expérience, *trois moments* déterminent la *synthèse transcendantale* assurée par l'adéquation de la catégorie et de l'intuition empirique (externe). La méthode transcendantale apparaît, d'emblée, comme l'unique méthode dont la fécondité s'avère, à tous égards, exceptionnelle :

---

[1] *DKO*, p. 226.
[2] B 17 ; *OP* I, p. 771.
[3] A 9/B 13 ; *OP* I, p. 767-768.
[4] A 10/B 14 ; *OP* I, p. 768.

> *Cette méthode nous conduit à distinguer intuition et existence et nous fait retrouver cette distinction à l'intérieur de l'expérience possible. A son tour, cette distinction nous découvre le fil conducteur de l'analyse kantienne,* faisait remarquer Vuillemin *: la recherche des moyens par lesquels on passe de la synthèse mathématique à la synthèse physique, la constitution progressive du schématisme, c'est-à-dire des médiations nécessaires pour faire correspondre à un concept une intuition qui la détermine, l'exposition des actes par lesquels la pensée pose de façon apriorique bien qu'impure et par le procédé du minimum emprunté à l'expérience les différents « donnés » qui lui sont nécessaires, la constatation enfin que le progrès du schématisme et l'approximation de l'objet physique déterminé obligent la réflexion à abandonner de plus en plus l'espoir d'une évidence immédiate, telle que celle dont rêvait la philosophie de Descartes*[1].

Il convient avant tout de repréciser que le monde (ou la nature) peut être entendu en deux sens : « l'existence des choses (*das Dasein der Dinge*) en tant qu'elle est déterminée selon des lois universelles (*allgemeine Gesetze*[2] » et, en outre, « l'ensemble (*Inbegriff*) de tous les objets de l'expérience (*alle Gegenstände der Erfahrung*[3] ». C'est le *sens formel* qui, par le refus de considérer la nature « comme une chose en elle-même (*als einem Dinge an sich*) », est visé à travers la question : « comment la science pure de la nature est-elle possible ? » On va ainsi laisser le terrain de l'Esthétique transcendantale, où Kant menait, de l'avis de H. Cohen, « un monologue avec le sensualisme » ou, mieux, l'empirisme, pour s'engager sur celui de la Logique transcendantale, où « Newton lui-même doit dorénavant partager la direction avec Leibniz ». Cohen nous expliquait que dans la logique transcendantale, c'est le rapport à Leibniz qui est déterminant dans le sens d'une fondation de l'idéalisme scientifique selon les lois de la pensée pure. Néanmoins, il faut prendre ce rapport pour ce qu'il est, c'est-à-dire un rapport indirect à Leibniz via le wolffianisme :

> *le fondement de l'antériorité de la théorie de la sensibilité se trouve dans la signification méthodologique que possède la mathématique pour la physique ; c'est en cela que se trouve également fondée la priorité de l'espace, du fait de la priorité qu'a la géométrie sur le temps, ce dernier étant un principe de la mécanique. Kant a cru qu'il devait repousser la théorie de la pensée de Leibniz, parce que ce dernier fonde l'objectivité sur la* substance, *dont le concept contredit* les deux parties de la métaphysique *sans les séparer. Si Kant avait reconnu et cru qu'il pouvait se laisser guider par l'idée selon laquelle l'objectivité des choses est fondée, pour Leibniz, dans* le concept fondamental de mathématique que ce dernier a

[1] *PMK*, p. 25.

[2] *Prolegomena*, § 14, AK IV, p. 294 ; trad. fr. L. Guillermit, Paris, Vrin, 1986, p. 61.

[3] *Prolegomena*, § 16, AK IV, p. 296 ; trad. fr. L. Guillermit, p. 63.

découverte, *et dans* la loi de la pensée *qu'elle met en œuvre, son rapport à ce philosophe serait alors devenu tout autre ; il ne serait pas contrairement à Leibniz parti de l'intuition*[1].

En effet, ne s'intéressant qu'à « la manière dont les conditions *a priori* de la possibilité de l'expérience sont en même temps les sources d'où il faut dériver toutes les lois universelles de la nature[2] », la question cardinale paraît à Kant, en ce sens, la possibilité de « connaître *a priori* la nécessaire soumission aux lois des choses comme objets de l'expérience » de la science mathématique de la nature, étant entendu cette restriction dès le départ :

> *[...] la seule manière pour nous d'étudier* a priori *la nature des choses, c'est de rechercher les conditions et les lois universelles (bien que subjectives) indispensables pour qu'une telle connaissance soit possible comme expérience (selon la forme uniquement), et de déterminer en conséquence la possibilité des choses comme objets de l'expérience*[3].

Kant voulait accomplir sa révolution transcendantale, au-delà de la doctrine logique des formes du jugement et de la doctrine des catégories et de leur synthèse, dans une Analytique des principes, dits jugements synthétiques *a priori* puisque nécessaires à la fondation de la science (mathématique) de la nature en tant que théorie « métaphysique » de l'expérience objective. Nous allons fournir davantage de précision sur le concept kantien d'objectivité, qui est fondée sur la synthèse transcendantale selon la médiation du schématisme de l'imagination productive. Avant, indiquons succinctement en quoi consiste la *déduction métaphysique*, qui offre la clef même de la *synthèse catégoriale*[4]. En dépit de toutes les critiques qui mettent le doigt sur le prétendu psychologisme kantien, Béatrice Longuenesse maintenait que « les formes logiques » du jugement s'avèrent, dans la logique kantienne, fondamentales en ce qu'elles renvoient aux règles universelles de la pensée discursive au regard de l'héritage de la logique de Port-Royal. Elles ne sont pas à être prises dans le sens que leur

---

[1] Il s'agit bien du calcul infinitésimal leibnizien qui subordonne la géométrie de l'étendue cartésienne en fondant la réalité des choses, seule manière, de l'avis de Cohen, de dépasser le dualisme kantien de l'intuition et de la pensée, posée comme l'origine infinie qui produit le fini de l'objectivité au regard de la résorption de l'esthétique dans la logique : H. Cohen, *Commentaire*, p. 85-86 ; *TKE*, p. 245-254 ; trad. fr., p. 221-227.

[2] *Prolegomena*, § 17, AK IV, p. 297; trad. fr. L. Guillermit, p. 65.

[3] *Prolegomena*, § 17, AK IV, p. 297; trad. fr. L. Guillermit, p. 64-65.

[4] Pour des éclaircissements d'ordre historique : H. de Vleeschauwer, *DTOK* I, p. 210-250.

assignait Strawson par rapport aux « calculs logiques contemporains, où la forme désignerait les opérateurs syntaxiques adoptés dans un calcul donné[1]. » Pour échapper au *psychologisme des formes logiques du jugement*, il faudrait dériver les catégories des principes *a priori* qui sont ceux de la physique newtonienne, nous disait H. Cohen, étant entendu qu'il n'est sensé, ni dans la seconde, ni dans la première édition de la *Critique*, de séparer la déduction transcendantale de la déduction métaphysique[2]. Limitons-nous à ce qui est en jeu dans cette Analytique, à savoir « le principe de l'unité systématique ». Pour cela, la lettre du texte kantien ne nuirait pas forcément à son esprit, insiste B. Longuenesse : la déduction kantienne des catégories et leurs applications à des objets repose sur le rapport, d'un côté, entre synthèses et liaisons discursives (liaisons de concepts dans les jugements), et de l'autre, synthèses et liaisons de nos perceptions sensibles. Le propre de l'analyse transcendantale serait de montrer où les deux processus se rejoignent. Etant entendu que « la connaissance de tout entendement, du moins de l'entendement humain, est une connaissance par concept, non intuitive, mais discursive[3]. » La conception kantienne pourrait se résumer dans cette assertion cardinale :

> *[...] nous pouvons ramener tous les actes de l'entendement à des jugements, si bien que l'*entendement *en général peut être représenté comme un* pouvoir de juger. *Car il est [...] un pouvoir de penser. Penser est connaître par concepts[4].*

Tout est là : dans la relation nécessaire entre *entendement* et *jugement*, et aussi, en filigrane, *fonction*, parce que dans tout jugement, c'est-à-dire dans toute *connaissance médiate d'un objet*, il y a (opère) un concept, c'est-à-dire une fonction : « l'unité de l'action qui ordonne des représentations diverses sous une représentation commune[5] ». Les jugements sont eux-mêmes, en un certain sens, des fonctions de l'unité parmi nos représentations. Ceci dit, ces fonctions sont elles-mêmes des concepts de l'entendement ou s'identifient, à certains égards, à l'entendement lui-même. Kant entendait, aussi, trouver toutes les fonctions logiques de l'unité dans les jugements par l'« abstraction de tout contenu d'un jugement en général », et en ne privilégiant que « la simple forme de l'entendement qui s'y trouve présente ». D'où, le listage des jugements (dans une table) placés sous *quatre titres*, dont chacun contient sous lui *trois moments* :

---

[1] B. Longuenesse, *Kant et le pouvoir de juger*, p. XII.
[2] H. Cohen, *Commentaire*, p. 90.
[3] A 68/B 93 ; *OP* I, p. 825.
[4] A 69/B 94; *OP* I, p. 826.
[5] A 68/B 93 ; *OP* I, p. 825.

1/ Quantité *: Universels, Particuliers, Singuliers ; 2/* Qualité *: Affirmatifs, Négatifs, Infinis ; 3/* Relation *: Catégoriques, Hypothétiques, Disjonctifs ; 4/* Modalité *: Problématiques, Assertoriques, Apodictiques*[1].

De cette table des jugements, mieux, des fonctions logiques dans les jugements, Kant allait déduire les concepts purs ou catégories de l'entendement. Cette déduction passe par la clarification du concept de *synthèse* et la prise en compte de la *faculté imaginative*[2]. Il rappelait que la logique transcendantale considère un contenu, non empirique, mais pur : l'espace et le temps qui, en tant que forme de la réceptivité, contiennent un divers qui doit être « d'une certaine manière parcouru, reçu et lié pour en faire une connaissance[3]. » Cette activité de l'esprit, appelée « synthèse », est définie généralement comme : « l'acte d'ajouter les unes aux autres des représentations différentes et de saisir leur diversité dans une connaissance ». En ce sens, la synthèse est empirique ou pure selon que le divers est empirique ou pur. En général, elle s'avère être « le simple effet de l'imagination, une fonction de l'âme, aveugle mais indispensable[4] ».

En faisant abstraction, à ce niveau, de la dimension pure de l'imagination, Kant voulait signifier que cette dernière est à l'œuvre dans la *synthèse empirique* ; cependant la connaissance, au sens propre du terme, nécessite un au-delà de la synthèse empirique, en ramenant celle-ci à des concepts, c'est la *synthèse pure* qui, « *représentée d'une manière générale*, donne alors le concept pur de l'entendement. » Cette synthèse repose sur un fondement de l'unité synthétique : la connaissance apparaît comme une synthèse qui suppose une synthèse ultime : l'*unité des concepts*. C'est le *troisième élément* requis pour la connaissance d'un objet :

> *La même fonction qui donne l'unité aux représentations diverses* dans un jugement, *donne aussi à la simple synthèse de représentations diverses* dans une intuition *l'unité qui, exprimée généralement, s'appelle le concept pur de l'entendement. Le même entendement donc, et bien par les mêmes actes par lesquels il établissait dans des concepts, au moyen de l'unité analytique, la forme logique d'un jugement, apporte aussi dans ses représentations, au moyen de l'unité synthétique du divers dans l'intuition en général, un contenu transcendantal, en raison de quoi ces représentations s'appellent*

---

[1] (A 70/B 95; *OP* I, p. 826-827). Pour les remarques : A 73/B 98 ; *OP* I, p.829. On trouve une présentation très détaillée de ce tableau dans *Logik*, I. « Doctrine générale des éléments », chap. II, AK IX, p. 101-114 ; trad. fr., p. 110-124.

[2] Nous apercevons ici les réquisits psychologiques des *Versuche* de Tetens : de Vleeschauwer, *DTOK* I, p. 250-329.

[3] A 77/B 102; *OP* I, p. 832.

[4] A 78/B 103 ; *OP* I, p. 833.

purs concepts de l'entendement, qui se rapportent a priori *aux objets – ce que ne peut faire la logique générale*[1].

Dans la manière kantienne de procéder ici, l'on voit apparaître le lien « lien indissoluble » entre l'intuition et le concept. Dans la perspective de l'entendement, il appert que « la synthèse de l'intuition pure (qui) reste un donné », à entendre dans le sens de l'unique « matériau » dont dispose l'entendement pour s'exercer, dans le sens objectif du terme ; en dehors de ce matériau, ce dernier court le risque d'une activité « creuse », sans teneur objective. Dit autrement, l'intuition pure constitue les limites indépassables pour l'entendement. Mais, en même temps, le second constitue « un moment nécessaire » pour la première, précise Cassirer : « c'est l'entendement qui détermine en premier la sensibilité (à elle seule, celle-ci ne présente qu'un schéma indéterminé), et qui donne ainsi tout d'abord un ob-jet, en tant qu'ob-jet de l'intuition[2]. » Il insiste :

C'est également à partir de là que s'explique la double direction que suit Kant quand il caractérise le jugement synthétique. D'une part, du fait de son origine pure, toute synthèse apparaît comme intellectuelle. [...] Mais, par ailleurs, c'est précisément le rapport à l'intuition qui semble caractériser de façon spécifique le jugement synthétique[3].

Il s'en déduit que ce qui pouvait être compris, au prime abord, comme une « séparation » entre intuition et concept, s'appréhende, *in fine*, en « une simple corrélation logique » :

L'opposition entre les deux orientations trouve ici aussi son explication : dans le premier cas, il ne s'agit que de l'origine logique de la synthèse en général ; dans l'autre, il s'agit au contraire de la condition de sa validité objective[4].

Force est, par conséquent, qu'à la table des jugements correspond terme à terme une table des fonctions ou catégories qui, ainsi dénombrées, « épuisent l'entendement, soutient Kant – c'est extrêmement important –, et en mesurent complètement le pouvoir ». Ces fonctions d'unité dans les jugements sont les suivantes :

1/ De la quantité *: Unité, Pluralité, Totalité ; 2/* De la qualité *: Réalité, Négation, Limitation ; 3/* De la relation *: Inhérence et Subsistance, Causalité*

[1] A 79/B 105; *OP* I, 834.
[2] *Erkenntnisproblem* II, p. 695-696 ; trad. fr., p. 491.
[3] *Erkenntnisproblem* II, p. 696-697 ; trad. f., p. 492.
[4] *Erkenntnisproblem* II, p. 697 ; trad. fr., p. 493.

et Dépendance, Communauté (action réciproque entre l'agent et le patient) ; 4/ De la modalité *: Possibilité – Impossibilité, Existence – Non-existence, Nécessité – Contingence* [1].

Aussi appert-il que l'introduction à la table des catégories (§10) renferme les présupposés de la *déduction transcendantale* et, en filigrane, la relation transcendantale liant les deux versions. Evacuons vite, avec B. Longuenesse, un malentendu :

> *[...] reconnaître la supériorité de l'argument de 1787 ne signifie pas que l'on doive tenir l'argument de 1781 pour désavoué ou même désormais superflu. Celui-ci est au contraire le préalable indispensable de celui-là : la* via negativa *par laquelle Kant tente d'établir, dans la déduction transcendantale de 1781, qu'une genèse empiro-psychologique de nos perceptions et de leurs liaisons, à la Hume, ne saurait rendre compte de notre aptitude à subsumer des intuitions singulières sous des concepts généraux et à nous représenter par là des objets, est la préparation de l'argument positif de 1787, où l'argument* logique *prend le relais de l'argument* psychologique *: il prend son départ non plus dans une genèse psychologique des liaisons des perceptions sensibles, mais dans la considération de la forme logique du jugement tenue pour aptitude originaire,* Vermögen zur urteilen, *ou « forme de l'unité objective de l'aperception*[2].

Ce qui est en jeu ici, c'est la *question de l'objectivité* qui sera fondée sur l'*expérience possible*. A ce titre, s'impose le *double sens* du concept d'objectivité chez Kant. Le *premier sens* est celui de vérité, dans l'acception classique d'*adaequatio intellectus et rei*. Dans cette acception, c'est l'expérience possible qui donne de la réalité à nos concepts. Sans elle, ils ne seraient que des idées auxquelles ne pourrait être accordée la vérité, puisqu'ils seraient sans rapport à des objets comme tels. En sorte que la fausseté se présente comme l'absence de correspondance, celle-ci pouvant être feinte ou illusoire[3]. Du reste, Kant distingue nettement la simple *cohérence de la pensée* de la *vérité objective*, qui se trouve suspendue au rapport à l'objet. La première représente la condition nécessaire, mais non suffisante de la pensée :

> *La* vérité formelle *consiste simplement dans l'accord de la connaissance avec elle-même en faisant complètement abstraction de tous les objets et de*

---

[1] A80/B 106 ; OP I, 834-835. Voir les remarques de Kant : A 83/B 109-113 ; *OP* I, p. 836-839. Pour des éléments explicatifs : H. de Vleeschauwer, *DTOK* II, p. 123-142.

[2] B. Longuenesse, *Kant et le pouvoir de juger*, p. XVI.

[3] C. Duverney, *Le critère de subsomption : l'application des catégories kantiennes*, Genève, Slatkine, 1994, p. 160.

> *toute différence entre eux, (alors que) la* vérité matérielle *doit consister dans cet accord d'une connaissance avec cet objet déterminé auquel elle est rapportée*[1].

Par conséquent, à défaut d'un objet extra-phénoménal connaissable en soi indépendamment de nos modes de connaissance, la vérité, dite adéquation, est concevable dans le criticisme sous la condition que « nous avons un donné sensible riche et contraignant dont il s'agit de vérifier la conformité des liaisons conceptuelles qui prétendent les connaître[2]. » S'ensuit un *autre sens* donné par Kant à l'objectivité, celui de *valeur universelle et nécessaire* qui apparaît au § 19 des *Prolégomènes*[3]. En tant qu'universel et nécessaire, l'« objectif » est synonyme d'« *a priori* » : « ce qui vaut pour l'objet lui-même, c'est-à-dire ce dont la valeur est indépendante aussi bien de la subjectivité individuelle qui juge (valeur universelle), que du contexte particulier de l'expérience effectuée (valeur nécessaire)[4]. » L'objectivité, ainsi conçue, doit être saisie par la jonction de ces deux sens, puisque l'accord avec l'objet ne suffit pas à réaliser, à lui seul, l'objectivité, et la valeur universelle et nécessaire n'assure pas non plus, à elle seule, l'objectivité. Une connaissance objective *a priori* est celle qui s'accorde à l'objet tout en réalisant l'universalité du savoir.

Par ailleurs, Kant présente au début de sa déduction (§ 14) ce sur quoi va reposer la preuve que les catégories ont une valeur objective et servent à penser l'expérience de manière scientifique, en reprenant en quelque sorte le raisonnement de la *Lettre à Marcus Herz* s'agissant de l'objectivité de nos représentations : les deux éventualités, à savoir l'objet crée la représentation ou inversement, étaient rejetées, puisque dans le premier cas il n'y aurait pas de concepts *a priori*, et dans le second l'entendement humain serait non discursif, mais archétypique. Par conséquent, une autre éventualité s'impose :

> *[...] la valeur objective des catégories, comme concepts* a priori, *reposera sur ceci, que l'expérience (quant à la forme de la pensée) n'est possible que par elles. Car elles se rapportent alors nécessairement et* a priori *à des objets de l'expérience, puisque ce n'est que par leur moyen en général qu'un objet de l'expérience peut être pensé*[5].

Il en résulte alors que l'acte même de *synthèse imaginative pure* suppose, en amont, l' « unité originairement synthétique de l'aperception »

---

[1] *Logik*, AK IX, p. 50-51 ; trad. fr., p. 55-56.
[2] C. Duverney, *Le critère de subsomption*, p.162.
[3] E. Kant, *Prolegomena*, AK IV, p. 298-300 ; *OP* II, p. 70-72.
[4] C. Duverney, *Le critère de subsomption*, p. 163.
[5] A 93-94/B 126; *OP* I, p. 849.

et, en aval, l'*ordre des principes* en tant que conditionnalité transcendantale primordiale réductible aux lois de la nature ; celles-ci étant identifiées à celles de la subjectivité épistémique en tant qu'instance logico-transcendantale. Nous avons vu que le schématisme est particulièrement fondé sur le temps – *geste mathématisant* par excellence, en dépit de ce que nous venons d'établir –, et implique la descente vers la conditionnalité spatiale – *geste physicisant* qui a trait à la fécondité transcendantale de la mathématique. D'abord, la *synthèse catégoriale* repose sur l'unité et l'identité du sujet, dans le temps, en tant que conscience possible d'objets : les règles pures de la pensée discursive mues dans le « *je pense* » sont universelles, en ce qu'elles sont maintenues identiques dans le temps qui est lui-même le lieu de la synthèse primordiale. Kant renvoie, *in fine*, toute liaison (*conjunctio*) à la spontanéité de l'entendement selon la *récognition du concept* comme principe d'unité finale (§ 15). Simple modalité déterminée de l'unité, le concept suppose encore une unité plus générale ou suprême, celle de la conscience, à savoir l'unité « qui précède *a priori* tous les concepts de la liaison », d'où son identification dans (ou à) l'« aperception pure », démarquée de toute « aperception empirique » (§ 16). Toutes les liaisons d'impressions diverses supposent leur aperception par la conscience : « le *je pense* doit pouvoir accompagner toutes mes représentations[1] », sans quoi celles-ci ne seraient rien pour moi, soutenait Kant.

Nous indiquions que l'*expérience possible* définit les conditions transcendantales qui doivent être remplies pour qu'il y ait expérience au sens scientifique du terme, pour que des objets soient pensés et connus dans leur objectivité. Elle met au clair un *concept d'objet en général* sans lequel aucune expérience d'objet n'est possible, aucune science non plus. Elle détermine l'objectivité des objets scientifiques dans sa généralité : l'ensemble des règles qui constituent cette objectivité correspond à ce que Kant appelle l'*objet transcendantal = X*. Ledit objet n'est rien d'autre que la légalité et la conformité aux catégories, bref, ce sont en quelque sorte les structures catégoriales elles-mêmes. C'est leur « *corrélat* », sans quoi on ne comprend rien à ce qu'elles signifient[2] : « (le) « *ce à quoi* » se rapporte la connaissance, c'est-à-dire « la simple donnée d'un X, qui est la forme du donné comme tel lorsqu'il est réduit à sa donation[3]. » En d'autres termes, l'objet transcendantal ne possède d'autre sens que celui d'un « *fondement* » pour les phénomènes, au sens d'un fondement transcendantal, ce qui leur permet d'avoir un objet comme tel :

---

[1] B 131-132 ; *OP* I, p. 852-853.
[2] J. Benoist, *Kant et les limites de la synthèse*, p. 14.
[3] J. Benoist, *Kant et les limites de la synthèse*, p. 65.

il est ce en quoi s'accomplit la position de l'objet comme tel, et en tant que tel, il est l'horizon de la connaissance. Ainsi constitue-t-il le donné de la donation elle-même, mais d'une donation abstraite, privée de tel ou tel donné, et ce qui est mesuré par les catégories[1].

Rappelons que la question de l'objectivité s'identifie à celle de la validité des jugements synthétiques *a priori*. Aussi est-il très significatif que Kant soutienne que ce sont ces jugements qui concourent à l'élucidation de la distinction entre les jugements analytiques et les jugements synthétiques. La nécessité de « sortir » *a priori* du concept de « sujet » pour lui attribuer le concept de « prédicat » constitue le critère véritablement discriminant[2]. Il s'ensuit que la connaissance synthétique *a priori* ne saurait avoir une « réalité objective » qu'administrée finalement par l'endentement. Ainsi peut-on soutenir que « *le principe de l'unité synthétique de l'aperception est le principe suprême de tout l'usage de l'entendement* » (§ 17)[3].

On pourrait objecter que l'aperception constitue une condition nécessaire, mais non suffisante, de la connaissance d'un objet déterminé si Kant, du reste, ne précisait clairement que l'unité synthétique déterminée de représentations diverses se réalise selon des concepts. Une seule question est en jeu ici : la possibilité de l'expérience, insistait H. Cohen. C'est à son égard que la réalité elle-même apparaît comme la question de « la connaissance d'objets [qui] constituent le problème de la connaissance synthétique. » Présentée comme question, la possibilité de l'expérience semble être en même temps une méthode, laquelle « donne de la réalité objective à toutes nos représentations *a priori* » selon que l'aperception, entendue comme l'unité de la conscience manifeste dans les actes synthétiques des catégories « schématisées », la fonde en dernière instance. D'où, la « double signification » du régime de la « possibilité », précisait Cohen :

d'une part, c'est d'abord elle et elle seule qui rend possible l'expérience, mais d'autre part, c'est elle qui mène également d'une manière positive cette expérience jusqu'à sa constitution, jusqu'à son effectuation. La véritable signification à en tirer est la suivante : c'est avec ces principes synthétiques qu'on peut dériver du « principe suprême *» qu'est créée une logique (transcendantale) qui non seulement rend la mathématique intelligible, mais installe en même temps la physique. C'est pourquoi cette possibilité « livre » en même temps la « vérité », d'où le lien transcendantal formulé par le*

---

[1] Ibid., p. 68.
[2] A 154/B 194 ; *OP* I, p. 895-896.
[3] Voir l'argument de Kant: B 136-138; *OP* I, p. 856-858.

« principe suprême de tous les jugements synthétiques » *entre « l'expérience possible » et l'« objet*[1].

En effet, Kant ne perdait jamais de vue le risque subjectiviste (§ 18). A la lumière de ce qui précède, on peut comprendre le lien transcendantal qui existe entre la « déduction subjective » et la « déduction objective » (§ 20 et 21). Il en ressort que l'acte d'unification, mieux, de synthèse en général est le jugement : « l'acte de l'entendement, par lequel le divers de représentations données (que ce soit des intuitions ou des concepts) est ramené à une aperception en général, est la fonction logique des jugements[2]. » Comme l'enseigne la déduction métaphysique, les catégories s'identifient, compte tenu des différentes formes du jugement, aux fonctions intellectuelles correspondantes de détermination nécessaire de l'unification des représentations diverses[3]. Ainsi sont-ce bien les fonctions intellectuelles qui réalisent la synthèse cognitive du divers dans une unité nécessaire et objective de la conscience[4]. Kant tenait toutefois à faire remarquer, encore une fois, que les catégories ne constituent que des règles (formelles) de la pensée épistémique, elles n'ont de signification objective qu'en s'appliquant à une matière donnée par la faculté réceptive[5]. Cela revient au même : « les catégories n'ont d'usage pour la connaissance des choses qu'autant que ces dernières sont regardées comme des objets d'expérience possible[6]. »

---

[1] H. Cohen, *Commentaire*, p. 118-119. Dans cette citation, nous avons procédé à une interpolation.

[2] B 143 ; *OP* I, p. 861). C. Duverney, *Le critère de Subsomption*, p. 303.

[3] H. de Vleeschauwer, *DTOK*, t. III, p. 144.

[4] H. de Vleeschauwer, *LPK*, p. 119.

[5] B 145; *OP* I, p. 862.

[6] B 146-147; *OP* I, p. 864.

III

La doctrine physique kantienne et l'eidétique transcendantale

§ 9. Sens et portée du dédoublement spatial : la relativité et la phénoménalité transcendantales

La première section peut être considéré comme une introduction à l'exposé qui va suivre sur la doctrine kantienne de l'objectivité physique. Nous l'avons placé au tout début de la première partie pour des raisons d'ordre méthodologique. Après avoir identifié, dans le *schématisme transcendantal*, la méthode kantienne d'expérimentation scientifique, cela nous a permis de « poser » les différents niveaux d'objectivité dans l'élaboration kantienne d'une *métaphysique de la nature*. Mais, nous ne pouvions exposer, dans la foulée, la doctrine kantienne de l'objectivité sans avoir pris le soin d'en décrire au préalable le concept. Ce qui impliquait de passer par la voie méthodologique qui nous amène jusqu'ici – cela dit, un *saut* est tout à fait possible vers la déduction transcendantale. Maintenant, nous allons nous étendre sur la théorie kantienne de la physique qui concerne, à strictement parler, les *catégories de la relation* (substance, causalité, action réciproque) dans la mesure où Kant entendait assurer une certaine congruence aux trois lois de la mécanique newtonienne. Ces lois sont exprimées sous la forme du *principe de la constance de la quantité de matière*, du *principe d'inertie* et du *principe d'égalité de l'action et de la réaction* – et ces principes correspondent, *stricto sensu*, aux *Analogies de l'expérience*.

Il convient, pour rendre compte du *procédé phénoménologique* kantien (mis en exergue jusqu'ici), de nous arrêter sur les exposés de la *phoronomie* et de la *dynamique* qui concernent, l'une, les *catégories de la quantité* (unité, pluralité, totalité) et, l'autre, *celles de la qualité* (réalité, négation et limitation) : leur correspondent les principes dits mathématiques, d'un côté, les *Axiomes de l'intuition* et, de l'autre, les *Anticipations de la perception*. Que font ces derniers principes ? De toute évidence, ils montrent ceci :

> *[...] les déterminations mathématiques quantitatives sont [...] requises pour la transformation du donné en savoir : nous devons prendre pour premiers principes de la science toutes les propositions, qui énoncent et expliquent cette nécessité d'une définition du réel comme grandeur mathématique*[1].

Cela suppose que l'on considère « le divers empirique en général comme un simple *quelque chose qui est donné au sujet en tant que réalité remplissant l'espace et le temps* », sachant que l'espace est, d'un point de vue physique, prééminent dans la mesure où « la réalité est fournie par la seule intuition empirique externe[2] ». En effet, il apparaît au prime abord que « *toutes les intuitions sont des grandeurs extensives*[3] », stipulent les *Axiomes de l'intuition*. Par ce *principe pur* qui pose l'espace et le temps comme « *quantum*[4] », Kant démontre ce qui suit :

> *[...] les phénomènes sont tous ensemble des grandeurs, et même des grandeurs extensives, puisque, comme intuition dans l'espace ou le temps, ils doivent être représentés par la même synthèse que celle par laquelle l'espace et le temps sont déterminés en général*[5].

Il ne faut pas s'y méprendre, ce que ce principe exprime, c'est le niveau d'extension de la connaissance *a priori*, niveau d'extension assez grande, nous dit Kant : « lui seul, en effet, [...] rend la mathématique pure applicable dans toute sa précision aux objets de l'expérience[6]. » Il convient de comprendre que « l'intuition n'est assurément pas pensée ici comme forme pure de l'intuition, mais comme le contenu et l'objet de la géométrie, commentait H. Cohen[7] ». Cela s'atteste en *phoronomie* dite, en terme moderne, cinématique qui est la *géométrie du mouvement* où on le

---

[1] *DKO*, p. 237.

[2] *DKO*, p. 236.
[3] A 162 ; *OP* I, p. 902.
[4] A. Philonenko attirait notre attention sur l'éclairage par Cohen de la distinction entre le *nombre* et la *grandeur* : « le nombre surgit par et dans le temps, comme forme de la multiplicité qui se forme. En revanche la grandeur se définit comme une unité numérique déjà surgie, comme l'existence de la multiplicité dans l'espace ». Cf. *OK I*, p. 195.
[5] B 203 ; *OP* I, p. 903.
[6] A 164/B 206 ; OP I, p. 905.
[7] H. Cohen, *Commentaire*, p. 120.

« considère comme un pur *quantum*, eu égard à sa composition, et sans tenir compte de la qualité du mobile[1] ». En d'autres termes :

> *C'est [...] parce que ce concept de grandeur, de la synthèse de l'homogène, est déjà au fondement de l'espace et du temps eux-mêmes, [...] que la liaison entre la géométrie et la physique est ainsi fondée et assurée*[2].

Prévaut d'emblée la *kinésis* aristotélicienne. Pour l'élucider, Kant en a fait un exposé plus ou moins contrasté par rapport à ce que sera sa conception mécanique : l'*alloiôsis* aristotélicienne[3]. Alors, il importe de savoir (Définition I, Remarque I de la Phoronomie) :

> *La matière elle-même peut [...], précise Kant, être considérée comme un point [c'est-à-dire sans extension)], et on fait abstraction, dans cette partie, de toutes les propriétés internes, par conséquent aussi de la grandeur du mobile ; on ne s'occupe que du mouvement et de ce qui peut être considéré comme la grandeur (vitesse et direction)*[4].

Avant de continuer, tirons avec H. Cohen la signification cardinale des axiomes de l'intuition :

> *c'est [...] la schématisation de la grandeur dans le nombre, à titre de « quantité », qui est distinguée de la grandeur extensive, à titre de «* quantum *» ; on ne reconnaît d'axiomes qu'à la grandeur extensive, et c'est donc seulement pour ces axiomes qu'est formulé ce principe synthétique. L'idée directrice est la suivante : la physique ne doit pas être fondée sur le lien qu'elle entretient avec l'arithmétique, mais plutôt sur celui qu'elle entretient avec la géométrie. [...] La synthèse de la grandeur conditionne donc non seulement la « détermination » de l'espace, mais aussi, en même temps, celle de l'objet en tant qu'objet de l'expérience*[5].

Rappelons que l'espace, en tant que forme de toute intuition sensible externe, est la condition première de la *matière*, qui est entendue d'un point de vue métaphysique comme *objet des sens externes*. Kant tenait à rappeler que les objets de connaissance ne peuvent être conçus comme des choses en soi (*Dinge an sich*), ni l'espace comme *absolu*, sauf en un sens purement *logique*, mais nullement *physique* : l'espace physique est toujours *relatif* et susceptible de mouvement, étant entendu que « tout mouvement qui est objet

---

[1] *Anfangsgründe*, AK IV, p. 477 ; *OP* II, p. 375.
[2] H. Cohen, *Commentaire*, p. 120.
[3] *Anfangsgründe*, AK IV, p. 487; *OP* II, p. 387-388.
[4] *Anfangsgründe*, AK IV, p. 480; *OP* II, p. 378.
[5] H. Cohen, *Commentaire*, p. 121.

de l'expérience est seulement relatif[1] ». *Le mouvement rectiligne uniforme fait ainsi droit à une acception purement spatiale de la vitesse* : V = E / T – la notion mécanique de *force* n'est pas prise en considération pour penser la vitesse et la direction. D'où, l'*axiome phoronomique* :

> *Tout mouvement, en tant qu'il est l'objet d'une expérience possible, peut à volonté être considéré comme le mouvement d'un corps dans un espace en repos, soit au contraire, le corps étant au repos, comme le mouvement de l'espace en sens opposé avec une vitesse égale*[2].

S'affirme alors l'*universalité du principe de relativité* : l'espace, le repos, le mouvement ne sont définis que conformément à un référentiel (arbitrairement) choisi qui n'est au repos que d'un point de vue logique. Prévaut ici ce que Vuillemin entend par le *dédoublement de l'espace géométrique*, lequel dédoublement sert à démontrer la composition des vitesses[3], de manière analogique avec la position que défendra d'Alembert[4].

Ce n'est pas la technicité du *parallélogramme de la composition des vitesses* qui importe, mais la notion elle-même de vitesse telle qu'on peut en trouver dans la phoronomie kantienne une approche sous-tendue par la méthode phénoménologique : se trouve en jeu la manière dont la notion d'*intensité* est traitée à ce niveau de l'analyse kantienne. Avant d'y parvenir, faisons quelques remarques sur ce parallélogramme lui-même. Le mouvement est considéré du point de vue phoronomique comme pure grandeur mathématique. Comme seule la mobilité de la matière est prise en compte, alors « la *composition du mouvement* est la représentation du mouvement d'un point comme équivalent à deux ou plusieurs mouvements de ce point réunis en un seul, précise Kant (Définition 5 de la Phoronomie). » Le point et l'espace étant seulement considérés, « le mouvement ne peut être considéré que comme le fait de *décrire l'espace* (Remarque, Définition 5) », en considérant toutefois, à la différence de la géométrie, le temps écoulé, d'où, la notion de vitesse et de direction :

> *La phoronomie est donc la théorie purement quantitative (*mathématique*) des mouvements. Le concept déterminé d'une quantité, c'est le concept de l'engendrement de la représentation d'un objet grâce à la composition d'homogènes. Or, rien n'étant homogène au mouvement que le mouvement lui-même, la phoronomie est donc une théorie de la composition des mouvements du même point, d'après leur direction et leur vitesse ; autrement dit, elle est la représentation d'un mouvement unique comme contenant en lui*

---

1 *Anfangsgründe*, AK IV, p. 481-482 ; *OP* II, 379-380.

2 *Anfangsgründe*, AK IV, p. 487 ; *OP* II, p. 388.

3 *PMK*, p. 63. Pour plus de précision : p. 59-60.

4 *PMK*, p. 69-71.

deux ou plusieurs mouvements, ou encore elle est la représentation de deux mouvements simultanés d'un même point, en tant qu'ils ne forment ensemble *qu'un seul mouvement, c'est-à-dire en tant qu'ils sont équivalents avec le mouvement final ; mais non en tant que ce dernier proviendrait de ces autres mouvements comme un effet de ses causes*[1].

Ainsi s'ensuit le parallélogramme kantien de la composition des vitesses (« la composition des mouvements » considérée sous le modèle de la « composition de deux mouvements ») correspondant aux trois possibilités des catégories de la quantité : 1) « l'*unité* de ligne et de direction » : « deux mouvements suivant *la même ligne et la même direction* appartiennent simultanément à un seul et même point » ; 2) « la *pluralité* dans les directions sur une même ligne » : « deux mouvements de *directions opposées en ligne droite* doivent être liés à un seul et un point » ; 3) « la totalité des directions et des lignes suivant lesquels le mouvement peut se produire » : « on se représente comme unis deux mouvements du même point, *dont les directions forment un angle*[2]. » Kant faisait remarquer ceci :

La composition des mouvements qui vise à déterminer le rapport des mouvements entre eux à titre de quantité, doit avoir lieu suivant les règles de la congruence : dans les trois cas, cela n'est possible que moyennant un mouvement de l'espace, qui est congruent à l'un des deux mouvements donnés, et grâce auquel les deux mouvements sont congruents au mouvement composé[3].

D'où, le théorème phoronomique :

La composition de deux mouvements d'un seul et même point ne peut être pensé que si l'un d'eux est représenté dans l'espace absolu, et si, à la place de l'autre, on représente comme lui étant équivalent, un mouvement de l'espace relatif de même vitesse et de direction contraire[4].

La deuxième remarque à ce théorème mettait le doigt sur la difficulté de définir « une vitesse double ». Si on l'assimile à « un mouvement qui parcourt en un temps égal un espace deux fois plus grand », cela revient à admettre « une proposition qui n'est pas évidente par elle-même : que deux

---

[1] *Anfangsgründe*, AK IV, p. 489 ; *OP* II, p. 391.
[2] *Anfangsgründe*, AK IV, p. 490-493 ; *OP* II, p. 392-395.
[3] *Anfangsgründe*, AK IV, p. 495 ; *OP* II, p. 398.
[4] *Anfangsgründe*, AK IV, p. 490 ; *OP* II, p. 392. Voir le commentaire de J. Vuillemin, *PMK*, p. 60-69.

vitesses égales peuvent être réunies au même titre que deux espaces égaux [...][1] » Or,

> *[...] si la vitesse doit être considérée comme une grandeur, c'est à titre de* grandeur intensive, *et son concept doit donc être construit d'une autre manière que le concept de la* grandeur extensive *de l'espace*[2].

Il appert que l'élucidation kantienne

> *[...] résulte simplement du dédoublement de cet espace que la Géométrie utilise comme notion simple et unique. Il suffit que l'espace se relativise réellement, pour qu'apparaisse le temps. La vitesse comme concept existentiel (physique) est par conséquent le résultat du dédoublement de l'évidence intuitive de l'espace (géométrie),* commentait Vuillemin[3].

Précisons, du moins, avec ce dernier que la vitesse conçue comme le « rapport entre l'espace et le temps exige l'introduction de la notion d'intensité », elle-même considérée comme valeur du vecteur-vitesse – dans les manuels modernes de Mécanique, le théorème du parallélogramme est plutôt exposé dans la Théorie des vecteurs.

> *[Laquelle – J.H.P] est indépendante de la Cinématique, et couvre un domaine beaucoup plus vaste, tandis que Kant les confond dans sa Phoronomie. Toutefois, on comprendra mieux le sens que Kant donne au théorème phoronomique et à sa démonstration en rappelant comment la notion de vecteur est appliquée en Cinématique, et comment la Cinématique du corps solide étudie la composition des mouvements*[4].

Il ressort de cette analyse le caractère du moins « provisoire », sinon « limité » de l'approche phoronomique, qui est appelée à être approfondie dans une réflexion faisant de la « la Mécanique rationnelle l'une des sources possibles » de la théorie purement mathématique des vecteurs. Un dépassement s'impose alors dans la mesure où Kant laissait entendre que *vitesse* et *trajectoire* ne pouvaient se confondre en supposant l'existence de mouvements variés, même s'il faisait tout pour exclure à ce niveau la

---

[1] *Anfangsgründe*, AK IV, p. 393, OP II, p. 396.

[2] *Anfangsgründe*, AK IV, p. 493; *OP* II, p. 397. En fait, Kant montrait que « cette construction n'est possible que par une composition *indirecte*, entre deux mouvements égaux ... », sinon force serait d'introduire des causes motrices extérieures : « il s'agit là d'une réalisation *mécanique* de ce que contient un concept, mais non d'une construction *mathématique* ». Ibid., p. 494 ; p. 397-398.

[3] *PMK*, p. 69.

[4] *PMK*, p. 72-73.

considération des causes mécaniques[1]. On ne saurait mettre sous le couvert la *structure phénoménologique de la notion de vitesse elle-même* : simple rapport du temps et de l'espace au regard du mouvement inertiel, elle est appelée à être éclaircie quand on considère le mouvement accéléré (variation de la vitesse). Ainsi semble-t-il qu'on ne puisse se passer de l'*approche infinitésimale* indispensable à la conception mécanique :

> *pour tenir compte de l'accélération comme dérivée de la vitesse par rapport au temps, il faudra définir la vitesse elle-même comme dérivée première de l'espace par rapport au temps ; du même coup on obtient la définition de l'accélération comme dérivée seconde de l'espace par rapport au temps. [...] Telle est la nouveauté de la notion kantienne d'intensité, par rapport aux grandeurs extensives. L'intensité du vecteur implique en effet, non seulement une structure géométrique qui le distingue du simple segment de l'espace euclidien, et qui donne lieu à des opérations de sommation* sui generis, *telles qu'on les rencontre dans le Théorème phoronomique, mais encore, au-delà de la conception stricte de la Phoronomie comme théorie du mouvement rectiligne uniforme et de sa composition, une structure analytique telle qu'elle exige l'intervention de l'infini. Tel est le caractère phénoménologique de la notion de vitesse*[2].

Dès qu'on suppose que la vitesse est une intensité requérant une autre synthèse *a priori* que celle qui caractérise la synthèse spatiale (extensive), se fait alors jour un certain écart par rapport à sa détermination phoronomique. Ecart qu'il faut rendre intelligible en ce qu'il ouvre sur une *approche dynamique* où l'on est censé investir le *calcul différentiel et intégral* pour appréhender la matière non comme pure étendue mathématique, mais comme

> *le* mobile *en tant qu'il* remplit l'espace. *Remplir un espace signifie résister à tout mobile qui s'efforce par son mouvement de pénétrer dans un certain espace, soutenait Kant. Un espace qui n'est pas rempli est un* espace vide[3].

Il est facile de voir que cette définition fait écho au principe des *Anticipations de la perception* :

> *Dans tous les phénomènes, le réel, qui est un objet de la sensation, a une grandeur intensive, c'est-à-dire un degré*[4].

---

[1] Voir pour s'en convaincre : Vuillemin, *PMK*, p. 74-79.
[2] *PMK*, p. 79.
[3] *Anfangsgründe*, AK IV, p. 496; *OP* II, p. 400.
[4] B 207 ; *OP* I, p. 906.

On est ici au cœur d'une préoccupation physique qui témoigne du *passage de l'extensif à l'inextensif*, de l'intuition à la perception rendant « inévitable de se rapporter à la sensation et de la prendre en considération, car ceci signifie [...] qu'on se rapporte à la physique et qu'on la prend en considération[1] » : même si, *in fine*, la *sensation* ne peut contenir aucun objet dont la teneur n'est relative qu'« au rapport à la sensation » conformément à la *catégorie de réalité* elle-même. Comme ailleurs, Kant entendait très vite écarter ici le *risque d'idéalisme absolu* que renferme ce principe en affirmant que « la sensation est proprement ce qui ne peut être anticipé » : ce qui est anticipé ici est tout simplement quelque chose qui peut être connu « *a priori* dans chaque sensation, comme sensation en général (sans qu'une sensation particulière soit donnée)[2] ». Ainsi s'affirmerait nettement, contre Descartes, le schème galiléen dans la mesure où la réalité ne peut se réduire à la pure étendue géométrique : qualitative, elle contient par conséquent une grandeur intensive. D'où, l'idée de la perception (conscience empirique) suspendue au rapport du sens interne et de la conscience (aperception) transcendantale, laquelle requiert le choc de l'expérience pour être conscience connaissante, c'est-à-dire assimilée à l'effectivité d'une conscience d'objet (au regard de la sensation)[3]. Ce qui suppose l'idée d'un *continuum* d'états perceptifs relatifs à l'appréhension allant du degré zéro (conscience pure, vacuité ou négation de la chose) à l'« X » (ou « 1 ») de la perception empirique (existence d'objet déterminé) : entre « 0 » et « X » (ou « 1 ») se déclinent tous les niveaux d'états perceptifs possibles par variation continue : « un enchaînement continues de réalités possibles, expliquait Kant ». L'espace et le temps étant des *quanta continua* (totalités continues et grandeurs infinies données), il s'ensuit alors ceci :

> *Tous les phénomènes en général sont donc des grandeurs continues, aussi bien selon leur intuition, comme grandeurs extensives, que selon leur simple*

---

[1] H. Cohen, *Commentaire*, p. 122.

[2] A 167/B 208 ; *OP* I, p. 907.

[3] S'il apparaîtra que le réel n'est pas fondé dans la sensation, mais surgi de la catégorie, Kant le rapportait toutefois à la « sensation même dans laquelle l'objet, à titre de contenu de cette sensation, est seulement une « représentation subjective ». D'où « le grand danger, relevait Cohen, qui consiste à rabattre la considération de la physique sur celle de la psychologie. Ce danger est accru du fait que la sensation correspond à un domaine limitrophe dans lequel les deux intérêts et les deux problématiques eux-mêmes semblent se joindre. C'est ainsi que se développe le risque général et méthodologique qui existe en général pour la méthode transcendantale : ce danger consiste dans la position limitrophe qu'elle occupe quand elle traite des « sources subjectives » de la conscience. [...] cette prise en considération de la sensation porte atteinte à l'intuition pure ». H. Cohen, *Commentaire*, p. 123-125.

perception (sensation et par suite réalité) comme grandeurs intensives. Quand la synthèse du divers du phénomène est interrompue, ce divers est un agrégat de plusieurs phénomènes, et non proprement un phénomène, comme quantum, agrégat produit non par la simple continuation de la synthèse productive d'une certaine espèce, mais par la répétition d'une synthèse qui cesse toujours. [...] comme à tout nombre il faut une unité pour fondement, le phénomène comme unité est un quantum et, comme tel, toujours continu[1].

Kant expliquait ici que la *continuité*, en tant que « schème de la réalité (B 182-183) », est l'unique qualité que l'on peut connaître *a priori* des quantités (spatio-temporelles), de même que l'on connaît *a priori* de toute qualité (le réel du phénomène) uniquement le degré ou la quantité intensive. Il apparaît ainsi qu'il ne peut y avoir d'objet connaissable, au sens physique du terme, qu'à condition qu'une certaine réalité « remplisse » continûment l'espace conformément à l'intuition empirique (la conscience empirique) liée à l'extériorité spatiale[2]. On peut très bien parler ici d'un *principe de quantification*, commente B. Rousset, lequel principe fait droit à

> *[...] des éléments mathématiques qui permettent de déterminer une pluralité dans une unité et une continuité dans une variation : telle est la deuxième loi transcendantale de la science (...) ; ainsi se trouve expliquée la connaissance objective d'un terme isolé du point de vue de son intensité, c'est-à-dire comme force : une première extension capitale des mathématiques* – mathesis intensorum *puis la Dynamique – apparaît légitime et nécessaire*[3].

Les *Premiers principes* mettent en exergue cette considération dynamique en ayant en vue ce que la démonstration kantienne du principe des Anticipations de la perception laissait en suspens[4]. La grandeur intensive recèle, explique H. Cohen, cette signification :

---

[1] A 169-171/B 211-212; OP I, 908-909.

[2] Dans une note, à la fin de la présentation du postulat de la réalité, Kant affirmait ceci : « Par la *réalité* d'une chose, je pose assurément plus que la possibilité, mais non pas *dans la chose* ; en effet, la chose ne saurait jamais contenir dans la réalité plus qu'il n'était contenu dans sa possibilité complète. Mais comme la possibilité était simplement une position de la chose en relation à l'entendement (à son usage empirique), la réalité est en même temps une liaison de cette chose avec la perception ». A 235 ; *OP* I, p. 965. Il convient de comprendre que la réalité chez Kant ne s'identifie nullement avec l'existence, nous prévenait Heidegger – c'est l'un des héritages de la métaphysique pré-kantienne : Cf. *Qu'est-ce qu'une chose ?*, p. 219-223.

[3] *DKO*, p. 237-238.

[4] A 171-175/B 213-216 ; OP I, p. 910-914.

> *[Elle – J.H.P]* présente le fondement et l'origine de la grandeur extensive, *celle-ci pouvant être produite par celle-là – de telle sorte que, par cette grandeur intensive, le réel peut être abandonné à la préparation scientifique opérée par la physique, préparation que, dans une liaison interne avec les présuppositions de la mécanique, le* calcul infinitésimal *achève*[1].

Le lien de la dynamique et de la cinématique n'exige aucune explicitation poussée tant il paraît évident : c'est la géométrie qui réalise cette unité sans les réduire pour autant l'une à l'autre. A cet égard, la démarcation vis-à-vis de Leibniz, dont Kant n'apercevait pas toute la portée de la loi de la continuité infinitésimale[2], s'avère très instructive. L'on serait passé, à en croire Vuillemin, d'une opposition « abstraite » à une opposition concrète :

> *La liaison que Kant établit entre ces deux sciences, indique déjà le dessein transcendantal : si les réalités dynamiques présupposent nécessairement les déplacements phoronomiques, il est impossible qu'elles nous conduisent hors des limites de l'expérience possible dans le monde pur des choses en soi. Mais l'espace et le temps devront demeurer comme les conditions à l'intérieur desquelles apparaîtront les phénomènes dynamiques. Ainsi, à travers cette restriction, absolument étrangère à la pensée leibnizienne, nous pressentons déjà le thème majeur que développera la Mécanique : la spatialité des substances et leur divisibilité à l'infini, leur relativité essentielle. Que la Dynamique présuppose la Phoronomie, cela signifie la possibilité d'une révolution copernicienne concernant la catégorie de substance, révolution qui est sans doute le cœur de l'idéalisme kantien*[3].

Précisions, avec ce dernier, la teneur de cette dynamique en insistant sur la détermination kantienne des forces fondamentales : on s'intéressera ainsi à la manière dont elle correspond aux Anticipations de la perception. On peut observer de prime abord qu'elle ne mobilise plus la photométrie, alors que jusque dans la *Critique* le *paradigme photométrique* du rapport entre éclairements et intensités concernant la variation du flux lumineux ou de la quantité de lumière, ce paradigme était exploité suivant le concept qu'en avaient forgé Bouguer et Lambert. Ceci peut aisément s'expliquer,

---

[1] *KTE*, p. 758 ; trad. fr., p. 582.

[2] H. Cohen faisait observer que la terminologie de Kant est ici très flottante parce qu'il voulait « esquiver la référence à Leibniz ». Au lieu de définir la continuité en termes infinitésimaux, il se servait plutôt de la notion de « limite », en se rapportant volontiers au terme de « fluxion » de Newton : c'est pourquoi les grandeurs continues sont dites « fluentes ». J. Vuillemin abondait dans le même sens. Pourtant la fécondité de la théorie leibnizienne est, à en croire Cohen, ce qui manquait à Kant. H. Cohen, *Commentaire*, p. 126-127 ; J. Vuillemin, *PMK*, p. 232-233.

[3] *PMK*, p. 87.

étant donné que l'existence de l'opposition réelle – faisant de toute détermination « la synthèse d'une réalité et d'une négation qui n'est plus = 0, mais qui est devenue une grandeur négative » –, en vient à constituer le poumon de la dynamique alors que les Anticipations de la perception et la photométrie qui les illustraient dans la *Critique* faisaient de la négation un défaut d'être[1]. Rappelons que Kant poursuivait dans la *Critique* l'objectif consistant à élucider la transformation du jugement de perception en jugement d'expérience :

> *Ici, le jugement de perception est la sensation d'intensité portant sur les qualités secondes, et le jugement d'expérience la projection transcendantale de cette intensité dans l'objet = X, auquel est par là attribué un degré*[2].

Ainsi lui apparaissait-il que

> *[...] Les grandeurs intensives ne sont donc pas une imperfection du continu. Elles représentent un continu* sui generis, *ou mieux, comme une synthèse* sui generis *du continu et du discontinu. [...] Les grandeurs intensives interviennent comme une synthèse des grandeurs discrètes de l'Arithmétique et des grandeurs continues de la Géométrie*[3].

En effet, le *Corollaire général à la dynamique* présente la manière dont Kant y exprime le déploiement des catégories de la qualité (réalité, négation et limitation), eu égard à la matière elle-même prise au sens qualitatif et en sa capacité d'être mobile. Cette dynamique expose, premièrement, « le REEL dans l'espace (appelé aussi solide), à propos du remplissement de cet espace par la *force de répulsion* », laquelle « est cette force par laquelle une matière peut être cause qu'une autre s'éloigne d'elle (ou, ce qui revient au même, par laquelle elle empêche une autre de s'approcher) » ; deuxièmement, « ce qui est NEGATIF par rapport au réel, c'est-à-dire par rapport à l'objet véritable de notre perception externe : ce négatif est la *force attractive* qui, s'il tenait qu'à elle, pénétrerait l'espace

---

[1] *PMK*, p. 129-134.

[2] La différence majeure entre le principe des grandeurs extensives et le principe des grandeurs intensives tient à la dualité entre intuition et sensation. « La quantité de la première est synthétisée dans l'appréhension successive des grandeurs extensives et donne lieu aux Axiomes, tandis que la quantité de la seconde est sommée dans l'instant et fournit les grandeurs intensives aux Anticipations ». Autrement dit, « toute sensation est par elle-même le résultat inconscient d'une sommation instantanée » : « on peut définir l'obscurité de la sensation par l'absence de la conscience réflexive dans la genèse du résultat, alors que la clarté intuitive provient de l'évidence qui s'attache au schématisme de l'intuition ». *PMK*, p. 140.

[3] *PMK*, p. 141-142.

tout entier et supprimerait entièrement le solide », sachant qu'elle « est cette force par laquelle une matière peut être cause qu'une autre s'approche d'elle (ou, ce qui revient au même, par laquelle elle s'oppose à l'éloignement d'une autre) » ; troisièmement, « la LIMITATION de la première de ces forces par la seconde, et la détermination qui en résulte, du *degré de remplissement* de l'espace[1] ».

De façon synthétique, nous avons ici le « plan » de cette *dynamique métaphysique*, dont la thèse principale consiste en l'*implication réciproque des deux forces constitutives de la matière* selon que la force répulsive d'impénétrabilité est toujours relative et la force attractive agit toujours immédiatement et à distance[2]. Rappelons que le mobile est pris en son aptitude à « remplir un espace », c'est-à-dire à « résister à tout mobile qui s'efforce par son mouvement de pénétrer dans un certain espace[3]. » Le remplissement dynamique de l'espace met en évidence ce que Lambert, à la suite de Descartes, laissait en suspens par sa notion phoronomique d'occupation spatiale fixée selon la *solidité* de la substance. Or, « la matière remplit un espace non par sa simple existence, stipule le premier théorème dynamique, mais par une *force motrice particulière* », d'où, les deux sortes de forces motrices, répulsive et attractive, de la nature matérielle auxquelles peuvent être ramenées toutes les forces[4]. On sait que la première force n'a pas le privilège que lui accordait ici Kant. Chez Newton et au-delà de ce dernier, elle ne renferme qu'une vertu hypothétique : l'existence de forces transversales en est venue à saper l'exclusivisme des forces agissant de manière rectiligne. En revanche, elle acquiert, quant à sa dualité avec la seconde force, une fonction rectrice au sein de la dynamique kantienne en ce qu'elle repousse le caractère non moins obscur qu'absolu de l'impénétrabilité de la matière. Ce sont, en fin de compte, les forces répulsives qui fondent la notion de l'impénétrabilité associée au remplissement spatial, étant entendu que « la matière peut être *comprimée* à l'infini, mais *jamais entièrement pénétrée* par une matière, si grande que soit la force de pression de cette matière (Théorème 3) » : la compression ne peut

---

[1] *Anfangsgründe*, AK IV, p. 497-499 et 523 ; *OP* II, p. 401-403 et 437.

[2] Kant soutient dans la Définition 4 : « Je nomme *impénétrabilité relative* de la matière celle qui repose sur la résistance croissant proportionnellement au degré de compression ; et celle qui repose sur ce présupposé que la matière comme telle n'est susceptible d'aucune compression, je la nomme *impénétrabilité absolue*. Le remplissement de l'espace dû à l'impénétrabilité absolue peut être appelé *mathématique*, et celui qui est dû à l'impénétrabilité seulement relative, remplissement *dynamique* ». On a par là l'un des principes d'opposition du dynamisme au mécanisme. *Anfangsgründe*, AK IV, p. 501-502 ; OP II, p. 407.

[3] *Anfangsgründe*, AK IV, p. 496-497; *OP* II, p. 400-401.

[4] *Anfangsgründe*, AK IV, p. 497-498 ; *OP* II, p. 401-403.

nullement intervenir de manière à supprimer complètement l'espace d'extension de la matière[1]. Ainsi, le deuxième théorème stipule que

> *la matière remplit ses espaces par des forces répulsives de toutes ses parties, c'est-à-dire par une force d'extension qui lui est propre, et qui a un degré déterminé, par rapport auquel on peut concevoir des degrés plus petits ou plus grands à l'infini*[2].

Cela veut dire que cette force, en tant que principe d'expansion ou d'élasticité originaire de la matière, ne saurait à elle seule suffire à fonder les substances matérielles par le remplissement continu de l'espace. Son action doit être finie, ou elle doit être de degré fini, sans quoi il n'y aurait que le vide. Elle est dite finie parce que limitée nécessairement par l'action opposée de la force attractive (force de compression originaire) – d'où, « nécessairement le lien d'une synthèse réelle, et non d'identité logique », si l'on en croit le cinquième Théorème[3].

En effet, l'acception des forces fondamentales de la matière portait Kant à reconsidérer l'*épineux problème de l'infini* en rupture avec sa conception monadiste originelle qui fut influencée par le leibnizianisme, assimilé *in fine* à l'atomisme[4]. La divisibilité à l'infini de l'espace géométrique implique la divisibilité à l'infini de la matière, qui est saisie phénoménalement (en termes de séparabilité physique et de variabilité chimique), c'est-à-dire en sorte que l'extériorité spatiale devienne, contrairement à ce qu'en pensait Leibniz, constitutive de la *substance matérielle* entendue comme objet de l'expérience réelle. Laquelle substance phénoménale est sans commune mesure avec le monde intelligible des choses en soi, parce que saisie précisément selon que le « mouvement » en constitue l'attribut principal (Définition 5 et Théorème 4) : « ce qui dans l'espace est mobile pour soi, c'est-à-dire indépendamment de tout ce qui existe d'autre en dehors d'elle dans l'espace », telle est la substance matérielle prise phénoménalement en ce qu'« elle est *divisible à l'infini*, et ce en parties dont chacune à son tour est matière[5] » :

> *[...] aussi loin que s'étend la divisibilité mathématique de l'espace que remplit une matière, aussi loin s'étend également la division physique*

[1] *Anfangsgründe*, AK IV, p. 501 ; *OP* II, p. 406.
[2] *Anfangsgründe*, AK IV, p. 499 ; *OP* II, p. 403.
[3] Voir les théorèmes 5 et 6 : *Anfangsgründe*, AK IV, p. 508 et 512 ; *OP* II, p. 416 et 421.
[4] Voir les deux remarques jointes au théorème 4 où Kant analyse l'opposition du mathématicien et du métaphysicien : sa thèse s'appuie sur l'opposition de l'en soi et du phénomène : *Anfangsgründe*, AK IV, p. 504-508 ; *OP* II, p. 410-416.
[5] *Anfangsgründe*, AK IV, p. 503 ; *OP* II, p. 408-409.

possible de la substance qui le remplit. Or, la divisibilité mathématique va à l'infini, par conséquent la division physique également ; c'est-à-dire que toute matière est divisible à l'infini, et cela en parties dont chacune est à nouveau une substance matérielle[1].

La solution critique des deux premières Antinomies est, à cet égard, d'un intérêt capital. Nous y reviendrons à la fin de cette partie. En effet, la structure phénoménologique de la pensée kantienne de la physique, tant soulignée par J. Vuillemin, acquiert une portée significative : « si l'on doit trouver quelque part un exposé exact de la philosophie kantienne de la nature, c'est ici, soutient-il[2] ». Pourtant, il n'ignore nullement que cette exactitude ne soit le gage de la pertinence de la doctrine s'agissant du développement ultérieur de la physique. Du moins, dans la *Remarque générale sur la dynamique*[3], il apparaît dans la défense kantienne du dynamisme d'inspiration newtonienne, confrontée au mécanisme d'inspiration cartésienne, la mise en cohérence de l'idéalisme transcendantal quant aux limites intrinsèques des concepts mathématique et mécanique des forces fondamentales : mise en cohérence qui culmine dans sa *conception de la diversité* et, donc, des états de la matière où se combinent des considérations physiques, optiques et chimiques : des forces fondamentales, on ne saurait tirer, soulignait Kant, « une explication suffisante de la possibilité de la matière et de ses différences spécifiques » ; il lui paraissait pouvoir du moins « exposer [...] les *éléments* auxquels cette diversité spécifique doit être entièrement déductible *a priori* (bien que précisément la possibilité de cette diversité ne soit pas *a priori* concevable ». A ce niveau par conséquent, c'est la qualité elle-même ou ses éléments constitutifs qui se trouvent déployés en fonction des différents niveaux catégoriaux : d'abord, selon la quantité elle est saisie en termes de volume et de densité, ensuite, selon la qualité elle est appréhendée en termes de cohésion et de fluidité, en

---

[1] *Anfangsgründe*, AK IV, p. 504 ; *OP* II, p. 410. La force répulsive est certes de degré finie en tant qu'extension possible de la matière, elle doit pourtant être conçue selon qu'elle implique l'infini, à l'instar de son opposée : « la force originelle d'attraction, sur laquelle repose la possibilité même de la matière comme telle, s'étend immédiatement et à l'infini dans l'espace de l'univers, de toute partie de cette matière à toute autre, stipule le Théorème 8 ». Constitutives, ces forces appartiennent à chacune des parties de la matière divisible elle-même à l'infini. *Anfangsgründe*, AK IV, p. 516 ; *OP* II, p. 428.

[2] *PMK*, p. 171.

[3] *Anfangsgründe*, AK IV, p. 536-541 ; *OP* II, p. 455-462.

outre, selon la relation elle est comprise en terme d'élasticité, enfin, selon la modalité elle est comprise en termes de liaison et de séparation[1].

Nous ne pouvons pas nous étendre ici sur la théorie kantienne des états de la matière, et, c'est en filigrane que nous ferons ressortir la signification du privilège, essentiel aux yeux de Kant, du dynamisme sur le mécanisme. En effet, Vuillemin soulignait que « tout le progrès philosophique de Descartes à Kant tient ainsi dans une formule : Je pense donc je suis, parce que chaque sensation a un degré fini[2] ». Il convient alors de se rendre compte que le principe des grandeurs intensives fait droit aux qualités secondes mises en cause par Descartes dans la mesure où, en dépit du reproche fait à Kant de manier presque exclusivement les schèmes mathématiques pré-leibniziens ou pré-newtoniens, ce principe, comme le soulignait Hermann Cohen, « n'est rien d'autre que l'introduction du calcul infinitésimal dans l'édifice critique », conformément au « passage de la synthèse proprement mathématique dans les intuitions pures de l'espace et du temps à la synthèse physique et existentielle provoquée à l'occasion du choc de la sensation[3] ». Ainsi s'explique le renversement dynamiste de l'ordre cartésien d'évidence toute mathématique – voici le résumé qu'en faisait Vuillemin :

> *Nous retrouvons dans cette comparaison l'opposition du Je pense cartésien, modèle de l'idée claire et distincte, et du Je pense kantien qui est tout autre qu'évident. Mais nous apercevons aussi que ce sont précisément aux positions mécanistes qu'incombe un préjugé métaphysique concernant l'usage des mathématiques, préjugé que Descartes avait si solennellement affirmé en proposant comme idéal de connaissance la* mathesis universalis. *Une physique simplement mathématique n'est qu'un abus de l'imagination qui prend la place de la pensée vraie. Qu'on ne puisse pas construire adéquatement l'intensité dans l'espace, sinon en usant d'anticipations qui ne nous permettent pas d'ailleurs d'entrer intuitivement dans la réalité même, que, dans le cas des grandeurs intensives, la genèse du continu échappe par définition à l'appréhension, voilà qui indique non les faiblesses du dynamisme lui-même, mais simplement les limites qu'il doit imposer à l'imagination du réalisme géométrique. Dans la perspective kantienne elle-même, on retrouve l'*Hypotheses non fingo *: le mathématicien ne saurait pénétrer l'essence des forces. Il ne peut que les admettre et les construire*

[1] *Anfangsgründe*, AK IV, p. 525-532 ; *OP* II, p. 440-450. Voir le commentaire de J. Vuillemin, *PKM*, p. 174-189. Pour la réflexion kantienne sur la chimie, voir Mai Lequan, *La chimie selon Kant*, Paris, PUF, 2000.

[2] *PMK*, p. 145.

[3] *PMK*, p. 144.

dans l'intuition, faute de quoi les prestiges de l'imagination le conduiront aux fantaisies des tourbillons et du vide[1].

Kant tenait à préciser que « le contact mathématique sert [certes] de fondement au contact physique », mais celui-ci s'avère être un rapport dynamique en tant qu'« action réciproque des forces répulsives à la limite commune de deux matières » – d'où, l'appellation de *force superficielle* distinguée de la *force pénétrante* qu'est la force attractive (Définition 7). Celle-ci, outre « l'action et la réaction immédiate de l'impénétrabilité », définit le concept d'une action immédiate à distance des matières les unes sur les autres *à travers l'espace vide*. Ce dernier est censé être l'espace compris entre deux matières (particules, corps ou substances) : en tant qu'elle est au fondement de la matière, l'attraction se trouve indépendante aussi bien de tout contact que du remplissement de l'espace entre le moteur et le mobile (Définition 6, Théorème 6 et Démonstration). Il s'ensuit qu'à une force répulsive primitive fait face, mieux, interagit *nécessairement* une force attractive qui, même si elle a l'air d'être *dérivée*, s'avère tout aussi *originelle* et, de surcroît, universelle – cela suppose que chacune des forces soit donc définie suivant une loi constante spécifique, question purement mathématique, « qui détermine le rapport dans lequel varient à la fois l'attraction originelle et la répulsion originelle, pour diverses distances de la

---

[1] *PMK*, p. 173-174. En fait, le dynamisme kantien fait apparaître la confusion du mécanisme et du mathématisme – réduction des forces attractives aux forces répulsives, confusion de l'attraction « vraie » et de l'attraction apparente conçue suivant le modèle de la répulsion par contact, introduction d'une matière sans poids d'un côté (l'éther newtonien), et d'une force de pression infinie et de vitesse infinie de l'autre (tourbillons cartésiens). Ce mathématisme implique deux difficultés majeures : celle de l'action prochaine et celle du vide qui tiennent l'une et l'autre de la confusion de la physique et de la géométrie. Le dynamisme kantien semble faire la synthèse de Descartes et de Newton : l'éther newtonien se trouve pensé à la manière de la matière subtile cartésienne : « non comme un milieu de forces, mais comme un ensemble de particules destinées à transmettre le mouvement. » Dans cette optique, « l'éther ne diffère en rien de l'espace vide, ce qui fait revenir à une position dynamique de l'attraction immédiate à distance comme force fondamentale », étant entendu que le concept de contact physique n'est pas plus clair que celui d'action à distance, puisque tous deux exigent pour être pensés adéquatement, qu'on passe du mathématique au physique, de l'essence à l'existence. De plus, il est, à la différence de son rival, de peu d'utilité objective, dans la mesure où il ne permet aucune mesure. Lorsqu'on considère comme réelle l'attraction à distance, elle permet à la physique d'établir des lois. [...] Une fois de plus, Kant choisit la fécondité expérimentale contre l'élégance intuitive. En ce sens, et en dépit du pressentiment empirique de la physique du champ que Newton a exprimé dans le concept d'éther, c'est Kant qui a le sens le plus juste de l'actualité scientifique de son temps ». *PMK*, p. 148-155.

matière et de ses parties entre elles » : la différence de la direction des deux forces est ici primordiale ainsi que la grandeur de l'espace où elles s'exercent[1]. Mais, Kant tenait à préciser que là n'était pas son entreprise principale qui est somme toute métaphysique (Théorème 8, Corollaire 1) – néanmoins, cette métaphysique de la nature fournit les rudiments nécessaires à la construction mathématique. Ainsi peut-on affirmer que « l'attraction originelle de la matière agirait, à une distance quelconque, en raison inverse du carré de l'éloignement ; la répulsion originelle agirait en raison inverse des cubes des distances infiniment petites ». La seconde loi de répulsion serait celle de Mariotte (PV = constante, où P indique la pression et V le volume), loi à l'égard de laquelle Kant exprimait une certaine réserve. Il s'ensuit que

> *La* loi générale de la dynamique *serait dans les deux cas la suivante : l'action de la force motrice exercée par un point sur tout autre point extérieur est en raison inverse de l'espace dans lequel la quantité constante de force motrice a dû se diffuser pour agir immédiatement sur ce point à une distance déterminée*[2].

En effet, Kant n'a pas manqué de souligner l'incohérence de la réserve de Newton à l'égard de l'action immédiate des matières, même si cette réserve était motivée par le fameux *Hypotheses non fingo.* Dès lors que ce

---

[1] « De l'attraction au contact, remarquait Kant, il ne peut résulter de mouvement ; car le contact est l'action réciproque de l'impénétrabilité, ce qui exclut tout mouvement. Il faut donc qu'existe une attraction immédiate en dehors du contact, et par conséquent, une action à distance ; autrement, en effet, puisque les forces de compression et de choc, qui doivent produire la tendance au rapprochement, agissent en sens inverse de la force répulsive de la matière, elles ne pourraient avoir aucune cause, du moins aucune cause originellement inhérente à la nature de la matière ». Cf. *Anfangsgründe*, AK IV, p. 511-515 ; OP II, p. 421-425.

[2] *Anfangsgründe*, AK IV, p. 517-522 ; *OP* II, p. 428-436. On peut observer avec Vuillemin que Kant faisait usage de deux procédés pour donner un aperçu de la construction mathématique des forces : « le premier est celui des rayons circulaires, le second celui des enveloppes sphériques. Kant expose les difficultés du premier et les avantages du second, pour l'attraction d'abord et pour la répulsion ensuite, et, dans le premier de ces exposés, il fait constamment appel à l'Optique pour illustrer les procédés de construction de la gravitation, ce qui est un rapprochement entièrement conforme à l'esprit newtonien, comme en témoigne par exemple la double origine du concept d'éther chez Newton, à la fois emprunté à l'Optique et à la Mécanique ». Cependant, pour expliquer la transmission de la lumière, Kant adhérait aux vues de Huygens, sachant que la tentative newtonienne d'unir théorie ondulatoire et théorie corpusculaire n'avait pas la réussite escomptée dans la mesure où, à l'époque de Kant, le schème cartésien s'imposait comme cadre théorique de construction des phénomènes optiques. Cf. *PKM*, p. 164-169.

dernier formulait le théorème de l'attraction universelle selon lequel l'action de deux matières l'une sur l'autre s'avère proportionnelle à leur masse et inversement proportionnelle au carré de leur distance, force lui aurait été de reconnaître, *ipso facto*, qu'une matière exerce une force motrice inhérente à sa qualité essentielle d'être matière, si ce n'est de préférence cette force qui fonde elle-même ce théorème. C'est pourquoi

> *[...] on ne peut donc pas se prétendre être le continuateur de ce grand fondateur de la théorie de l'attraction, si l'on se permet de substituer une attraction apparente à l'attraction véritable qu'il affirmait, et si l'on admet la* nécessité *d'une impulsion par le* choc *pour expliquer le phénomène du rapprochement*[1].

Aussi peut-on conclure :

> *L'*action *de l'attraction universelle que toute matière exerce immédiatement sur toute autre, et à n'importe quelle distance, s'appelle* gravitation *; l'effort pour se mouvoir dans la direction de la plus grande gravitation s'appelle la* pesanteur. L'action de la force répulsive, commune à toutes les parties d'une *matière donnée quelconque s'appelle* l'élasticité originelle *de cette matière. Ainsi l'élasticité et la pesanteur constituent les seuls caractères universels qu'on puisse discerner* a priori *dans la matière, le premier interne, et l'autre concernant les rapports extérieurs. Car c'est sur ce double fondement que repose la possibilité même de la matière ; la* cohésion, *lorsqu'elle est définie comme attraction réciproque de la matière, attraction qui n'est limitée que par le contact, n'appartient pas à la possibilité de la matière en général, et ne peut donc pas être reconnue* a priori *comme y étant liée. Cette propriété ne serait donc pas métaphysique, mais physique, et n'appartiendrait pas à nos considérations présentes*[2].

Ce ne serait pas trop insister sur le caractère métaphysique de l'investigation de Kant que de rappeler qu'il tenait à ce qu'on n'intègre pas comme telle l'exposition mathématique des lois d'une attraction et d'une répulsion originelles dans son exploration métaphysique de la matière. Ce sont avant tout les doutes relatifs à cette exposition qu'il voulait évacuer du concept proprement métaphysique du « remplissement de l'espace comme une propriété dynamique de la matière ». La « considération finale » sur l'opposition du dynamisme au mécanisme visait, en tout état de cause, à rester sur ce terrain de la *réflexion pure*, en ayant du reste en vue les principes mêmes d'une *philosophie expérimentale*. En ce sens, le présupposé demeure le même, c'est qu'il faut démarquer la vraie métaphysique de la

---

[1] *Anfangsgründe*, AK IV, p. 515 ; *OP* II, p. 226.
[2] *Anfangsgründe*, AK IV, p. 518 ; *OP* II, p. 430.

fausse : l'alternative porte à ce niveau sur la *conception du vide* en ce qui concerne l'explication des différences spécifiques de la matière[1].

Nous n'entendons pas nous arrêter sur le fait que le mécanisme défini ici ne peut pas être en tous points attribué à la doctrine cartésienne proprement dite, quand bien même il correspondrait à ce qu'on peut identifier comme des conséquences découlant de celle-ci. Il ne serait pas inutile d'indiquer que la dynamique kantienne n'est pas sans difficultés, bien que les postkantiens et les romantiques allemands en fissent la source incontestable de leurs *Naturphilosophien*. Paul Tannery relevait notamment la difficulté de l'exclusivisme des forces s'exerçant suivant la ligne droite reliant deux particules. En outre, l'indépendance des forces fondamentales ne serait pas concevable jusqu'au bout sans que l'une soit dérivable de l'autre, ou sans que l'on considère les modèles de dérivation. Par ailleurs, les coefficients intensifs déterminant l'implication réciproque de telles forces n'apparaissent pas pouvoir être tenus pour les seuls principes explicatifs de toutes les propriétés de la matière ; sans compter, souligne François de Gandt, la difficulté attachée au traitement de la notion de contact[2]. Ces difficultés n'ont pas échappé à J. Vuillemin qui en faisait part tout en insistant sur le fait que même si l'intuition dynamique de Kant ne souffrait aucune incohérence logique, il passait cependant à côté d'un implicite majeur de la pensée newtonienne, implicite qui favorise *le passage d'une physique de la substance à une physique du champ* :

> *Telle est la conséquence des limites propres de la science du XVIIIe siècle : à l'antinomie féconde de la substance et du champ, se substitue une antinomie éculée et surtout non susceptible de mesure, celle du dynamisme et du mécanisme*[3].

Il convient néanmoins de garder à l'esprit que la cohérence logique kantienne est à ce prix, celui de « systématiser la philosophie naturelle de Newton autour de ce principe » fondamental qu'est celui de continuité, qui se trouve lui-même suspendu au principe d'un déterminisme simple :

> *L'effort de Kant va consister à harmoniser continuité et substance ; il aboutira à un concept nouveau de continuité, celui de grandeurs intensives, aussi bien que de la substance, celui d'un ensemble relatif de matière toujours divisible à l'infini*[4].

---

[1] *Anfangsgründe*, AK IV, p. 532-535 ; *OP* II, p. 450-555.
[2] L'Introduction de F. de Gandt : OP II, p. 355-357.
[3] *PMK*, p. 193.
[4] *PMK*, p. 192

Ce faisant, il passait outre la *dualité de la matière pesante et de la matière sans poids* sans entrer « dans les débats concernant l'explication de la transmission optique, électrique et magnétique » – tout en méconnaissant la dualité classique de l'énergie-matière. Toutefois, s'il faisait appel à l'*éther* comme concept-limite, il n'en avait pas besoin pour expliquer la gravitation puisqu'il reconnaissait contrairement à Newton l'action à distance. En ce sens, l'insuffisance de la dynamique kantienne ne s'élucide qu'eu égard à l'évolution de la physique. Il appert alors que cette dynamique, en combinant des considérations de « Mécanique céleste, de physique empirique et de chimie », n'a jamais formé une partie intégrante de la physique. Il est établi que seule l'attraction ou la gravitation est une véritable force, la répulsion n'est qu'une pression. Certes,

> *La distinction entre force pénétrante et force superficielle est exacte ; mais [Kant] aurait dû écarter l'idée d'équilibrer deux réalités hétérogènes qui n'ont pas même équation dimensionnelle. De là l'estimation controuvée de la grandeur des deux forces*[1].

Si l'on se base sur les travaux de Boscovich, il s'ensuit que l'attraction universelle régit le monde macroscopique tout comme le monde microscopique, mais « aux petites distances, l'attraction finit par se changer en répulsion comme le montre la résistance des corps à la pénétration ». Néanmoins, l'impénétrabilité ne saurait être absolue, ce que corrobore la physique moderne, pour la structure du noyau par exemple, « les phénomènes de transmutations [...] à la faveur d'une énergie extérieure suffisante » : « la notion de barrière de potentiel illustre cette augmentation de la force de répulsion aux petites distances, et éventuellement son annulation et son inversion à des distances encore plus petites ». Cela met en évidence l'une des erreurs de Kant « d'assimiler la loi de Mariotte et l'expression de la loi de répulsion » : à la suite d'Avogadro et de Boltzmann, donc, des avancées de la mécanique statistique, il découle qu'il confondait les lois dynamiques et les lois statistiques, alors qu'elles correspondent les unes et les autres à deux espèces différentes de synthèse physique, du fait même qu'il était incapable de penser la probabilité[2]. Tout compte fait, au regard du développement de la physique moderne à travers la voie tracée de la théorie du champ électromagnétique vers les théories de la relativité et de la mécanique quantique, Vuillemin n'hésitait pas à faire le constat (une sorte de verdict) qui suit relativement au traitement kantien du dualisme susmentionné :

---

[1] *PMK*, p. 190.
[2] *PMK*, p. 191-192.

*Par l'effet d'un paradoxe apparent, Kant résout au profit du dynamisme et des grandeurs intensives, l'antinomie apparente du dynamisme et du mécanisme, tandis qu'il rejette dans le domaine des pures idées de la raison, l'antinomie de l'individu et du milieu physique, qui sera le moteur de la physique du XIX*e *siècle. Aussi, la physique moderne a apporté des solutions aux problèmes que Kant jugeait insolubles, et elle a oublié les problèmes qui lui paraissaient fondamentaux en dynamique*[1].

Qu'en est-il, dans ces conditions, de la mécanique kantienne à proprement parler, et de sa relation avec celle de Newton ? Celle-ci présuppose les principes de la dynamique qu'elle mobilise en vue d'approfondir l'étude métaphysique de la matière. C'est pourquoi la première définition que Kant y formule ainsi que la remarque qui l'éclaire mettent en exergue le principe premier d'un tel déplacement où la matière est saisie comme « le mobile, en tant qu'il a, comme mobile, une force motrice ». Se trouve en jeu ici, à la différence du concept proprement dynamique, la propriété *communicative* du mouvement, selon que la matière mue par une force motrice « transmet » son mouvement à une autre. Cela dit, toutes les propriétés dynamiques sont requises en ce qu'elles sont constitutives de toute substance matérielle, qui ne puisse « partager » son mouvement que suivant le modèle originaire des forces attractive et répulsive[2]. On se rappelle que Kant tenait à éviter de donner des démonstrations mécaniques dans sa phoronomie tout comme dans sa dynamique. La distinction de celle-ci et de celle-là relevait de la différenciation des principes des grandeurs extensives et intensives qui, bien que véritablement mathématiques, sont au fondement de deux régimes – certes complémentaires, mais autonomes – de « possibilisation » de la matière donnée dans les Axiomes intuitifs et les Anticipations perceptives. Par conséquent, le rapport de la dynamique à la mécanique s'avère relative à celui entre la catégorie de la qualité et celle de la relation : ce qui accuse le *passage du mathématique au dynamique*, du *constitutif concernant l'essence (certitude intuitive) au régulateur concernant l'existence (certitude discursive)*, dont la première occurrence se trouve dans le principe des Analogies de l'expérience stipulant ceci : « *L'expérience n'est possible que par la représentation d'une liaison nécessaire des perceptions*[3] ». La liaison en question s'identifie non à celle de l'*homogène*, mais à celle de l'*hétérogène*. Ce qu'explicite le concept philosophique d'« analogies », à la différence du concept mathématique conforme aux axiomes et aux anticipations :

---

[1] *PMK*, p. 193.

[2] *Anfangsgründe*, AK IV, p. 536-537 ; *OP* II, p. 455-456.

[3] A 176/B 218 ; *OP* I, p. 914.

> *En philosophie, les analogies signifient quelque chose de très différent de ce qu'elles représentent en mathématique. Dans celle-ci, ce sont des formules qui expriment l'égalité de deux rapports de grandeur, et elles sont toujours* constitutives, *de sorte que, quand trois membres de la proportion sont donnés, le quatrième est aussi donné par là, c'est-à-dire peut être construit.* Dans la philosophie, au contraire, l'analogie est l'égalité de deux rapports non quantitatifs, *mais* qualitatifs, *dans lesquels à partir de trois membres je ne puis connaître et donner* a priori *que le rapport à un quatrième, mais non ce quatrième membre lui-même ; j'ai bien cependant une règle pour le chercher dans l'expérience, et une marque pour l'y découvrir. Une analogie de l'expérience ne sera donc qu'une règle suivant laquelle l'unité de l'expérience (non comme perception même, à titre d'intuition empirique en général), doit résulter des perceptions, et elle vaudra comme principe des objets (des phénomènes) de manière* non constitutive, *mais simplement* régulatrice[1].

Ce *concept philosophique d'analogie* nous permet de faire une remarque générale sur la nécessité des principes dynamiques eux-mêmes. S'ils sont nécessaires, c'est parce que les principes mathématiques sont insuffisants pour déterminer les objets physiques. Certes, ces derniers servent à transformer l'objet empirique en objet défini, mais ils s'avèrent incapables de rendre compte de l'objet (*in situ*) à travers les relations ou rapports d'existence qui le lient non seulement à d'autres objets, mais aussi au sujet, étant entendu que

> *[...] l'appréhension n'est qu'un assemblable du divers de l'intuition empirique, et l'on n'y saurait trouver aucune représentation de la nécessité d'une liaison dans l'existence des phénomènes qu'elle rassemble, au sein de l'espace et du temps*[2] .

Or, « l'expérience est une connaissance empirique, c'est-à-dire une connaissance qui détermine un objet par des perceptions ». D'où, la nécessité, pour que la détermination de l'objet soit complète, que l'on passe de l'absolu mathématique au conditionnel dynamique au regard duquel l'objet est censé être saisi comme *Dasein*, ce qui veut dire quant à « sa position dans l'être ». Les principes fondateurs requis sont qualifiés de « dynamiques » parce qu'ils

---

[1] A 179/B 222; OP I, 917. Sur la notion d'analogie chez Newton, voir J. Vuillemin, *PMK*, op. cit., p. 334-339. A cet égard, voir François Marty, *La naissance de la métaphysique chez Kant : une étude sur la notion kantienne d'analogie*, Paris, Beauchesne, 1980.

[2] A 176/B 218-219; OP I, 914.

> *[...] doivent, en particulier, fonder l'application de la dynamique constituée à partir du principe des grandeurs intensives à la totalité de l'expérience envisagé du point de vue des relations d'existence*[1].

Disons, pour aller vite, que ces relations sont susceptibles d'être considérées du point de vue spatial comme du point de vu temporel : c'est la seconde approche qui est privilégiée, puisque la simultanéité spatiale n'apparaît que comme un cas de la temporalité – sachant que « les trois modes du temps sont la *permanence*, la *succession* et la *simultanéité* ». S'impose alors l'idée que les « relations d'existence » des objets de l'expérience sont « objectivement » déterminées selon que la liaison des perceptions se fait

> *[...] dans le temps en général, par suite seulement par des concepts qui lient* a priori. *Comme ces concepts impliquent toujours en même temps la nécessité, l'expérience n'est possible que par une représentation de la liaison nécessaire des perceptions. [...] De là trois règles de tous les rapports de temps des phénomènes, d'après lesquelles l'existence de chacun d'eux peut être déterminée par rapport à l'unité de tout temps, règles qui précèderont toute expérience et la rendent d'abord possible*[2].

Ces trois règles définissent les analogies de l'expérience elles-mêmes. Et, correspondant aux catégories de la relation, ces analogies sont également au nombre de trois. I) le principe de la permanence de la substance : « *dans tout changement des phénomènes, la substance persiste et son* quantum *n'augmente ni ne diminue dans la nature* » ; II) le principe de la succession dans le temps suivant la loi de la causalité : « *tous les changements arrivent suivant la liaison de la cause et de l'effet* » ; III) le principe de la simultanéité, suivant la loi de l'action réciproque ou de la communauté : « *toutes les substances en tant qu'elles peuvent être perçues comme simultanées dans l'espace, sont dans une action réciproque universelle* ».

Nous n'entendons pas nous attarder à exposer ces principes dans l'économie de la *Critique*, mais les saisir d'emblée au regard de l'approche qu'en ont fait les *Premiers principes* – le réquisit phénoménologique fonctionne ici doublement : dans l'*Aufhebung* qu'opère la mécanique kantienne à l'égard aussi bien de la dynamique ci-dessus exposée qu'à l'égard des analogies de l'expérience elles-mêmes. Avant d'exposer les philosophèmes de ladite mécanique, faisons une remarque importante. Kant affirmait que ces analogies procèdent de la loi suivante : « toutes les déterminations empiriques du temps doivent être soumises aux règles de la détermination générale du temps ». C'est que l'« *unité synthétique* dans le

[1] B. Rousset, *DKO*, p. 238-240.
[2] A 185/B 219 ; *OP* I, 915.

rapport temporel de toutes les perceptions », cette unité se révèle corrélative à l'*aperception originaire* qui « se rapporte au sens interne (à l'ensemble de toutes les représentations) et même *a priori* à sa forme, c'est-à-dire au rapport de la connaissance empirique diverse dans le temps[1] ». Cela signifie tout simplement que la connaissabilité de tout objet dans le temps est indissociable de « l'unité transcendantale *a priori* de cette aperception » : la loi temporelle fonde ainsi les lois dites naturelles en ce que les liaisons définies sont physiques : elles correspondent à des relations constantes entre les objets, en dépit de leur diversité, de leur multiplicité et de leur variété – lesquelles lois ne sont déterminables qu'en tant qu'elles découlent de l'aperception originaire elle-même. Par conséquent, les analogies sont conformes à l'expérience en vertu de leur signification véritablement transcendantale : ce qui les astreint à un usage et une validité empiriques – le fait qu'elles puissent être démontrées relève de tel usage et de telle validité conformément au schématisme du temps :

> *Il suit que les phénomènes ne doivent pas être subsumés sous les catégories simplement prises, mais seulement sous leurs schèmes,* argumentait Kant. *[...] Nous serons donc autorisés par ces principes à ne rassembler les phénomènes que selon une analogie avec l'unité logique et universelle des concepts, et par conséquent nous nous servirons bien dans le principe même de la catégorie, mais dans l'exécution (l'application des phénomènes), nous mettrons à la place de ce principe le schème de la catégorie, comme clef de son usage, ou plutôt, nous le mettrons à côté de cette dernière, comme condition restrictive, sous le nom de formule du principe*[2].

---

[1] B 220 ; *OP* I, p. 915.

[2] Voir l'argumentaire de Kant: A 180-181/B 223-224 ; *OP* I, p. 917-918. Pour la définition des schèmes de la substance, de la causalité et de la communauté : A 144/B 184 ; *OP* I, p. 889.

§ 10. Les analogies de l'expérience et les lois du mouvement

A présent, une question s'impose : comment s'articulent les principes de la substance, de la causalité et de la relation réciproque ? La *question de leur articulation transcendantale* apparaît, du coup, comme celle de leur *usage empirique* en ce qu'ils semblent correspondre « parfaitement » aux trois lois de la mécanique newtonienne : la *loi de la permanence de la masse*, la *loi de l'inertie* et la *loi de l'égalité de l'action et de la réaction.* Alors, c'est en ces termes de correspondance qu'apparaît sous sa forme la plus directe la question même du rapport de Kant à Newton. Ce qui nous amène au prime abord sur le terrain de leur acception de la substance. En effet, l'analyse des textes précritiques sur l'estimation des forces vives et la nouvelle définition du mouvement montre bien que le concept kantien de substance résulte d'une réflexion tout à la fois longue, riche et ardue. A défaut d'en retracer en détail l'itinéraire, il nous paraissait utile, pour en appréhender le concept critique, d'indiquer la teneur de l'approche « pré-transcendantale ». En toute première analyse, si l'on se fie à de Vleeschauwer et à Vuillemin, la reconsidération par Kant de la querelle des forces vives n'aurait pour bénéfice que d'avoir directement installé sa réflexion dans le domaine d'une investigation épistémologique où la différence entre la mathématique et la physique trouvait sa première expression dans le sens du dépassement de Descartes et de Leibniz. Cependant le schème psycho-physique qui soutenait la différence entre force active et force motrice pesait de tout son poids sur la clarté même de la démarche de Kant, dont le non choix peut apparaître après coup comme le signe d'une parfaite maîtrise de la question jugée ultérieurement indécidable. Or, la nouvelle définition du mouvement et du repos semblait emprunter la voie cartésienne, en précisant néanmoins le caractère à la fois vectoriel et relatif de la quantité de mouvement (*mv*) : l'étonnant à ce niveau est que Kant repoussât l'idée d'inertie (en raison même de l'ambiguïté de la notion de force inertielle) et, par là même, le principe leibnizien de continuité – rejet motivé par les confusions de l'infini actuel. Les considérations dynamiques précédentes basées sur le principe des grandeurs intensives remédiaient déjà largement à cette méconnaissance, en ayant mis Kant irrémédiablement sur la voie de l'approfondissement mécanique de la phénoménalité de la substance (dans le sens de *mv*), ce, corrélativement à la nette élucidation du continu.

Comment l'acception proprement critique de la phénoménalité de la substance rencontre-t-elle l'approche newtonienne ? Comprendre cette rencontre, c'est saisir avant tout que le concept critique de substance résulte du dépassement mécanique newtonien de la cinématique cartésienne et de la dynamique leibnizienne. L'erreur leibnizienne était, selon Kant, d'avoir privilégié le schème qualitatif sans voir ce qui le lie au schème purement quantitatif – jugement un peu tronqué. Or, l'intérêt de la détermination cinématique était de promouvoir l'universalité de la relativité. Sans être forcément imaginaire, cette détermination ne permettait certes pas d'assigner le mouvement à un mobile. Mais, l'estimation dynamique ne saurait non plus y parvenir dans la mesure où si elle contient une véritable portée, ce n'est pas en tant qu'elle éclaire la détermination de l'absoluité monadique, mais en tant qu'elle élucide l'action complémentaire des forces constitutives de la matière quant au remplissement spatial : la matière est censée être immobile ou au repos dans la mesure où seule l'action de remplissement spatial par les forces originaires y est à considérer. Ce n'est que d'un point de vue mécanique que la substance peut être convenablement déterminée, car le mouvement est censé être l'attribut d'un corps matériel susceptible de recevoir une force qui le met en mouvement et détermine son rapport avec d'autres corps matériels. Là réside la *différence fondamentale de la dynamique et de la mécanique.* La seconde présuppose la première, mais ce n'est qu'en son sein que la question de la substance requiert toute sa portée et acquiert le traitement convenable. Intervient ici également la masse, à la différence du concept phoronomique de mouvement où seule la vitesse était en jeu : c'est la masse qui donne toute sa concrétude au corps matériel, étant entendu que

> *La quantité de matière peut être évaluée par comparaison avec* n'importe quelle autre*, uniquement par le moyen de la quantité de mouvement qu'elles possèdent pour une vitesse donnée, stipule le premier théorème mécanique (Corollaire au Théorème I)*[1].

Néanmoins, c'est la *force motrice* qui en vient à spécifier la notion mécanique de quantité de mouvement quant à la composition des mouvements : grâce à elle, les mouvements peuvent être saisis comme extérieurs les uns aux autres, car contrairement à l'estimation phoronomique où seule la vitesse des points matériels est considérée, l'on peut prendre en compte la différence de la grandeur du mouvement dès lors que ces points matériels sont considérés en tant que munis de force – cela exclut toutefois l'adhésion à la force vive même si l'expression pourrait être analogiquement mobilisée[2]. A ce titre, la Remarque au premier Théorème mécanique récapitule l'argumentation kantienne en élucidant les concepts de quantité de matière, de masse, de quantité de mouvement, de quantité de substance, ce qui sert à fixer les différences entre la dynamique et la mécanique. Disons en

---

[1] *Anfangsgründe*, AK IV, p. 538 ; *OP* II, p. 457.
[2] *Anfangsgründe*, AK IV, p. 538-539 ; *OP* II, p. 457-459.

résumé que la réflexion kantienne portait, *in fine*, sur la détermination même de la quantité de matière dont il examinait les deux évaluations newtonienne : la masse et le poids[1]. Kant ne perdait pas de vue la difficulté suivante : alors qu'il lui apparaissait que

> *la quantité de substance dans une matière ne peut être évaluée que mécaniquement, c'est-à-dire par la quantité de son mouvement propre, et non dynamiquement, c'est-à-dire par la grandeur des forces motrices originelles*[2],

il ne pouvait passer sous silence le fait que

> *l'*attraction originelle*, cause de la gravitation universelle, peut fournir elle aussi une mesure à la quantité de matière et de la substance (cela a lieu effectivement lorsqu'on compare les matières en les pesant), bien qu'apparemment on se fonde pour cela, non sur le mouvement de la matière attractive, mais sur une mesure dynamique, à savoir la force d'attraction*[3].

Toutefois, Kant introduisait immédiatement un bémol, en affirmant que la mesure en question procède bien de manière mécanique, quoique indirectement. Cette mesure de la substance serait tellement mécanique qu'il n'éprouvait aucune difficulté à privilégier l'estimation newtonienne en termes de poids, souligne J. Vuillemin. Il s'avère que l'estimation en termes de masse (rapport de la densité et du volume), relevant de l'équation dynamique de Boyle-Mariotte, ne peut être retenue à cause précisément de son manque d'universalité ou, mieux, de son applicabilité trop restreinte. L'estimation newtonienne en termes de poids en venait à dépasser le point de vue statique de la masse dont l'unité ne pouvait être fixée[4]. Il est à remarquer que cette estimation demeure mécanique, insiste J. Vuillemin, même si elle fait usage de la pesanteur et de l'attraction terrestre : certes l'accélération de la pesanteur peut être déterminée sans tenir compte de la quantité de matière, mais les poids relatifs de deux matières ne peuvent être mesurés abstraction faite de la masse. Très nettement, il sera établi que « l'attraction, à la différence de la répulsion, fournit donc un principe de mesure tout à fait général, et résout le problème de l'homogénéité et de la compatibilité des substances[5] ». Cependant, pour que la quantité de la substance soit originelle, « la masse doit être considérée comme grandeur fondamentale et la force comme grandeur dérivée, et non l'inverse » :

---

[1] *Anfangsgründe*, AK IV, p. 540-542; *OP* II, p. 459-462.
[2] *Anfangsgründe*, AK IV, p. 541 ; *OP* II, p. 461.
[3] *Anfangsgründe*, AK IV, p. 541 ; OP II, p. 561-562.
[4] Voir la première définition des *Principia*, p. 3.
[5] *PMK*, p. 259.

Le problème de la substance peut se traiter en deux temps : d'abord, pour une vitesse donnée, estimer la quantité de matière par la quantité de mouvement, ensuite estimer la quantité de mouvement par la quantité de matière. Ce procédé n'est pas un cercle, tempère Vuillemin, s'il s'agit dans le premier cas de définir le concept, dans le second de l'appliquer à l'expérience[1].

Tout cela se trouve suspendu au principe de la possibilité de l'expérience qui soumet l'estimation de la substance physique aux conditions spatio-temporelles, en fixant ainsi sa phénoménalité. Prétendre saisir une substance monadique, hors des limites qu'imposent ces conditions transcendantales, est aussi absurde que vouloir réduire la substance matérielle à l'extension géométrique, même si l'extériorité spatiale lui est véritablement caractéristique : l'espace transcendantal est celui-là qui fournit à la substance matérielle ses caractères phénoménaux de diversité empirique et de divisibilité à l'infini au lieu de l'hypostasier dans l'indivisibilité absolue de la monade. Certes, on peut très vite relever l'allure cartésienne de l'argumentation de Kant, dont le concept de l'espace est loin de se confondre avec l'espace absolu newtonien. Toutefois, il convient de ne pas se tromper de filiation :

Plutôt que de revenir à Descartes par-delà Leibniz, il s'agit pour Kant de retrouver les vérités de la physique newtonienne : c'est bien ce que prouve l'introduction de la notion d'intensité – absolument étrangère à Descartes – dans la preuve kantienne[2].

Il s'ensuit que le lieu même de l'intensité est la substance matérielle en tant qu'elle est phénoménale, c'est-à-dire en tant qu'elle est susceptible de mouvements déterminables en fonction de rapports externes qui sont loin de s'identifier aux interactions nomadiques de nature métaphysique. En effet, par les différences mises en exergue entre la phoronomie, la dynamique et la mécanique, Kant ne faisait que donner une expression philosophique du concept newtonien de masse qui demeurait imprécise aussi bien chez Descartes que chez Leibniz. Aussi, il en résulte que la détermination de la quantité de mouvement ne saurait être exhaustive, si n'intervenaient pas conjointement les trois catégories de la relation, les trois

[1] *PMK*, p. 260.

[2] *PMK*, p. 262. Il faut insister sur le fait que même si Kant comprenait la nécessité méthodologique de faire appel à un espace absolu pour déterminer mécaniquement le mouvement, il ne cessait d'en induire l'universalité de la relativité de l'espace, du mouvement et de la substance matérielle en vertu même du caractère vectoriel de la vitesse qui écartait le schème scalaire leibnizien.

analogies de l'expérience et, donc, les lois mécaniques. Autrement dit, c'est par l'élucidation de celles-ci que l'acception kantienne de la substance matérielle apparaît avec la netteté suffisante.

Il faut à présent nous appesantir sur la conception kantienne de ces lois. En fait, la première loi de la mécanique kantienne postule que « dans tous les changements de la nature corporelle, la quantité de matière reste la même au total, n'étant ni augmentée ni diminuée (Théorème 2)[1] ». Il va sans dire qu'elle exprime le principe de la permanence de la substance que présentait la *Critique.* La différence, qui apparaît d'emblée, est que l'on passerait d'une considération temporelle à une considération spatiale – il y va donc du déplacement vers une détermination métaphysique de la science de la nature en tant que science du mouvement déterminable en tant qu'objet du sens externe, étant entendu que la quantité de matière n'est mesurable que par la quantité de mouvement et que celui-ci apparaît également comme la mesure du temps. Pour passer des *jugements de perception* (détermination mathématique des quasi-objets suspendue aux axiomes et aux anticipations) aux *jugements d'expérience* (détermination dynamique des objets quant à leurs rapports d'existence), il fallait *passer du temps subjectif au temps objectif et universel* – cela s'apparente au postulat newtonien dans les *Principia*, où les invariants physiques étaient mis au fondement même de la mesure du temps. Celui-ci avait ainsi la prééminence d'universalité par rapport à l'espace qui en représente l'un des aspects sous le mode de la simultanéité. En effet, en faisant de la substance la première catégorie de la relation et en l'assimilant à la permanence qui « n'est cependant pas autre chose que la manière dont nous nous représentons l'existence des choses (dans le phénomène) », Kant indiquait une fois de plus, commente A. Philonenko, ce qui constitue le cœur de sa *révolution transcendantale en tant que logique du temps* : il écartait du coup la pensée métaphysique de la substance qui la séparait de toute dimension temporelle[2]. Il ne fait aucun doute que

> *Le temps donc, dans lequel doit être pensé tout changement des phénomènes, demeure et ne change pas ; car la successivité et la simultanéité n'y peuvent être représentées que comme des déterminations[3].*

Du coup, « si l'on voulait attribuer au temps lui-même une succession, il faudrait encore penser un autre temps où cette succession serait possible[4] ». Il en découle alors que c'est sur cette « permanence que se fonde

---

[1] *Anfangsgründe*, AK IV, p. 541; *OP* II, p. 562.
[2] *OK*, p. 207.
[3] A 182/B 225 ; *OP* I, 919
[4] A 183/B 226 ; *OP* I, p. 920.

aussi la légitimité du concept de *changement*[1] » : « seul le permanent (la substance) est changé, le variable ne subit pas le changement, mais seulement une *transformation*, puisque certaines déterminations cessent et que d'autres commencent[2] ». En d'autres termes : « la permanence est donc une condition nécessaire, sous laquelle seulement des phénomènes comme choses ou objets, sont déterminables dans une expérience possible[3] ». Bernard Rousset nous explique bien ce dont il s'agit dans ce passage :

> *Puisqu'on appelle substance ce qui subsiste comme sujet des modifications et des relations, c'est une vérité analytique que d'affirmer que ce permanent est nécessairement représenté au moyen du concept de substance. Pour déterminer des relations d'existence dans le temps, il est donc nécessaire de poser d'abord un objet spatial comme substance permanente : il s'agit alors d'une proposition synthétique, puisque nous ne nous contentons pas de dire que la substance est permanente, mais que nous disons que la substance permanente est nécessairement présente dans l'expérience constituée en connaissance objective*[4].

L'expérience constituée en connaissance objective, c'est-à-dire en tant que connaissance physique, dont le concept principal est le mouvement, requiert donc la conditionnalité spatiale sans laquelle la substance matérielle ne puisse être véritablement fixée, sachant que la véritable substance serait le monde dans sa totalité : il apparaît ainsi comme l'unique invariant constitutif de la substance relativement à l'ordre du temps – comme donc le seul substrat temporel. Cependant, ce serait prêter le flanc au dogmatisme que de considérer que le monde comme totalité était connaissable en tant que tel : ce qui supposerait un espace absolu. Dans la mesure où « cette totalité n'étant plus qu'une Idée de la raison et le but d'un progrès indéfini, commentait Vuillemin, le caractère actuel de la notion de substance exige son émiettement[5] ». Dans cette perspective, ce sont des systèmes physiques relativement clos qui servent de principe à la mesure du temps, ces systèmes étant eux-mêmes des substances phénoménales et la substance se saisit elle-même en tant que le signe mathématique =, nous expliquait Philonenko, autrement dit : « c'est de préférence l'ensemble d'un système de phénomènes, caractérisé par l'invariant qui est la quantité de matière [...] qui définit la substance[6] ». Comme l'invariant lui-même est relatif, les substances physiques s'avèrent tout aussi relatives : elles sont, *stricto sensu*,

---

[1] A 186/B 230 ; OP I, p. 923.
[2] A 187/B 231 ; *OP* I, p. 923.
[3] A 188/B 232 ; OP I, p. 924.
[4] *DKO*, p. 240.
[5] *PMK*, p. 283.
[6] *OK*, p. 214.

phénoménales. Par conséquent, la révolution transcendantale réside dans « le fait de lier les notions de substance, de temps, de phénomène et de relation » :

> *[...] ce qui représente le Temps absolu de Newton dans le système critique [caractère vectoriel de la quantité de mouvement] est devenu entièrement relatif : absolu par rapport à ce qu'il sert à mesurer, il est relatif par rapport au tout dont il est abstrait pour pouvoir servir de mesure*[1].

A la lumière de ce qui précède, la correspondance de l'analogie de la substance avec le principe de la permanence de la masse paraît évidente : la substance est saisie comme la quantité de matière, la masse[2], qui est le sujet du mouvement. Les développements qui précèdent suffisent à déterminer la spatialité de la substance en tant que masse, ce qui implique sa phénoménalité et sa relativité dues à l'infinie divisibilité spatiale. Avant de passer à la présentation de la deuxième loi, précisons tout simplement qu'à la différence de la quantité de mouvement, la masse est ici une quantité scalaire :

> *Tandis que Leibniz faisait de l'inertie une pure limitation et cherchait dans l'énergie cinétique la grandeur « scalaire » capable de fonder la substance, Kant, suivant en cela Newton, revient à la notion de quantité de mouvement qu'il conçoit justement de façon vectorielle, mais il conserve néanmoins la substance comme grandeur scalaire en donnant à la masse un sens positif. On comprend ainsi pourquoi la substance est rangée dans la relation et nous appellerons cette relativité la* relativité de la divisibilité *: la substance étant spatiale n'est pas simple, au contraire de la monade. Mais on voit aussi la*

---

[1] *PMK*, p. 283.

[2] C'est donc la quantité de mouvement qui joue ici une fonction duale relativement à la place attribuée à la masse (comprise ultérieurement au regard de la dualité masse-énergie). L'analogie avec Descartes apparaît instructive : « [...] Ce dualisme existait déjà chez Descartes, qui attribuait la substantialité à l'étendue, mais qui conférait aussi la permanence à la quantité de mouvement, sans la concevoir correctement d'ailleurs. [...] les deux permanents n'ont pas, pour ainsi dire, la même dignité métaphysique. L'étendue chez Descartes, la masse chez Kant jouent le rôle principal. Chez le premier, le raccord est mal fait entre la substantialité de l'étendue et le principe de conservation du mouvement. Chez le second, le principe de la conservation de la masse a seul doit au titre de Loi mécanique, bien qu'on ne puisse, en vertu du théorème I, connaître la masse qu'à partir de la quantité de mouvement : au niveau de la substance, la conservation de la quantité de mouvement ne joue donc qu'un rôle auxiliaire pour découvrir la permanence de la masse. Au contraire, au niveau de la troisième loi de la Mécanique, celle de l'égalité de l'action et de la réaction, le principe de la conservation de la quantité de mouvement forme [...] le corps de la démonstration ». Cf. *PMK*, p. 285-286.

raison pour laquelle la masse a une situation à part et n'est pas une vraie relation, comme l'est par exemple, l'action réciproque[1].

En fait, l'*action réciproque* présuppose non seulement le principe de la substance, mais également celui de la causalité – elle est dite relation de communauté parce qu'elle est une relation par causalité réciproque. Nous avons vu que le monde dans sa totalité n'est qu'une Idée de la raison et, à ce titre, il ne saurait aucunement être une substance : « l'unicité » ou, mieux, la simplicité de la substance matérielle est une contradiction dans les termes dans la mesure où elle ne se donne concrètement que sous le mode de la pluralité. Dans le monde phénoménal alors, la relation entre les substances ne peut être pensée qu'au regard de l'action réciproque, elle-même relative au rapport de la catégorie de substance et de celle de causalité : les substances matérielles devant être saisies comme co-existantes, elles n'interagissent donc les unes sur les autres que par le biais de la causalité, étant entendu que

> *ce n'est [...] que parce que nous soumettons la suite des phénomènes, par conséquent tout changement, à la loi de causalité, que l'expérience même, c'est-à-dire la connaissance empirique de ces phénomènes, est possible. Par conséquent, ils ne sont eux-mêmes possibles comme objets de l'expérience que suivant cette loi, soutenait Kant*[2].

Prévaut ici « un concept idéaliste de « phénomène » dans la mesure où « ce qui importe pour le phénomène, c'est la liaison, commentait Cohen » : « *la succession objective, c'est la connexion du divers en objet* ». Apparaît avec les analogies, expliquait ce dernier, l'expression du problème philosophique par excellence, problème hérité de Descartes : celui de la « connexion nécessaire » sur laquelle Kant fonde ici l'expérience ou sa « possibilité » dans la mesure où lui est réductible « le terme général de « synthèse » [...] relativement aux « perceptions ». La nécessité de la connexion est le problème de la connaissance pure qui se résout dans la loi de la causalité. C'est la raison pour laquelle Kant assimile cette loi à celle de la raison suffisante[3]. Nous allons à présent nous intéresser à la manière dont la loi de causalité correspond à la loi d'inertie en tant que seconde loi de la mécanique stipulant :

> *Tout changement de la matière a une cause extérieure. (Un corps quel qu'il soit persiste dans son état de repos ou de mouvement, dans la même direction*

---

[1] *PMK*, p. 286.

[2] A 234/B 324 ; OP I, p. 926.

[3] H. Cohen, *Commentaire*, p. 128 et 134. A 200/B 246 ; *OP* I, p. 934.

et avec la même vitesse, s'il n'est pas forcé par une cause extérieure d'abandonner cet état (Théorème 3)[1].

En écartant l'empirisme humien, Kant prétendait que la causalité n'est qu'une catégorie de l'entendement. Il démontrait que l'*habitus* inductive, basée sur la loi subjective de l'association des idées, ne peut nullement constituer un « principe » en tant que tel compte tenu que l'on ne puisse y fonder ni la nécessité, ni l'universalité du lien de causalité qui unit deux phénomènes quant à la successivité de l'appréhension. Or, « c'est seulement du fait qu'un ordre dans le rapport temporel de nos représentations est nécessaire, que leur est impartie une signification objective[2] » : ce qui suppose que soit nettement dérivée « la *succession subjective* de l'appréhension de la *succession objective* des phénomènes, puisque autrement la première est tout à fait indéterminée, et ne distingue aucun phénomène d'un autre[3] ». De là, il fallait écarter les trois erreurs de Hume qui, ainsi que le décèle Brunschvicg, ne pouvait concevoir d'autre causalité que créatrice[4], dès lors qu'il « concevait l'objet comme étant constitué sans la mise en ordre de la catégorie schématisée », et qu'il confondait le « cours du temps » et « l'ordre du « temps[5] ». En revanche, l'intérêt de l'approche kantienne de la causalité réside, indique A. Philonenko, dans la liaison même de la théorie de la substance et du principe de la grandeur intensive[6] – cela relève du dépassement transcendantal de la logique générale, où un abîme infranchissable était censé séparer la logique et l'existence. Du point de vue de cette nouvelle logique, la causalité ne peut plus être conçue en tant qu'elle s'applique, comme catégorie de la pensée, à des objets qui lui préexistent, mais elle s'avère constitutive de l'objectivité elle-même des objets, non en tant que « simple forme de la pensée qu'exprime le jugement hypothétique, qui ne connaît que l'unité analytique et formelle du principe et de la

[1] *Anfangsgründe*, AK IV, p. 543; *OP* II, p. 465.
[2] A 197/B 243 ; *OP* I, p. 932.
[3] A 193/B 238 ; *OP* I, p. 929.
[4] Certes, Hume concevait la causalité comme créatrice, mais pour mieux la réfuter. Ce faisant, il perdait de vue son *aporirité*. L. Brunschvicg, *L'expérience humaine et la causalité*, Paris, 1949, cité par A. Philonenko, *OK*, p. 213-224.
[5] J. Vuillemin, *PMK*, p. 288-290.
[6] Pour Cohen, c'est la grandeur extensive qui permet d'échapper à la détermination psychologique du temps : au regard même « de la relation méthodologique qu'il entretient à la dynamique – dont la causalité forme la loi fondamentale ». Il n'y a là rien qui puisse s'opposer au fait que la grandeur intensive demeure fondamentale, dans la mesure où la causalité est fondée sur la continuité, si l'on veut, sur *la loi de la continuité infinitésimale* : « *c'est l'infinitésimal qui forme le contenu et la valeur du réel ainsi que le sens de la réalité* ». H. Cohen, *Commentaire*, p. 135-136.

conséquence », mais en tant que « catégorie schématisée et devenue *principe* » :

> *[...] ce sur quoi il faut faire fond c'est le schème de la causalité, qui exprime la catégorie comme unité synthétique du divers donné dans le temps : « Le schème de la causalité d'une chose en général est le réel qui, une fois posé arbitrairement, est toujours suivi de quelque autre chose » et comme les schèmes sont des règles, qui n'ont de sens que liées au divers sensible, on voit que seul le point de vue de la logique transcendantale est valable. Il n'y a d'abîme infranchissable qu'entre la logique* formelle, *limitée à l'unité analytique dans les jugements, et l'existence*[1].

La causalité ainsi comprise, c'est-à-dire comme fondatrice de l'objectivité des objets en ce que les phénomènes ne peuvent être appréhendés que suivant leur successivité dans l'ordre du temps, son lien avec la substance devient alors évident : elle apparaît comme « *le mode de son expression* ; [...] dès lors que la substance est atteinte comme relation, elle ne peut se manifester que par le devenir réglé qui se nomme la causalité[2] ». En tant que « forme de tout changement », il s'ensuit que « cette causalité conduit au concept de l'action, celui-ci au concept de la force et par là au concept de substance, soutenait Kant[3] ». En d'autres termes :

> *Là où est l'action, et par conséquent l'activité et la force, là est aussi la substance, et c'est seulement en celle-ci qu'il faut chercher le siège de cette source-là, féconde, des phénomènes*[4].

On peut observer que cela fait directement écho à la loi d'inertie. Une fois que la causalité est saisie comme principe de transformation de la substance, elle se trouve à la base des changements d'état de la matière, qui ne peut être modifiée que sous l'action d'une cause. En tant que proportionnelle à la transformation d'un système matériel donné en un autre système, la cause apparaît ainsi comme quantifiable sous la forme d'une force motrice – à défaut de l'action de cette force, le système matériel en question demeure dans l'état d'inertie qui constitue tout système matériel non transformé. Sachant que l'angle ici considéré est le mouvement en tant que propriété mécanique de la matière, la loi d'inertie se trouve formulée au regard du mouvement uniforme (rectiligne et à vitesse constante) – celui-ci n'est concevable qu'en l'absence de l'action d'une force motrice, d'où la

---

[1] A. Philonenko, *OK*, p. 213-214 et 221-222.
[2] *OK*, p. 216.
[3] A 204/B 249 ; *OP* I, p. 937.
[4] A 204/B 250 ; ibid.

possibilité du concept phoronomique de mouvement – indiscernable du repos.

Il est par conséquent aisé de voir qu'intervient nécessairement, dans la détermination de la causalité, le principe de la grandeur intensive allant de pair avec le principe de continuité qui fonde la notion même de force motrice[1]. On peut néanmoins observer, avec Vuillemin, que la loi d'inertie exposée dans la mécanique kantienne (Théorème 3), fait l'économie du principe de continuité (exposé dans la Remarque générale) et, au lieu de s'arc-bouter sur l'idée de succession temporelle, elle fait plutôt d'emblée appel au concept de cause extérieure identifiée à la force, elle-même déterminée par Newton « à travers la formulation négative du principe d'inertie », en tant qu'elle est au fondement du mouvement accéléré ou retardé (avec variation de la vitesse et de la direction). Alors, le lien de causalité, compris comme l'action d'une force (extérieure) qui modifie la vitesse d'un mouvement, peut être conçu sans que soit nécessaire la distance temporelle entre l'effet et la cause qui peuvent être contemporains ou simultanés, disait Kant : n'est nécessaire ici que l'ordre du temps en fonction duquel s'établit le rapport de causalité en tant que tel. C'est donc dans les *Premiers principes* que la fidélité de Kant à la mécanique newtonienne s'exprime avec la netteté suffisante, même si dans la *Critique*, pour bien déterminer la causalité constitutive du changement dans la substance, il n'ignorait nullement

> *qu'il est besoin pour cela de la connaissance des forces réelles, qui ne peut être donnée qu'empiriquement, par exemple des forces motrices, ou, ce qui revient au même, de certains phénomènes successifs (comme mouvements) qui indiquent de telles forces*[2] .

C'est ce que permettent les *Premiers principes*, dès lors qu'un réquisit empirique était retenu, à savoir le mouvement dont Newton montrait qu'il est indissociable de l'extériorité de la « force appliquée » conçue comme le produit de la masse par l'accélération[3]. On avait vu que c'est par la définition négative de l'inertie que la loi galiléenne de la chute des corps s'éclaircit : la chute accélérée d'un corps en mouvement est due à l'action continue d'un champ de force constant défini par l'accélération de la pesanteur. Qu'on se rappelle la formule fondamentale de la mécanique newtonienne : F = MG, où « le temps n'intervient que si nous passons à l'expression différentielle de l'accélération. On obtient alors : F = M.dV/dT » :

---

[1] A 208/B253 ; *OP* I, p. 939-940.
[2] A 207/B 252; *OP* I, 939.
[3] L'extériorité de la force est liée au refus de l'hylozoïsme : *Anfangsgründe*, AK IV, p. 544 ; *OP* II, p. 466.

La formule newtonienne résume donc les deux premières analogies, commentait Vuillemin. *On y lit que la substance se connaît dans le changement, que la cause égale l'effet et est proportionnelle au changement, que la succession et la permanence sont deux modes corrélatifs du temps correspondant à chacun des deux termes qui composent l'action ou l'effet, que la cause, qui égale leur produit, est en rapport à la fois à la permanence de la substance et à la succession du changement, et que par conséquent – ce qui explique les difficultés du rapport entre le cours et l'ordre du temps – cette cause ne saurait elle-même apparaître comme un objet dans le temps puisqu'elle permet de le penser, par le rapport qu'elle établit entre l'invariant de la masse et le changement de la vitesse*[1].

Jusqu'à présent, il ne s'agissait que d'une seule substance, dont la seconde loi rend bien compte en tant que loi d'inertie. Kant affirmait que « la loi de l'égalité de l'action et de la réaction ne peut pas porter ce nom. Car cette dernière dit ce que fait la matière. La première dit seulement ce qu'elle ne fait pas, et cela est plus conforme à l'expression d'inertie[2] ». En effet, est en jeu dans la troisième loi « la communication du mouvement » au sens mécanique (Théorème 4), c'est-à-dire entre deux ou plusieurs substances. Les principes de la substance et de la causalité sont, *in fine*, valables dans la mesure où ils définissent conjointement le principe de simultanéité, suivant la loi de l'action réciproque ou de communauté : « *Toutes les substances, en tant qu'elles peuvent être perçues comme simultanées dans l'espace, sont dans une action réciproque universelle* ». On se rappelle que Kant écartait, dès l'introduction des analogies, la « question » de la temporalité de la simultanéité, c'est ce que vient corroborer la fin de sa présentation :

Elles ne sont autre chose que des principes de la détermination de l'existence des phénomènes dans le temps, d'après ces trois modes : le rapport au temps lui-même comme à une grandeur (la grandeur de l'existence, c'est-à-dire la durée), le rapport dans le temps, comme dans une série (la succession), et enfin le rapport dans le temps, comme dans l'ensemble de toute les existences (la simultanéité). Cette unité de la détermination du temps est entièrement dynamique, c'est-à-dire que le temps n'est pas considéré comme ce en quoi l'expérience déterminerait immédiatement à chaque existence sa place, ce qui est impossible, puisque le temps absolu n'est pas un objet de perception, où des phénomènes pourraient être réunis ; mais la règle de l'entendement, par laquelle seulement l'existence des phénomènes peut recevoir une unité synthétique selon des rapports de temps, détermine à chacun d'eux sa place

---

[1] *PMK*, p. 298.

[2] *Anfangsgründe*, AK IV, p. 544 ; p. *OP* II, p. 465.

> *dans le temps* a priori *par conséquent, et d'une façon valide pour tous les temps et pour chacun*[1].

Il ne faut jamais perdre de vue que les principes *a priori*, dont il s'agit ici, sont ceux de l'expérience possible en tant qu'ils déterminent l'expérience réelle. D'où, la nécessité de *faire passer l'espace et le temps d'une intuition subjective à une relation objective d'existence* : il y va de la détermination de l'objectivité physique, dont la constitution se trouve ordonnée par l'aperception transcendantale[2]. C'est pourquoi aux trois moments subjectifs du temps, doivent se substituer trois relations d'existence, lesquelles forment les principes de détermination objective des phénomènes soumis au principe universel de relativité. Au regard de ce principe, « les choses sont simultanées, en tant qu'elles existent dans un seul et même temps », non pas le temps absolu newtonien, mais le temps relatif de la causalité réciproque. Sans doute « la synthèse de l'imagination dans l'appréhension » ne peut-elle jamais nous fournir la base objective de la simultanéité des perceptions (successives) ; au contraire :

> *La simultanéité des substances dans l'espace ne peut donc être connue dans l'expérience que sous la supposition d'une action réciproque des unes sur les autres ; cette supposition est donc aussi la condition de la possibilité de l'expérience des choses mêmes comme objets de l'expérience*[3].

Ici, l'accent est mis, tenait à indiquer Kant, sur le *commercium* de la *Gemeinschaft* dans la mesure où la communauté dynamique prime sur la communauté simplement locale (*communio spatii*) :

> *Chaque substance (puisqu'elle ne peut être conséquence qu'au point de vue de ses déterminations) doit donc contenir la causalité de certaines déterminations dans une autre substance, et en même temps les effets de la causalité en elle, c'est-à-dire qu'elles doivent être (immédiatement ou médiatement) en communauté dynamique, si la simultanéité doit être commune dans chaque expérience possible. Or, est nécessaire, par rapport*

---

[1] A 215/B 262 ; *OP* I, 946.

[2] Prévaut ici le sens formel de la nature : « Nos analogies présentent [...] proprement l'unité de la nature dans l'enchaînement de tous les phénomènes sous certains exposants, qui n'expriment rien d'autre que le rapport du temps (en tant qu'il prend en lui toute existence) à l'unité de l'aperception, qui ne peut avoir lieu que dans la synthèse suivant des règles. Toutes ensemble, elles disent donc que tous les phénomènes résident dans une nature et doivent y résider, parce que sans cette unité *a priori* aucune unité de l'expérience, et par conséquent, aussi, aucune détermination des objets dans l'expérience, ne serait possible. » A 216/B 263 ; *OP* I, p. 946-947.

[3] B 258 ; *OP* I, p. 943.

aux objets de l'expérience, tout ce sans quoi l'expérience de ces objets mêmes serait impossible. Il est donc nécessaire pour toutes les substances dans le phénomène, en tant qu'elles sont simultanées, d'être entre elles en communauté universelle d'action réciproque[1].

Une fois que l'on a compris cela, le temps apparaît comme l'ordre de co-existence des substances phénoménales comprises mécaniquement suivant la modalité du mouvement régi par la loi d'inertie, qui s'identifie à la loi de la causalité[2]. Tout ceci s'explique par le fait que le principe de la possibilité de l'expérience ne fait que soumettre toutes les conditions d'une détermination métaphysique de la matière au principe architectonique de la relativité universelle. Avec le principe de la simultanéité, c'est le fossé entre intuition et concept, mathématique et physique, essence et existence qui se trouve de plus en plus creusé selon la structure phénoménologique du philosopher critique, nous indique J. Vuillemin :

[...] la troisième analogie renverse l'ordre perceptif. Avant Einstein, Kant constate le caractère scandaleux de la simultanéité eu égard au temps intuitif de la subjectivité. Bien que les deux premières analogies effectuent elles-mêmes le passage de la synthèse de l'appréhension et de la reproduction à la synthèse conceptuelle, ce passage pouvait manquer de clarté pour nous, étant donné la ressemblance extérieure du concept et de l'intuition du temps à ce niveau. La différence, pour reprendre les termes hégéliens, semblait en soi, non pour soi. Le paradoxe de la simultanéité joue au contraire dans le système critique un rôle semblable à celui qu'il jouera plus tard en physique : il montre brutalement l'opposition entre l'ordre objectif et la présentation subjective. Jusqu'à lui, nous pouvions ne pas saisir exactement la distance qui sépare la perception de l'expérience. Maintenant, nous voyons le jugement d'expérience non plus fonder, mais retourner le jugement de perception[3].

Sans cette « synthèse *sui generis* de la substance et de la cause » l'expérience objective ne serait plus possible dans le sens d'une saisie systématique de la nature, la *simultanéité* apparaissant comme le principe qui fonde l'idée du *déterminisme* qui constitue l'un des piliers de la physique classique. A cet égard, pour saisir « l'évolution d'un système déterminé dans

---

[1] A 212-113/B 259-260; *OP* I, 944.

[2] Dans cette optique, les « deux méthodes pour mesurer la masse correspond aux deux modes du temps : la succession et la simultanéité. Autrement dit, nous pouvons aboutir à la détermination de la masse, soit à partir du principe d'inertie ; auquel cas m = F/g, soit à partir du principe de l'égalité de l'action et de la réaction, auquel cas mv = m'v'. On utilisera plutôt la première détermination de la substance dans le cas de la pesanteur, la seconde dans celui du choc ». Cf. *PMK*, p. 304.

[3] *PMK*, p. 305.

le temps », les interactions dynamiques entre les corps doivent être déterminées en fonction de la simultanéité, qui permet de définir l'*état initial du système* : le principe de l'égalité de l'action et de la réaction semble devoir supposer, chez Newton, un mécanisme sur lequel baser l'évolution du système, à savoir « le principe de l'indépendance des effets des forces par rapport au mouvement antérieurement acquis[1] ». Nous ne nous attarderons par sur ces points, mais disons que Vuillemin expliquait bien que nous ne nous trouverions pas face à un principe général qui, en éclairant la simultanéité des effets des forces différentes, subsumerait à la fois la phoronomie et la mécanique : « le principe de l'indépendance des effets est un doublet du principe d'inertie ». En tant qu'il « vérifie [...] l'inertie interne d'un système isolé, il n'est qu'une seconde expression de la seconde analogie ». Cela compris, « la loi de l'égalité de l'action et de la réaction suffit donc à déterminer la simultanéité transcendantale. C'est elle que Newton avait établie avec ses expériences sur le choc de deux pendules[2] ».

En tout état de cause, les écarts théoriques entre Kant et Newton ne doivent pas être minorés. Ces écarts peuvent être compris dans la mesure où Kant repoussait l'absolutisme newtonien qui ne lui paraissait pas devoir être conservé comme un élément doctrinal essentiel mais comme une concession à vertu simplement explicative[3]. Ces écarts apparaissent alors comme ceux entre deux méthodes. En effet, pour démontrer la validité de la troisième loi quant aux attractions à distance, Newton « se sert d'un raisonnement par l'absurde » qui fait droit à un corps intermédiaire et au principe d'inertie, alors que « Kant applique directement la loi mécanique à la loi dynamique, et se sert uniquement de la relativité du mouvement[4] » : « c'est à cette condition qu'il préserve la spécificité de la troisième analogie ». D'où, l'extraordinaire fécondité de sa démonstration :

> *D'un côté, il rejette l'autonomie du principe de l'indépendance des effets, comme faisant double emploi avec le principe d'inertie. De l'autre, il écarte la démonstration newtonienne du principe de l'égalité de l'action et de la réaction pour conserver la spécificité de ce principe par rapport au principe d'inertie[5].*

En définitive, la correction kantienne de Newton abrite en son sein le principe fondamental de réfutation du relativisme et du scepticisme constitutifs de l'empirisme classique. Scepticisme et relativisme promus par

---

[1] *PMK*, p. 307.
[2] *PMK*, p. 309.
[3] *Anfangsgründe*, AK IV, p. 545-477; *OP* II, p. 467-477.
[4] *Anfangsgründe*, AK IV, p. 548-549; *OP* II, p. 471-472.
[5] *PMK*, p. 312.

l'analyse de Mach qui, précise Vuillemin, « confond la relation et l'arbitraire ». Loin de nous en tenir exclusivement à l'héritage newtonien, il convient de nous attacher au fait que « son système conserve la possibilité d'une détermination objective et dispense de confondre les Principes constitutifs de l'entendement pur et les Idées régulatrices de la raison[1] ». C'est cet écart que maintient tout en l'explicitant la phénoménologie kantienne proprement dite. Elle permet d'éclairer la Dialectique transcendantale et, plus particulièrement, l'Antinomie de la raison pure.

§ 11. La solution critique de l'antinomie cosmologique

À la fin de l'Analytique transcendantale, tout concorde à introduire la critique kantienne de l'*illusion transcendantale*, dont on a vu que l'antinomie de la raison pure constitue l'épine dorsale dans la mesure où l'Idée de monde fait partie des « Idées qui régissent le principe final » : elle apparaît comme celle « qui, d'une part, est [principalement] appropriée pour éclaircir la signification de la chose en soi, [...] d'autre part, se révèle en même temps être l'Idée qui représente la fin[2] », étant entendu qu'

> *en effet, pensée comme « totalité des conditions » ou comme principe final, l'Idée d'inconditionné se manifeste tout d'abord en rapport à la série des conditions du monde – et non pas comme l'absolu de l'Idée théologique,* souligne Cohen[3].

A ce sujet, deux éléments se révèlent majeurs pour la théorie critique. D'abord, la Réfutation de l'idéalisme[4] dans la seconde édition de la *Critique*, réfutation intercalée entre le postulat de la réalité et celui de la nécessité. L'*argument ontologique* y était dans la ligne de mire de Kant qui, en rejetant l'intuition intellectuelle, faisait droit à l'extériorité garante de l'existence. Ce qui préparait la critique du paralogisme transcendantal et, conséquemment, de l'apparence cosmologique et théologique. A cet égard, dans la critique du quatrième paralogisme (première édition de la *Critique*), il associait

---

[1] *PMK*, p. 316.
[2] E. Cohen, *KTE*, p. 669; trad. fr., p. 518.
[3] *KTE*, p. 669-670; trad. fr., p. 518-519.
[4] B 274-279 ; *OP* I, p. 954-959.

l'idéalisme transcendantal au réalisme empirique pour repousser et l'idéalisme problématique et le réalisme transcendantal[1]. Par ailleurs, la table du concept du Rien, qui clôt la Remarque sur l'amphibologie des concepts de la réflexion, posait les balises théoriques servant à élucider la *question de la non-objectivité*, dont le Principe de la distinction de tous les objets en général en phénomènes et noumènes déterminait le « domaine » par l'élucidation expresse du concept d'*objet transcendantal*. Kant nous invitait à entendre le *noumène*, non dans le sens « positif » de la chose en soi d'une « intuition intellectuelle », qui demeure absolument impossible, mais dans le sens purement « négatif » où, en vertu d'une pensée problématique, il est exclu comme objet de l'intuition humaine sensible. C'est pourquoi il l'identifiait à un « concept *problématique* » ou un « concept *limitatif*[2] ». Ainsi est-ce bien le caractère conditionné de notre connaissance, justifiée dans l'*Esthétique* sur la base de la « cause non sensible » des phénomènes, laquelle cause reçoit ici « une expression plus précise, indiquait Cassirer[3] ».

Le concept d'*objet transcendantal* possède, quant à lui, une vertu méthodologique : il contient un *sens positif* et une *fonction constitutive*, sans qu'il soit assimilable au noumène, identifié, comme on l'a vu, à un « problème » dont l'« ambiguïté » et la « méprise » s'avèrent symptomatiques, dénonçait Kant, du « verbiage vide » de la raison, qui s'adonne à instituer un mo(n)de de connaissances prétendument intelligible[4]. Au moment où il présentait « l'idéalisme transcendantal comme clef de la solution de la dialectique cosmologique », Kant expliquait qu'à défaut de pourvoir intuitionner comme objet « la cause non sensible des représentations », cause qui, d'ailleurs, « nous est entièrement inconnue », l'objet transcendantal s'appréhende en tant que

> *[...] la cause purement intelligible des phénomènes en général, simplement afin d'avoir ainsi quelque chose qui corresponde à la sensibilité considérée comme une réceptivité. Nous pouvons imputer à cet objet transcendantal toute l'extension et tout l'enchaînement de nos perceptions possibles, et dire qu'il est donné en soi antérieurement à toute expérience*[5].

Rappelons que Kant tenait à faire toutes ces élucidations terminologiques dans l'unique objectif de mettre le doigt sur l'*amphibologie transcendantale* : « une confusion de l'objet pur de l'entendement avec le

---

[1] A 368-380; trad. fr. A. Renaut, p. 376-383; B. Rousset, *DKO*, p. 139-162.

[2] A 285-288/B 343-344 ; *OP* I, 1006-1008.

[3] *Erkenntnisproblem* II, 746-747 ; trad. fr., p. 527-528.

[4] A 250-251 et A 288-289 ; *OP* I, p. 979-980 et p. 1008-1009.

[5] A 494/B 523 ; *OP* I, p. 1140. Cf. E. Cassirer, *Erkenntnisproblem* II, p. 744-745 ; trad. fr., p. 526.

phénomène[1] ». Dans l'Amphibologie, ce court texte abondamment commenté[2], il s'en prenait nommément à Leibniz et à Locke : le premier « *intellectualisait* les phénomènes » en érigeant un « *système intellectuel du monde* », alors que le second « avait *sensualisé* tous les concepts de l'entendement, c'est-à-dire qu'il les avait donnés comme n'étant rien que des concepts de réflexion empiriques ou abstraits[3] ». Il ne faisait aucun doute pour Kant que, dans ces conditions, échappait à la *réflexion logique* comme à la *réflexion empirique* le « *lieu transcendantal* » des concepts de la sensibilité ainsi que de ceux de l'entendement. Ainsi, concevoir une *topique transcendantale* devenait tout simplement un impératif catégorique : la philosophie critique ne saurait se passer de la *réflexion transcendantale* qui « est un devoir, auquel ne peut se soustraire quiconque veut porter quelque jugement *a priori* sur des choses[4] ». En somme, la *réflexion transcendantale* définit la méthode critique proprement dite, elle déborde donc l'Amphibologie, étant entendu qu'elle consiste en

> *[...] l'acte par lequel je confronte la comparaison des représentations en général avec la faculté de connaissance, où elle a sa place, et par lequel je distingue si c'est comme appartenant à l'entendement ou à l'intuition sensible qu'elles sont comparées entre elles*[5].

Kant était en quelque sorte fidèle à ce devoir dans l'Esthétique, l'Analytique et la Dialectique. Les concepts de noumène et d'objet transcendantal ayant été éclaircis, nous allons maintenant nous intéresser à la table du rien qui clôt cette Amphibologie. Kant lui-même laissait entendre que cette table n'aurait pas en elle-même une « importance extraordinaire », mais elle serait requise pour la complétude du système critique. Partant du « concept de chose en général (pris de manière problématique, et sans décider s'il est quelque chose ou rien), la philosophie transcendantale se doit de déterminer le concept du « rien ». A bien le circonscrire, ce concept ne dérogeait pas à la règle générale d'être construite suivant le modèle de la table des catégories :

> *Puisque les catégories sont les seuls concepts qui se rapportent à des objets en général, le discernement d'un objet, pour savoir s'il est quelque chose ou rien, suivra l'ordre ou les indications des catégories. (...) La table de cette division du concept du rien (car la division parallèle du quelque chose suit*

[1] A 270/B 326 ; *OP* I, p. 995.
[2] Voir, à cet égard, la traduction et le long commentaire qu'en propose H. Haumesser, « De l'amphibologie des concepts de la réflexion », Paris, Vrin, 2010.
[3] A 271/B 327 ; *OP* I, p. 996.
[4] A 263-B 319 ; *OP* I, p. 990.
[5] A 261/B 317 ; *OP* I, p. 989.

*d'elle-même) devrait être disposée ainsi : Rien comme 1- Concept vide sans objet (*ens rationis*) ; 2- Objet vide d'un concept (*nihil privativum*) ; 3- Intuition vide sans objet (*ens imaginarium*) ; 4- Objet vide sans concept (*nihil negativum*)*[1].

La comprendre, c'est saisir comment Kant mettait le doigt sur les risques et périls de la raison dialectique – ce qui donnait lieu à sa critique de la non-objectivité métaphysique. C'est dans ce contexte que s'éclaire ce que l'on entend par la déduction kantienne de la « chose en soi » qui, loin d'être « une simple hypothèse, une vague conjecture[2] », voire « un symptôme de la méprise de la question transcendantale[3] », « constitue pour ainsi dire la ligne de démarcation critique du savoir ; [...] cette ligne n'est pas fixée au départ *pour* le savoir mais elle n'est tracée par le savoir lui-même qu'avec le progrès de l'analyse, précise Cassirer[4]. »

Quand nous parcourons [...] l'ensemble de ces développements, il apparaît que, plus le concept de chose en soi perd de contenu concret, plus il peut de ce fait désigner avec précision la forme et le contour de l'expérience. [...] il peut donc d'abord se présenter comme corrélat de la « passivité » de la sensibilité, devenir ensuite le pendant de la fonction objectivante du concept pur de l'entendement et finalement le schème du principe régulateur de la raison[5].

L'on peut se rendre compte que dans le parcours de cette déduction, c'est le sens même de l'investigation transcendantale qui se révèle, étant donné qu'elle est de nature « phénoménologique » : l'on ne peut pas s'astreindre à la présentation « tronquée » de l'*Esthétique*, trop héritière des réquisits dualistes de la *Dissertation de 1770* où, par opposition à la spontanéité de l'entendement, la sensibilité est réduite à sa nature purement réceptive et assujettie à un donné empirique, un « divers » donné dans les formes de l'intuition sensible, pour en déterminer la fonction essentielle dans le dispositif critique. Mais, c'est bien dans le mouvement phénoménologique qui conduit à la *Dialectique*, en passant par l'*Analytique*, que s'affirme, au regard d'une présentation qui se veut en son principe même *architectonique*, la véritable signification du concept de « chose en soi » dans la théorie kantienne de la connaissance. Une fois qu'on s'en tient à cette vue architectonique, la querelle des interprétations ne peut que s'estomper, soutient Cassirer :

---

[1] A 290-291/B 348-349; *OP* I, p. 1010-1011

[2] *Erkenntnisproblem* II, p. 741 ; trad. fr., p. 524.

[3] E. Cohen, *KTE*, p. 641; trad. fr., p. 499.

[4] *Erkenntnisproblem* II, p. 743; trad. fr., p. 525.

[5] *Erkenntnisproblem* II, 757-759; trad. fr., p. 534-536.

> *A chaque étape différente sur le chemin qui mène au concept critique d'objectivité doit correspondre nécessairement une formulation également différente du concept de « chose en soi ». Ce concept ne prétend pas être plus que la limite de notre connaissance empirique, l'horizon qui entoure le champ visuel de notre expérience. Il ne peut donc que nous offrir un visage différent selon ce champ visuel et les contenus qui nous y sont donnés*[1].

Pour ne pas nous écarter de cette vue architectonique, poursuivons notre élucidation en nous reportant à la table du rien évoquée ci-dessus, de manière à préciser les différents motifs de non-objectivité. Lorsqu'on considère les trois conditions fondamentales d'objectivité, à savoir l'*intuition empirique*, le *concept pur* et le *schème transcendantal*, on peut envisager *a priori* trois motifs différents de non-objectivité qui éclairent la table du rien. Le premier apparaît dans l'*absence d'intuition*, la caractéristique fondamentale de la pensée spéculative. Il saute aux yeux que si l'intuition empirique fait défaut, c'est l'expérience réelle qui disparaît comme « fondement ultime de la réalité objective » :

> *L'absence d'intuition pure,* commente Rousset, *est cependant un motif plus grave et plus probant de « non-objectivité » : elle signifie, en effet, qu'une représentation intellectuelle ou rationnelle ne trouve rien et ne peut rien trouver qui lui corresponde dans l'espace et dans le temps en général ; ce qui fait alors défaut, ce n'est pas seulement en fait, la présence d'une intuition empirique particulière, mais en droit, toute intuition possible : la représentation se révèle inconstructible, inexponible, privée de possibilité réelle ; elle n'est pas seulement en dehors de l'expérience réelle : elle ne fait pas partie de l'expérience possible, qui est le premier critère de l'objectivité et le principe absolu de la connaissance*[2].

Ce seul motif suffirait à expliquer les travers d'une cosmologie pure rationnelle et la nécessité d'un traitement critique. Mais s'il paraît massif, il n'est toutefois pas le seul. Par ailleurs, la non-objectivité s'explique par l'*absence du concept*. Quand celui-ci manque *de fait*, nous sommes en présence de représentations subjectives telles que la perception et l'association dans lesquelles l'entendement n'intervient pas de manière à déterminer et à définir l'objet d'une connaissance garantie ; si le défaut de concept est *de droit*, alors « la représentation n'est qu'un terme contradictoire par ses prédicats et par ses principes » : il ressort qu'en dernière analyse « l'impossibilité du concept résulte de l'impossibilité de

[1] *Erkenntnisproblem* II, p. 742; trad. fr., p. 524.
[2] *DKO*, p. 416-417.

l'intuition pure correspondante[1] ». Néanmoins, à bien y réfléchir, il peut bel et bien y avoir intuition et concept, alors que l'adéquation n'a pas lieu ; tel est le troisième motif de non-objectivité lié à l'*absence de la subsomption.* D'abord, « l'art caché » du schématisme peut être méconnu, ensuite, l'adéquation peut être carrément impossible, enfin, elle peut s'avérer insuffisante.

Les motifs de non-objectivité ainsi compris, la table du rien peut ainsi s'élucider. Dans le premier cas, nous avons affaire au *rien qualitatif* (absence d'intuition empirique remplissant le temps) et au *rien quantitatif* (absence du schème de la quantité quant à la production de temps dans l'activité synthétique) : le « *nihil privativum* » définit « l'objet vide d'un concept » ou « le concept du manque de l'objet », alors que le « *zéro* » correspondant à « l'*ens rationis* » définit « le concept vide sans objet ». Disons que le *rien relationnel* met le doigt sur l'absence conjuguée du concept et de l'intuition empirique : « la forme de l'intuition » ne donne à elle seule aucun contenu ; à défaut de la détermination de l'existence dans le temps comme schème de la relation, s'impose « l'*ens imaginarium* » qui définit « l'intuition vide sans objet », c'est-à-dire sans le déterminable (la matière de la sensibilité) et le déterminant (la forme logique de l'entendement). En définitive, le *rien modal* se dit ainsi « *nihil negativum* » en indiquant « l'objet vide sans concept » – lequel est frappé d'une impossibilité logique en se contredisant lui-même et rendant, par là même, l'objet « inconcevable »[2].

Au terme de cette étude sur la pensée kantienne de la physique, il nous faut appréhender le concept kantien de vérité transcendantale assortie à l'approche phénoménologique, par contraste avec la raison dialectique qui se présente comme l'organe de l'antinomie de la raison pure. Cela a pour intérêt de bien nous faire comprendre les écarts qui existent entre Kant et Newton. En effet, l'interprétation dominante de la *Kantsforschung* a le mérite de montrer comment la conception newtonienne du temps et de l'espace participe du dogmatisme cosmologique, en faisant sienne la dimension méthodologique de l'antinomie de la raison pure comprise en termes de *Leitfaden* métathéorique, en ce qu'elle forme le lieu où il convient

---

[1] *DKO*, p. 417-419.

[2] *DKO*, p. 419-421. Remarquons que le « *nihil negativum* » s'avère pertinent pour comprendre l'apparence à l'origine de l'Antinomie de la raison pure, notamment pour les deux premières antinomies. A la suite de la *Critique* (A 340/B 398; *OP* I, p. 1046), les *Prolégomènes,* aux paragraphes 52b et 52c, nous redisent que le concept de monde à la base des deux premières antinomies est un concept « contradictoire en lui-même (AK IV, 341, *OP* II, p. 121-122). À ce propos, la *Critique* avait conclu que ce concept de monde, comme *nihil negativum*, est en vérité un *non ens*, et non un *ens rationis*, en sorte que : « *non entis nulla sunt praedicata* » (A 793/B 821 ; *OP* I, p. 1356).

d'examiner l'idéalisme transcendantal s'agissant de l'administration de la science et de la vérité, rôle que lui attribuait après coup Kant pour sa philosophie tout entière : lieu d'où les interrogations et réponses criticistes peuvent à bon droit se redéployer au regard et au rebours du pré-criticisme. Cependant, pour correcte qu'elle soit dans ses grandes lignes, cette exégèse n'en reste pas moins victime de la tendance qui consisterait à surdéterminer les effets du tournant transcendantal, en démarquant de manière par trop tranchée la conception kantienne et l'approche newtonienne. Pourtant, loin d'être deux positions diamétralement opposées, l'apriorisme et l'absolutisme correspondent à deux plans ou, pour parler comme Leibniz, à deux perspectives : l'apriorisme kantien doit être saisi dans le sens de la traduction philosophique d'une vérité scientifique : l'absolutisme newtonien. Pour cela, il convient d'être attentifs à deux mouvements tout aussi complémentaires qu'indissociables : en premier lieu, en deçà de l'Antinomie de la raison pure, il nous faut revenir à l'approche des Postulats de la pensée empirique en général ; en second lieu, au-delà de la première *Critique*, il nous faut nous projeter dans les *Premiers principes* : c'est ainsi rendre intelligibles, dans le sillage de J. Vuillemin, deux mouvements qui demeurent constamment solidaires chez Kant, celui d'une architectonique et celui d'un schématisme – l'architectonique est ici celle de l'œuvre kantienne proprement dite où se trouve tissé un lien phénoménologique entre écrits précritiques et écrits critiques, le schématisme est celui du temps et de l'espace constitutifs de la vérité transcendantale : espace et temps qui ne peuvent être, *in fine*, déterminés que selon la correspondance des Postulats de la pensée empirique en général, où se trouve gravé le concept de vérité transcendantale selon la modalité du jugement, et ce que les *Premiers principes* présentaient comme une « Phénoménologie », où relativité et absoluité de l'espace sont « distribuées » suivant l'articulation architectonique des différentes sciences du mouvement (phoronomie, dynamique et mécanique) et suivant le plan d'une validation transcendantale où se définissent, au regard de la « synthèse critique » du physique et du métaphysique, les différentes manières dont le phénomène est susceptible d'être transformé en expérience.

Avant d'exposer ce concept de vérité transcendantale, il nous faut saisir la solution critique de l'antinomie cosmologique, afin de pouvoir prendre toute la mesure de la conception kantienne d'une eidétique transcendantale. Remarquons que l'idéalisme transcendantal se présentait aux yeux de Kant, comme un « dualisme » : s'il ne pouvait faire aucune concession au réalisme transcendantal, c'était pour s'allier avec le réalisme empirique qui reconnaît que « la dimension de réalité qui est constitutive des phénomènes extérieurs n'a donc d'effectivité que dans la perception, et elle ne peut être effective d'aucune manière[1]. » Ainsi va-t-il sans dire que d'un point de vue épistémologique, *l'idéalisme transcendantal se trouve également à la base de la solution kantienne de l'antinomie cosmologique*[2]. Par son idéalisme critique, Kant s'efforçait d'abord de couper court à la teneur psychologique du sujet cartésien et leibnizien, en ayant recours au principe de la réalité du monde comme principe incontournable :

> *Il se borne à dire que la catégorie est une liaison, et que toute liaison suppose, avant elle, l'unité. Au* cogito ergo sum *se substitue le* cogito ergo res sunt, expliquait Ferdinand Alquié, *étant entendu que les choses qui existent ainsi ne composent qu'un monde phénoménal. Pas de monde sans sujet, mais pas de sujet sans monde*[3].

En reconnaissant que la dimension intellectuelle du sujet doit s'accorder à sa dimension réceptive pour qu'il y ait de la connaissance scientifique, Kant repoussait et l'intuition psychologique et l'intuition ontologique en séparant, quant à l'existence, l'*être nouménal* et l'*objectivité phénoménale*. Ainsi peut-on dire que dans l'Esthétique et l'Analytique transcendantales, l'Antinomie cosmologique recevait une réfutation « du dehors » qu'on pourrait qualifier d'épistémologique en vertu de l'universalité de la phénoménalité spatio-temporelle et de la relativité physique et, conséquemment, de l'inconnaissabilité de la chose en soi[4]. Cela une fois établi, la résolution de l'antinomie dans la Dialectique transcendantale ne pouvait être que logique en ce que la réfutation est administrée « du dedans », c'est-à-dire « par le seul appel aux principes

---

[1] Pour des éclaircissements terminologiques : A 367-379, trad. fr. A. Renaut, p. 375-383.

[2] A 490-497/B 518-525 ; *OP* I, p. 1137-1141.

[3] F. Alquié, *CKM*, p. 60-61. Nous ne pouvons pas nous attarder sur la critique kantienne de l'apparence psychologique. Pour cela, il nous faudrait accorder une attention particulière à la Réfutation de l'idéalisme (A 226/B 274 – A 235/B 287) intercalée entre l'exposé du principe de réalité et celui du principe de nécessité. L'affirmation de la primauté de l'espace y trancherait avec celle du privilège du temps dans le schématisme transcendantal. Cependant, au lieu de voir ici quelque équivoque, il ne faut jamais perdre de vue la « co-dépendance » de l'espace-temps chez Kant. Pour des éclaircissements : B. Rousset, *DKO*, p. 139-161 et 219-230 ; J. Vuillemin, *PMK*, p. 34-51 ; H. Cohen, *Commentaire*, p. 60-81.

[4] La fonction épistémologique de la chose en soi échappait à F. Alquié qui, en l'assimilant à juste titre à l'être inconnaissable, perdait de vue, décelait A. Philonenko, ce qui en elle est à l'appui d'une eidétique transcendantale, si l'on s'en tient aux « différences intérieures au concept de chose en soi, qui évolue de l'*Esthétique transcendantale* à la *Dialectique transcendantale* ». Cf. *OK*, p. 232-233. Pour des éclaircissements complémentaires : G. Lebrun, « L'aporétique de la chose en soi », in *Kant sans kantisme*, p. 95-120.

logiques de contradictions et du tiers exclu » : d'une *preuve directe*, on passe ainsi à une *preuve indirecte* de l'idéalité transcendantale des phénomènes qui, en général, ne sont rien en dehors de nos représentations[1].

Nous pourrions largement nous contenter de la preuve directe, encore nous faut-il mettre l'accent sur la *fonction régulatrice de l'idée cosmologique*, fonction dont nous ne tirons la teneur épistémologique que de la preuve indirecte de l'idéalisme transcendantal[2]. En effet, cette fonction régulatrice relève de l'architectonique de la raison pure qui fait droit à une eidétique transcendantale où l'Idée divine apparaît en dernier ressort, au-delà des Idées psychologique et cosmologique, comme le schème suprême de « systémicité », schème en vertu duquel s'ordonne la scientificité des connaissances *subordonnées* les unes aux autres suivant *un plan organique de nécessité ou de causalité naturelles*. Nous n'entrerons pas dans toutes ces considérations, mais notre appréciation du traitement de la première Antinomie servira à l'éclairage de la fonction régulatrice de l'absolutisme spatio-temporel newtonien : ce qui suppose qu'on se situe à un niveau architectonique et qu'on ne perde jamais de vue le procédé phénoménologique kantien – telle est notre visée ici.

On peut observer qu'à la fin du chapitre concernant la distinction de tous les objets en général en phénomènes et noumènes, Kant considérait la problématique cosmologique au regard de la distinction, selon lui erronée, du monde sensible (l'ensemble des phénomènes intuitionné par les sens) et du monde intelligible (l'enchaînement des phénomènes selon les lois universelles de l'entendement) ; c'est à tort que cette distinction est ramenée à la différence entre l'astronomie théorique, où l'on « expose le résultat de la simple observation du ciel étoilé », et l'astronomie contemplative, où cette observation se trouve « expliquée par exemple d'après le système de Copernic ou d'après les lois de la gravitation de Newton », dénonçait-il. Et, comme on peut le soupçonner, le verdict kantien fut sans ambages :

> *Mais une telle altération des termes est un simple subterfuge sophistique, pour éviter une question difficile, en la ramenant à un sens commode. Par rapport aux phénomènes, l'entendement et la raison ont assurément leur usage, mais on demande s'ils ont encore quelque usage quand l'objet n'est pas phénomène, mais noumène, et c'est en ce sens qu'on prend l'objet, quand on le pense en soi comme simplement intelligible, c'est-à-dire donné à l'entendement seul et nullement aux sens. La question est donc de savoir si, en dehors de cet usage empirique de l'entendement (même dans la représentation newtonienne de l'univers), un usage transcendantal est encore*

[1] A 506-507/B 534-535 ; OP I, p. 1148-1149 ; F. Alquié, *CKM*, p. 88-89.

[2] Sur les limites de cette « preuve indirecte », voir F.-X. Chenet, *L'assise de l'ontologique critique*, chap. XI, p. 339-373.

possible, qui se rapporte au noumène comme à un objet, et c'est là une question à laquelle nous avons répondu par la négative[1].

Regardons un peu plus près les conflits cosmologiques mis en exergue par Kant. Observons que trois principes principaux le guidaient dans la considération des antinomies : l'*idée d'infini* (sériel), le *rapport au monde* et la *disjonction de la catégorie et de l'intuition* – ce sont ces trois principes que rejettera Hegel en vue d'une science de l'absolu, indique A. Philonenko[2]. Comment s'articulent-ils dans les antinomies ? Tout d'abord, c'est le monde (sensible) lui-même qui est saisi comme infini, en tant que totalité absolue ou « unité inconditionnée des conditions objectives dans le phénomène » : la notion de série définit, ici, la synthèse régressive (mathématique et dynamique) du côté des conditions en vertu des *jugements de nature hypothétique* (allant du conditionné vers la condition qui est, à son tour, conditionné), et l'apparence s'explique dans la mesure où l'infini du monde ne se cramponne nullement à l'ordre eidétique, ni ne se limite à une « tâche » à sans cesse accomplir, mais se conclut comme un objet nouménal (extérieurement objectivable) auquel on applique – en vue de connaissances soit disant synthétiques – les catégories intellectuelles en dehors de toute intuition empirique ou, mieux, en coupant court à la perception[3]. Par conséquent, c'est la cassure entre l'intuition sensible, ou la présupposition de la perception, et la catégorie intellectuelle qui serait à l'appui d'une connaissance dogmatique du monde, d'où les thèses finitistes rationalistes et infinitistes empiristes qui, tout en se repoussant les unes les autres, procèdent du même *procédé apagogique* : aucune des thèses n'est prouvée de manière assertorique, mais par la démonstration de l'absurdité (fausseté) de l'antithèse correspondante. A tous égards, cette opposition

> *traduit l'hésitation de la pensée,* remarquait F. Alquié, *entre un Cosmos, grec ou médiéval, et l'Univers tel qu'il semble résulter de la science de Newton, science liant indéfiniment par des lois tous les phénomènes que l'expérience peut fournir*[4].

Or, s'agissant des deux premières antinomies qualifiées de mathématiques, où il s'agit des concepts du monde dans le sens étroit du terme, il suffit de relever le vice objectif du Monde-noumène, pour

---

[1] A 257/B 313 ; *OP* I, p. 986.

[2] Ce rapport de Hegel aux antinomies est clairement explicité par G. Lebrun, « L'Antinomie et son contenu », in *Kant sans kantisme*, p. 121-165. Pour une vue d'ensemble du rapport de Hegel à Kant, voir l'étude d'A. Stanguennec, *Hegel critique de Kant*, Paris, PUF, 1985 (sur les antinomies : p. 151-165).

[3] A 498-499/B 526-527 ; *OP* I, p. 1142-1143.

[4] *CKM*, p. 77-78.

s'apercevoir que soutenir l'origine temporelle et la limitation spatiale du monde ainsi que la discontinuité de la matière, ou soutenir au contraire l'inverse (ni origine temporelle, ni limitation spatiale du monde, mais continuité de la matière), thèse et antithèse s'avèrent dans les deux cas mal à propos dans la mesure où précisément elles se révèlent fausses. Elles ne sont nullement en « opposition analytique », mais en « opposition dialectique », nous expliquait Kant :

> *Deux jugements dialectiquement opposés l'un à l'autre peuvent donc être faux tous deux, puisque l'un ne se borne pas à contredire l'autre, mais [...] dit quelque chose de plus qu'il n'est requis pour la contradiction*, assurait-il[1].

Signalons en passant qu'en ce qui a trait aux antinomies dynamiques, la question est plus délicate : et les thèses et les antithèses (déterminisme et liberté, existence de Dieu : immanence ou transcendance) semblent admissibles ou, si l'on préfère, admises pour ne pas dire vraies – ce dans des perspectives différentes au regard des intérêts théorique et pratique de la raison : elles seront saisies en tant que *jugements sub-contraires* dans la mesure où « la raison suit son chemin dans l'usage empirique et son chemin particulier dans l'usage transcendantal[2] ». Rappelons que notre intention n'est pas de rentrer dans la profondeur de la question d'une possible conciliation entre, d'une part, la causalité par liberté et la nécessité naturelle, de l'autre, la dépendance et la non-dépendance des phénomènes vis-à-vis d'une cause suprême en tant qu'existence nécessaire. Nous sommes de préférence attentifs à ce qui fait l'originalité de l'antithétique elle-même :

> *[l'illusion où - JHP] l'entendement est égaré par le projet « rationnel » de totalisation et porté à transgresser ses bornes pour se faire métaphysicien. L'exigence de la raison n'est donc que l'occasion à la faveur de laquelle il fait preuve de son inaptitude à toute réflexion transcendantale[3].*

Nul besoin alors de nous appesantir sur l'argumentation reprécisée (sixième section), à savoir que la négation du monde et de la matière, comme chose en soi, dépend des principes mêmes de l'idéalisme transcendantal (ou

---

[1] Kant justifiait son verdict: A 504-504/B 532-533; *OP* I, p. 1147-148.

[2] A 563/B 591; *OP* I, p. 1189. Ce chemin particulier est celui de la *liberté transcendantale* en tant que poumon de la moralité (liberté pratique), ainsi que celui d'une existence nécessairement intelligible en tant que principe régulateur qui fasse pendant au principe de la contingence universelle selon l'ordre de causalité naturelle. Pour la solution des antinomies dynamiques dans le sens de l'élucidation des concepts transcendants de la nature : voir les points 3 et 4 de la 9e section : A 532-565/B 560-593, *OP* I, p. 1167-1191.

[3] G. Lebrun, *KFM*, p. 134.

formel), dont Kant affirmait péremptoirement qu'il est « la clef pour la solution de la dialectique cosmologique » – sorte de démonstration par l'absurde – tout de suite après qu'il eut considéré la représentation sceptique des questions cosmologiques[1]. Dans cette sixième section, on ne retrouve qu'une récapitulation des arguments fondamentaux en faveur de l'apriorité phénoménale de l'espace-temps et de la relativité des objets du monde physique. Celui-ci est, insistait Kant, soumis aux principes d'unité de l'expérience possible selon l'irréductibilité de la perception et suivant les lois de la progression empirique des perceptions possibles. Ces dernières présupposent une réceptivité garante des objets en tant que phénomènes spatio-temporels, tout en évacuant, dans cette optique, toute cause non sensible ou non mécanique – l'objet transcendantal demeurant un corrélat simplement intelligible en tant qu'il permet notamment de fixer, quant à l'expérience, « les choses effectives du temps passé » : ces dernières ne sont néanmoins fixables qu'au regard de la représentation

> (*d')une série régressive de perceptions possibles suivant des lois empiriques (soit suivant le fil de l'histoire, soit suivant la marche des causes et des effets), ou [...] en un mot le cours du monde conduit à une série écoulée du temps comme à une condition du temps présent,* affirmait Kant[2].

C'est l'indissociabilité de la finitude et de la temporalité qui se trouve une fois de plus affirmée et maintenue dans la mesure où si, certes, la donation possède le sens d'une présupposition fondamentale, elle n'acquiert cependant toute sa signification qu'eu égard à son insertion dans le circuit sensible d'une temporalisation qui, couplée à la spatialisation, présente la norme sous la condition de laquelle l(e)s donné(s) s'astreigne(nt) à la phénoménalisation :

> *Cette série n'est cependant représentée comme effective que dans l'enchaînement d'une expérience possible, et non en soi, de telle sorte que tous les évènements écoulés depuis un temps immémorial avant mon existence ne signifient pourtant pas autre chose que la possibilité de prolonger la chaîne de l'expérience, en remontant à partir de la perception présente jusqu'aux conditions qui la déterminent quant au temps,* précisait Kant[3].

Une fois acquis le fait que prévaut donc ici le principe mécanique d'une progression empirique des conditions soumise à l'espace-temps, en tant que forme des phénomènes et nullement de l'absolument inconditionné, il ne fait alors aucun doute qu'il faut démarquer l'idée illégitime de

---

[1] A 485-490/B 513-518 ; *OP* I, p. 1133-1137.
[2] A 495/B 523 ; *OP* I, p. 1140-1141.
[3] A 495/B 523 ; *OP* I, p. 1141.

regressus infinitum de celle légitime de *regressus indefinitum* dans la mesure où au lieu d'être un « axiome », c'est-à-dire un principe constitutif, le principe cosmologique de la totalité doit être conçu uniquement en terme de « tâche » ou, comme le précisait Kant, dans l'acception méthodique de « problème » :

> *Aussi la question n'est-elle plus de savoir combien grande est en soi cette série des conditions, si elle est finie ou infinie, car elle n'est rien en soi ; mais comment nous devons mener la progression empirique et jusqu'où nous devons la poursuivre,* soutenait-il[1].

S'impose alors l'idée qu'à défaut d'être constitutif le principe cosmologique (de la totalité des conditions objectives dans le phénomène) est loin d'être une chimère, puisqu'il peut être, de *principe dialectique* à la base des conflits cosmologiques, « converti » en un *principe doctrinal* (à entendre dans le sens méthodologique du terme) : c'est qu'il garde une fonction épistémo-métaphysique en tant que principe régulateur de la raison pour la science physique. Principe régulateur de la raison est ici le nom d'une « règle » qui « ne peut pas dire *ce qu'est l'objet*, mais *comment il faut instituer la régression empirique* pour arriver au concept complet de l'objet[2]. »

Avant de passer à l'analyse de la phénoménologie kantienne dans les *Premiers principes métaphysiques*, où prend corps le concept de vérité dans son acception transcendantal, c'est-à-dire en ce qu'elle a partie liée avec la connaissance physique, une remarque s'impose concernant l'héritage critique de l'hypothèse cosmologique dont on a vu qu'elle jouait, dans la première période de la pensée kantienne, une fonction cardinale. Bien plus que ne les conçût Newton, les questions proprement cosmologiques, telles que celles de « la structure de l'Univers, de sa stabilité, de sa formation ou de son évolution », cessaient d'être traitées de façon latérale et en venaient à constituer un lieu théorique privilégié dans la première moitié du XVIIIe siècle, en témoigne l'opuscule précritique de 1755, l'*Histoire générale de la nature et théorie du ciel*, opuscule dans lequel on a certes tiré l'idée d'une « épistémologie génétique », mais également souligné un dogmatisme autrement radical qu'il ne le fût dans le troisième livre des *Principia* de Newton. Ainsi serait-il tentant d'induire de la solution critique de l'Antinomie de la raison pure le rejet pur et simple des philosophèmes cosmogoniques. Or, il n'en est rien au regard de l'article *Sur les Volcans lunaires* de 1785 :

---

1 Sur la différence faite par Kant entre l'infini mathématique et l'indéfini philosophique quant au *regressus* : A 511-515/B 536-543 ; *OP* I, p. 1152-1155.

2 A 509-510/B 537-538 ; *OP* I, p. 1150-1151.

La correspondance de Kant atteste qu'il tenait encore fermement à son hypothèse cosmogonique en 1790 et 1791 une fois édifiée sa trilogie critique, observe Jean Seidengart. *C'est d'ailleurs la raison pour laquelle il accepta que l'on réédite six fois de son vivant la* Théorie du ciel *dont il a toujours tenu à souligner l'originalité et l'accord avec les nouvelles découvertes observationnelles effectuées, entre autres, par William Herschel*[1].

Le philosophe des limites de la raison pure voyait dans les découvertes d'Adair Crawford (1748-1795) sur les phénomènes *caloriques* et *chimiques* une parfaite concordance avec son hypothèse cosmologique, et repoussait sans ménagement l'idée avancée par Buffon d'une *première époque de la Nature* – ce qui militait pour un certain déplacement du spéculatif au scientifique :

A cet égard, l'opuscule sur les volcans lunaires reste en lui-même exemplaire : car il participe à l'élaboration des hypothèses scientifiques tout en respectant rigoureusement les limitations du criticisme. Ainsi, la Cosmogonie *de 1755, qui se présentait initialement comme une théorie, ou un essai théorique, devint par la suite une hypothèse scientifique, dont le statut et les limites sont clairement déterminées dans la* Critique de la raison pure[2].

Qu'il nous soit permis ce renvoi allusif aux aspects scientifiques de la cosmogonie du philosophe critique, aspects qui trouvaient dans l'astronomie de H.W.M. Olbers (1758-1840) d'incontestables corroborations empiriques. Même si cette cosmologie infinitiste était loin de trouver, eu égard au fameux paradoxe d'Olbers, la consistance empirique requise hors des rives de la spéculation, l'essentiel est de garder à l'esprit la parfaite cohérence du criticisme, dont l'intérêt proprement scientifique demeure l'un des acquis fondamentaux :

*[...] l'*unité *de l'univers est bien un réquisit de l'*entendement *en tant qu'il s'applique à l'ensemble des phénomènes, tandis que l'univers posé comme* totalité inconditionnée *est une hypothèse spéculative de la* raison. *L'hypothèse cosmologique de Kant, comme* hypothèse physique*, se situe entre l'Idée transcendantale de monde et les acquis de la physique newtonienne : elle fait seulement appel aux recherches observationnelles futures. Or, non seulement l'hypothèse nébulaire (dite de Kant-Laplace conserve encore à présent tout son intérêt cosmologique pour expliquer la*

[1] J. Seidengart, « Le devenir de la *Théorie du ciel* dans l'œuvre de Kant et sa réception dans l'astronomie de H. Olbers », in M. Lequan, S. Grapotte et M. Ruffing (dir.), *Kant et les sciences*, p. 121-122.
[2] Ibid., p. 136.

formation du système solaire, mais il fallut attendre 1924 pour obtenir une confirmation au moins partielle de la théorie des Univers-îles. Entre-temps, le cadre de l'astrophysique et de la cosmologie contemporaine n'est plus celui de la science newtonienne, mais celui de la relativité générale einsteinienne et celui de la physique quantique. Il n'en demeure pas moins que Kant est le premier théoricien qui ait correctement conçu la structure de la Voie lactée. Là est la force de son hypothèse cosmologique qui a bien partie liée avec la connaissance scientifique[1].

§ 12. Vérité transcendantale et phénoménologie kantienne

À la lumière des précédents développements, nous pouvons circonscrire une espèce d'architectonique relative à l'espace-temps dans l'architectonique kantienne générale. Il suffit de renvoyer à la méthodologie kantienne dans la première *Critique*, plus précisément au chapitre intitulé « Architectonique de la raison pure » pour en saisir l'idée. Toutefois, bien plus que l'idée, nous devons en saisir l'enjeu qui se trouve en cette question « périlleuse » : comment « boucler la boucle » de l'architectonique ?, se demandait Kant dans la fameuse lettre à Christian Garve évoquée plus haut. Tout d'abord, cette boucle paraissait pouvoir être bouclée, du point de vue de la définition de l'objectivité scientifique, dans l'Analytique des principes découlant de l'articulation transcendantale qu'a permise le schématisme du temps. Aussi deux mouvements se complémentaient-ils : l'un, concernait la détermination de l'aperception transcendantale comme principe unitaire de l'exhaustivité des synthèses catégoriales relatives au « *je pense* », l'autre, concernait le « travail » même du schématisme : méthode de constitution de l'objectivité scientifique, les schèmes apparaissant comme fondateurs de la constructibilité mathématique, autrement dit, comme des principes d'objectivation et d'expérimentation scientifiques. Il en ressortait que ce sont bien les principes de la *faculté de juger* qui définissent les lois de la nature qui régissent l'expérience : c'est en fonction d'eux que les phénomènes (objets indéterminés de l'intuition empirique selon l'affection des choses) sont constitués en objets scientifiques. Cependant l'établissement d'un Système des principes de l'entendement pur, telle est la *doctrine positive* de la première *Critique*, ne saurait suffire à lui seul : « boucler la boucle » de l'architectonique, en vue de la constitution d'une doctrine de l'objectivité scientifique, supposait que l'on démontre l'organicité métaphysique de tels

[1] Ibid., p. 137-138.

principes aux sciences physiques constituées – ce qui fraye selon Kant l'authentique voie de l'*Übergang* vers la physique. Tout cela nous installe au cœur de la problématique des *Premiers principes* comme en une étape majeure de l'architectonique, alors que, dans cette perspective, l'*Übergang* apparaît comme l'ultime entremise par laquelle doit être déterminée la science du monde physique – science assujettie aux dimensions phénoménales dudit monde. Cette conditionnalité spatio-temporelle du monde phénoménal de la connaissance objectivement valide abrite une dualité irréductible dont la philosophie théorique balise les contours, en évitant de tomber dans le carcan de l'absolutisme.

Nous reprenons largement l'analyse de J. Vuillemin qui mettait beaucoup d'emphase sur la teneur phénoménologique de la conception physique kantienne. La phénoménologie constitue le principe fondamental d'*Aufhebung* : elle fait saisir la mécanique classique en fixant, à un niveau de propédeutique, la géométrie du mouvement et la dynamique des forces fondamentales, ce, selon l'ordre de progression analytique et du remaniement conceptuel qui permettent d'en saisir l'articulation. A ce titre, la phénoménologie ne peut être considérée comme un élément subsidiaire du dispositif critique, mais comme intrinsèquement constitutif dans la mesure où elle l'irrigue aussi bien dans ses présupposés fondamentaux que dans sa visée finale qui est de garantir la scientificité de la mécanique suivant l'articulation théorico-expérimentale des objets physiques au niveau de la subjectivité transcendantale. Ces considérations nous installent au cœur de la question épistémologique par excellence : celle du rapport de l'objet et du sujet dont Kant dira dans les *Premiers Principes* qu'elle est de nature profondément phénoménologique. Elle l'est en tant qu'elle est appelée à être traitée eu égard à la *modalité du jugement* que la *Critique* ramenait aux *Postulats de la pensée empirique en général*, « qui concernent la synthèse de la simple intuition (de la forme du phénomène), de la perception (de la matière) et de l'expérience (du rapport de ces perceptions) ensemble[1] ». En effet, les *Analogies de l'expérience* ne sauraient suffire à définir les principes régulateurs, même si le système de la connaissance pure paraît s'y accomplir ou s'y achever. Certes, elles fournissent les règles suivant lesquelles « l'unité de l'expérience (non comme perception même, mais à titre d'intuition empirique en général) doit résulter des perceptions ». Ainsi leur sont-elles subordonnées les lois mécaniques fondamentales conformément à la « schématisation » des catégories de la relation :

> *Toutes ensemble, elles disent donc que tous les phénomènes résident dans une nature et doivent y résider, parce que sans cette unité* a priori *aucune*

[1] A 180/B223 ; *OP* I, p. 917.

unité de l'expérience, et par conséquent, aussi, aucune détermination des objets dans l'expérience, ne serait possible[1].

Remarque importante, s'il en est, par laquelle Kant concluait sa démonstration des lois transcendantales de la nature, en repoussant toute preuve dogmatique du *principe de la raison suffisante* – démonstration de l'existence par de purs concepts. La preuve donnée ici peut être nommée « critique » dans la mesure où elle est reposée sur « la possibilité de l'expérience, comme d'une connaissance où tous les objets doivent finalement pouvoir nous être donnés, si leur représentation doit avoir pour nous une réalité objective ». C'est la condition critique du « troisième terme » qui se trouve ainsi remplie[2]. Or, force est de reconnaître que ces analogies se révèlent incapables de rendre compte d'elles-mêmes, c'est-à-dire de la validité de l'expérience qu'elles sont censées fonder, si le rapport au sujet demeure indéterminé. En ce sens, les lois de l'expérience ont à être établies, pour l'être scientifiquement, au plan de la modalité du jugement à l'aune de laquelle est déterminée *la liaison de l'objectivité des objets au sujet connaissant comme pouvoir de connaître* : c'est que la « liaison physique » des objets définis, assurée par les principes purs, doit être de manière architectonique subsumée par une « liaison métaphysique », dont la seule et unique tâche consiste à arracher à l'indétermination le rapport du sujet à tels objets[3] – lesquels, pour être adéquatement décrits, doivent être fixés selon que les connaissances définies appartiennent à des *hypothèses*, à des *faits* ou à des *lois*, toutes propriétés en fonction desquelles leur sont assignées telle ou telle valeur au sein des connaissances scientifiquement déterminées[4]. Voici ce qu'accomplissent les principes régulateurs que sont les *Postulats de la pensée empirique en général*, postulats correspondant aux catégories de la modalité schématisées.

Dans la table kantienne, ces dernières ne se présentaient pas comme des catégories en tant que telles, mais comme les catégories des catégories où sont réfléchies toutes les autres, c'est-à-dire où se réalise et se concrétise la réflexion critique en tant que clef de voûte de la vérité transcendentalement comprise – en ce qu'elle est indissociable de la réflexivité du savoir[5]. Ainsi que l'indiquait J. Vuillemin, « la théorie des

[1] A 216/B 263; *OP* I, p. 947.

[2] A 217/B 264 ; ibid.

[3] B. Rousset, *DKO*, p. 241-243.

[4] A. Philonenko, *OK*, p. 224-230.

[5] La *Critique* ne s'occupe pas des objets de nos connaissances, soutenait Kant, mais de nos connaissances des objets. C'est que la connaissance doit être saisie suivant la modalité de sa réflexivité dans le sujet, modalité qui est avant tout celle du jugement : A 219, *OP* I, p. 948-949.

postulats consiste à élucider le sens transcendantal de la copule dans le jugement[1] » :

> *La modalité des jugements est une fonction tout à fait particulière, soutenait Kant, qui possède ce caractère distinctif de ne contribuer en rien au contenu du jugement (car en dehors de la quantité, de la qualité et de la relation, il n'y a plus rien qui constitue le contenu d'un jugement), mais de concerner seulement la valeur de la copule, en relation avec la pensée en général. Les jugements* problématiques *sont ceux où l'on admet l'affirmation ou la négation comme simplement possibles (il y a choix). Les jugements sont* assertoriques, *quand affirmation et négation sont considérées comme* réelles *(vraies). Sont apodictiques ceux dans lesquels elles sont regardées comme* nécessaires[2].

Kant privilégiait avant tout le sens mathématique de la notion de postulat. En tant que « proposition pratique, qui ne contient rien que la synthèse par laquelle nous nous donnons d'abord un objet, et en produisons le concept[3] », postuler ne consiste alors qu'à « déterminer le sens des actes qui constituent la connaissance[4] » : c'est donc la valeur de celle-ci qui est en jeu, d'où, son caractère *subjectivement* synthétique, à défaut de l'être objectivement – tel est ce que nous rappelait Kant au tout début de son « éclaircissement » des postulats, en limitant les principes à l'usage simplement empirique[5]. Il s'ensuit alors que les catégories modales fondent ce que Kant appelait, dans le sillage de Lambert, la phénoménologie qui venait clore les *Premiers principes*. Dans le *Neues Organon oder Gedanken über die Erforschung und Bezeichnung des Wahren und dessen Unterscheidung von Irrtum und Schein* (1764) de Lambert, la phénoménologie apparaissait comme la doctrine de l'apparence (*Lehre von dem Schein*) ; avec Kant l'apparence est saisie dans son acception phénoménale. On serait du coup passer d'une « Optique transcendante » à

[1] *PMK*, p. 344.
[2] A 74/B 100, *OP* I, 830. Cohen indiquait que cette caractérisation de la modalité du jugement ne peut être que provisoire dans la mesure où « il doit toujours s'agir ici du contenu, mais non pas en dernière analyse de la « valeur de la copule ». C'est que malgré tout ce que prétendait Kant dans la *Critique*, il y était trop redevable à la logique formelle, alors que la détermination transcendantale des jugements ne peut les saisir qu'eu égard à leur signification dans la science. H. Cohen, *Commentaire*, p. 92-93.
[3] A 234/B 287 ; OP I, p. 964.
[4] A. Philonenko, *OK*, p. 225.
[5] A 219/B 267 ; *OP* I, p. 949.

une « Optique transcendantale » qui prépare ce que sera la phénoménologie husserlienne[1]. Laissons argumenter Kant :

> *il ne s'agit pas ici d'une transformation de l'apparence en vérité, mais de celle du phénomène en expérience ; dans le cas de l'apparence, en effet, l'entendement joue toujours un rôle, bien qu'il soit en danger de rendre le subjectif pour l'objectif ; dans le phénomène, au contraire, il n'entre aucun jugement de l'entendement. Cette remarque s'imposait non seulement ici, mais dans toute la philosophie, sinon, lorsqu'il s'agit du phénomène, et qu'on prend ce terme comme signifiant la même chose que le terme d'apparence, on est toujours compris de travers*[2].

En tant que science des phénomènes pour laquelle « la matière est le mobile en tant qu'il peut, comme tel, être objet de l'expérience[3] », elle constitue le lieu où l'étude du mouvement, au triple sens phoronomique, dynamique et mécanique, se trouve « réfléchie » de manière à ce qu'elle acquière la valeur architectonique de scientificité : les modalités du jugement de vérité en viennent ainsi à articuler les différentes sciences du mouvements suivant le plan d'une validation transcendantale où se définissent les différentes manières dont le phénomène est susceptible d'être transformé en expérience. A cet égard, « trois théorèmes déterminent le mouvement de la matière relativement à sa *possibilité*, sa *réalité* et sa *nécessité* » – conformément donc aux dits postulats :

> *1- Ce qui s'accorde avec les conditions formelles de l'expérience (quant à l'intuition et aux concepts) est* possible *» ; 2. Ce qui est en cohésion avec les conditions matérielles de l'expérience (la sensation), est* réel *; 3. Ce dont la cohésion avec le réel est déterminée suivant les conditions générales de l'expérience est* nécessaire *(*existe nécessairement*)*[4].

Il n'est nullement difficile d'observer que la conformité aux conditions formelles de l'expérience définit l'unique garantie de la géométrie du mouvement, domaine dans lequel la scientificité des objets est astreinte à l'ordre de la possibilité en tant qu'elle définit le domaine spécifique de la faculté qu'est l'entendement. Par le premier théorème phénoménologique, Kant voulait exprimer avec netteté la modalité du jugement du point de vue phoronomique – le mouvement rectiligne lui servant ainsi de modèle :

---

[1] J. Vuillemin, *PMK*, p. 342-345.
[2] *Anfangsgründe*, AK IV, p. 555 ; *OP* II, p. 479.
[3] *Anfangsgründe*, AK IV, p. 554 ; *OP* II, p. 478.
[4] A 218/B 265; *OP* I, 948.

Le mouvement rectiligne d'une matière, relativement à un espace empirique, distingué du mouvement en sens contraire de l'espace, est un prédicat simplement possible. *Le même mouvement, conçu sans aucune relation à une matière extérieure, c'est-à-dire comme mouvement absolu, est* impossible, avançait-il[1].

On se rappelle que la relativité du mouvement ne peut être conçue selon un *concept empirique*, mais selon un *concept pur* qui le soumet directement à la forme de l'expérience – pour ne pas dire *pure*, celle-ci est dite *idéalisée* : le repos et le mouvement absolus ne pouvant être attribués au phénomène, ils ne sont par conséquent déterminables que conformément à « l'arbitraire » d'un système de référence pensé sous le modèle galiléen du mouvement rectiligne uniforme n'ayant rien à voir avec quelque détermination empirique[2]. En quel sens parle-t-on ici d'une *détermination subjective* ? Elle l'est, nous expliquait Kant, dans la mesure où la relativité ne peut être saisie que conformément à un *observateur* en vertu de la position duquel un corps peut être considéré comme mobile dans un espace immobile, ou l'espace lui-même comme mobile avec une vitesse égale et dans la direction opposée. On a là, rappelons-le, deux approches qui rendent équivalents le mouvement du corps dans l'*espace relatif* d'une part, et le repos du corps dans l'*espace absolu* d'autre part ; si débat il y a, faisait observer Kant, « c'est un débat qui concerne, non pas l'objet, mais seulement son rapport avec le sujet, donc non pas l'expérience, mais le phénomène[3] ». Puisque, du point de vue de l'objet, les deux prédicats en question (relativité et absoluité spatiales) s'avèrent équivalents, Kant déduisait que la détermination, du point de vue de la représentation du sujet, ne renvoie nullement à un *jugement disjonctif*, mais de préférence à un *jugement alternatif*. Que signifie précisément cette distinction ?

[...] pour déterminer l'objet, nous disait Kant, le premier de ces jugements admet, entre deux prédicats opposés objectivement, *l'un des deux à l'exclusion de l'autre ; le second jugement, entre les deux prédicats sans doute objectivement équivalents, mais* subjectivement *opposés l'un à l'autre,*

---

[1] *Anfangsgründe*, AK IV, p. 555; *OP* II, p. 479.

[2] Dans la phénoménologie, Kant ne mettait pas l'accent sur le caractère uniforme du mouvement phoronomique : seules les différences de direction étaient envisagées (linéaire-circulaire) et non celles de vitesses (uniforme-varié). C'est pourquoi « le possible porte moins sur le mouvement phoronomique que sur le mouvement sans changement de direction, c'est-à-dire non pas sur les cas où toute accélération est nulle, mais sur ceux où l'est l'accélération normale ». J. Vuillemin, *PMK*, p. 346.

[3] *Anfangsgründe*, AK IV, p. 555; *OP* II, p. 479.

prend l'un des deux sans exclure de l'objet le prédicat contraire ; c'est donc un pur choix[1].

Cette distinction entre l'*opposition disjonctive* et l'*opposition alternative* semblait importante, aux yeux de Kant, qui promettait d'y revenir dans la Remarque générale sur la Phénoménologie : elle y est rectrice quant à l'expérience elle-même considérée comme « une connaissance qui détermine l'objet d'une manière valable pour tous les phénomènes ». Dans cette Remarque générale, une autre catégorie de jugement en vient à s'ajouter aux deux autres : il s'agit du jugement *distributif*. Il convient de voir, dans ce qui suit, comment les jugements *alternatif*, *disjonctif* et *distributif* définissent respectivement le mouvement au triple sens *phoronomique*, *dynamique* et *mécanique* au regard d'une « distribution » de la vérité transcendantale au triple plan de l'*hypothèse*, du *fait* et de la *loi*, en articulant de manière architectonique les facultés de connaissance (*entendement*, *faculté de juger* et *raison*), la connaissance se trouvant en définitive arrimée aux limites de l'expérience possible – suivant une acception précise de l'absoluité spatiale. La première distinction qui apparaît, dans cette « déclinaison » de la modalité du jugement de vérité, est celle du phénomène et de l'expérience, indiquait Vuillemin, mais celle-ci n'est conçue qu'en étant portée par d'autres distinctions cardinales, dont celles de *relatif* et d'*absolu*, de *réel* et d'*apparent*, dont on comprendra qu'elles ne se recoupent aucunement, si l'on s'aperçoit de ce qui sépare le *réel* de l'*apparent*, ou le *mouvement* de l'*apparence*, ou le *mouvement vrai* du *mouvement apparent*.

En fait, on comprend bien que la disjonction constitutive des jugements de la relativité phoronomique est bel et bien objective, mais elle n'est pas subjectivement décidable selon la bivalence logique du vrai et du faux : les deux propositions sont *alternativement* vraies, puisque l'espace peut être tantôt relatif, tantôt absolu ; du reste, l'équivalence phoronomique exclut que les deux représentations soient possibles en même temps. C'est que *le possible relève bien de l'activité constitutive de l'entendement comme faculté des concepts* qui, à défaut de pouvoir exclure objectivement deux concepts contradictoires qui demeurent toujours possibles, est obligée de les concevoir dans leur exclusion respective : selon que la représentation de l'un exclut celle de l'autre et inversement – la « contradiction logique » reposant sur la simultanéité et non sur la successivité des concepts. Dans cette optique, le possible phoronomique s'explique, précisait Kant, en deux sens. Jusqu'à présent nous insistions sur celui de l'indétermination conceptuelle liée à la relativité et à l'absoluité spatiales. Le second sens nous met en

[1] *Anfangsgründe*, AK IV, p. 556; *OP* II, p. 480.

direction des considérations dynamiques et mécaniques en vertu du caractère problématique de l'espace absolu :

> *De plus une relation, donc aussi le changement d'une relation, c'est-à-dire le mouvement, ne peut être objet d'expérience que dans la mesure où les deux termes corrélatifs, sont eux-mêmes objets d'expérience, déclarait Kant ; or l'espace pur, qu'on appelle aussi espace absolu, pour s'opposer à l'espace relatif (empirique) n'est nullement objet d'expérience, et n'est rien du tout ; il en résulte que le mouvement rectiligne, sans rapport avec quoi que ce soit d'empirique, c'est-à-dire le mouvement absolu, est tout à fait impossible*[1].

Dans le cas du mouvement dynamique, un pas sera franchi dans la mesure où il s'agit de la faculté de juger qui est celle de distinguer le vrai du faux : intervient donc à proprement parler le jugement disjonctif qui fait droit à la détermination en substituant le jugement problématique par le jugement assertorique. C'est le *mouvement circulaire* qui sert ici de modèle en soutenant la distinction du *réel* et de l'*apparent*, sachant que le postulat en question subordonne le mouvement aux conditions matérielles de l'expérience, à savoir la sensation[2]. Aussi, le deuxième théorème phénoménologique stipule :

> *Le mouvement circulaire d'une matière, distinguée du mouvement de l'espace en sens opposé, est un prédicat réel de cette matière. Au contraire, le mouvement en sens opposé de l'espace relatif, substitué au mouvement du corps, n'est pas un mouvement réel de l'espace ; mais s'il est tenu pour tel, c'est là une pure apparence*[3].

On sait que ce qui définit essentiellement le mouvement circulaire est l'existence d'une force motrice qui, selon la loi d'inertie, réagit contre le mouvement selon lequel le corps tend à s'éloigner à chaque point de l'espace suivant la ligne droite tangente au cercle ; c'est pour cela qu'il apparaît comme un changement continu du mouvement rectiligne : prévaut ici la loi de l'égalité de l'action et de la réaction – Kant prenait, entre autres

[1] *Anfangsgründe*, AK IV, p. 556 ; *OP* II, p. 480-481.

[2] Ce n'est pas sans raison que le postulat de la réalité est suivi par la *Réfutation de l'idéalisme* qui renferme en creux la critique de la démonstration ontologique de l'existence [de Dieu, notamment]. A défaut d'être immédiate, la démonstration est ici médiate, expliquait Kant – d'où les objections idéalistes. Il convient de savoir que « le postulat relatif à la connaissance de la réalité exige une *perception*, par conséquent une sensation, accompagnée de conscience, non immédiate, il est vrai, de l'objet dont l'existence doit être connue ; mais est aussi exigé l'accord de cet objet avec quelque perception réelle suivant les analogies de l'expérience, qui présente toute liaison réelle dans une expérience en général (A 225 ; *OP* I, p. 953) ».

[3] *Anfangsgründe*, AK IV, p. 556-557 ; *OP* II, p. 481.

exemples, « la rotation de la Terre au tour de son axe, relativement aux étoiles fixes ». Un tel mouvement circulaire est dit *réel* ou *vrai* puisqu'il a lieu sous l'action d'une force motrice, alors que le mouvement de l'espace dans le sens opposé ne peut être considéré que du point de vue phoronomique, ce qui veut dire en l'absence d'une force :

> *[...] il s'agit [...] du mouvement* vrai, *distingué de l'*apparence, *mais non du mouvement* absolu *opposé au* relatif, *disait Kant ; par conséquent, le mouvement circulaire, bien qu'il ne manifeste, dans le phénomène, aucun changement local, c'est-à-dire aucun changement phoronomique du rapport du corps en mouvement avec l'*espace *(empirique), manifeste cependant un changement dynamique continu et démontrable par expérience des rapports de la matière dans son espace, poursuivait-il – par exemple, on constate comme effet du mouvement circulaire une diminution constante de l'attraction par une tendance à s'échapper ; cela indique avec certitude une différence entre le mouvement et l'apparence*[1].

Il en découle donc une différence fondamentale liée au fait que le jugement doit être ici pensé dans l'au-delà du possible articulé à l'équivalence phénoménale, puisqu'un prédicat exclut l'autre selon l'expérience : s'accuse donc une véritable disjonction résoluble dans un jugement assertorique qui fait du mouvement circulaire un mouvement réel et vrai : équivalents dans le phénomène particulier, reconnaissait Kant, le mouvement de l'espace contredit celui du corps (la Terre en l'occurrence) : « dans l'enchaînement de tous les phénomènes, c'est-à-dire de l'expérience possible, il n'est donc que pure apparence[2] ». Prévaut, dans cette perspective, le principe de continuité de l'action des forces motrices, qu'elles soient considérées comme agissant de l'extérieur ou comme constitutives de la matière sous ses formes répulsive et attractive.

Tout bien considéré, la modalité du mouvement du point de vue mécanique établira qu'*il est illusoire de ramener l'opposition du réel et de l'apparent à l'opposition de l'absolu et du relatif* dans la mesure où la relativité phoronomique du mouvement demeurera le principe transcendantal dont l'universalité résulte de la subjectivité spatiale établie dès la *Dissertation de 1770*, d'où, la relativité même de la rotation terrestre. Remarquons, avec Vuillemin, que le traitement assertorique de la disjonction dynamique écarte de la propension de certains à rapprocher l'approche kantienne « d'une sorte de pragmatisme épistémologique, d'une philosophie de l'*Als Ob* » dont l'une de ses déclinaisons est repérable dans l'empirio-

---

[1] *Anfangsgründe*, AK IV, p. 561, *OP* II, p. 487.
[2] *Anfangsgründe*, AK IV, p. 557 ; *OP* II, p. 481-482.

criticisme machien qui défend la commodité de la vérité[1] : le géocentrisme ptoléméen étant préférable à l'héliocentrisme copernicien pour une affaire de simplicité et, donc, de convention. Au contraire, le philosophe critique exprimait directement l'inverse par l'affirmation modale de la réalité de la rotation terrestre. Pour éviter de citer un long passage au bout duquel Kant conclura que, bien que l'on puisse mettre en évidence, dans l'expérience, « la Terre comme tournant autour de son axe dans l'espace vide infini », ce mouvement n'est aucunement un mouvement absolu : « il est donc en réalité un mouvement relatif, et c'est même pour cela qu'il est vrai[2] », disons que si commodité il y a, elle n'est pas relative à la croyance en la rotation terrestre, mais elle s'appuie sur l'hypothèse régulatrice, indique J. Vuillemin, hypothèse qui consiste au fait que « nous référons les mouvements à une sphère des fixes prise comme système invariable ». Par conséquent, l'option galiléenne de l'héliocentrisme n'est commandée que par « un principe de l'entendement, par un postulat de la pensée empirique qui a force de constitution » :

> *Dans le cas du jugement alternatif, les représentations sont placées sur le même plan, et c'est cette égalité de droit entre les différentes représentations qui définit l'entendement. Dans le cas du jugement disjonctif, les représentations sont hiérarchisées suivant l'ordre du réel et de l'apparent, et c'est cet ordre qui spécifie le jugement[3].*

La vérité de l'option galiléenne s'atteste, en définitive, dans l'adéquation du mouvement mécanique au postulat de la *nécessité matérielle dans l'existence* selon que

---

[1] Il faudrait tempérer ces propos quand bien même il n'y aurait pas ici d'héritage kantien de Mach. Voir à ce sujet : Bruno Barthelmé, « L'«Appendice à la Dialectique transcendantale » de la Critique de la raison pure : le langage du comme si et la notion d'usage régulateur de la raison », in M. Lequan (dir.), *Métaphysique et philosophie transcendantale selon Kant*, p. 223-258.

[2] « Mais ce mouvement, bien qu'il ne soit pas un changement du rapport à l'espace empirique, n'est pas un mouvement absolu, observait Kant, il est un changement continue des relations des matières entre elles, représenté cependant dans l'espace absolu ; il est donc en réalité un mouvement seulement relatif, et c'est même pour cela qu'il est un mouvement vrai (*Anfangsgründe*, AK IV, p. 561 ; *OP* II, p. 488) ».

[3] Cela veut dire qu'en dernière analyse Mach, à l'instar de Newton, ne faisait que superposer la distinction du réel et de l'apparent à celle de l'absolu et du relatif, c'est pourquoi « de la réalité du mouvement circulaire, Newton concluait à l'existence d'un mouvement absolu. Inversement, de la négation du mouvement absolu, Mach concluait à l'apparence du mouvement circulaire. Ces deux conclusions sont fausses, bien que les prémisses soient exactes ». J. Vuillemin, *PMK*, p. 349-351.

[...] le jugement, disjonctif dans sa forme, doit être employé à l'égard de l'objet d'une manière distributive, *de sorte que le mouvement ne doit pas être attribué ou à l'un ou à l'autre de ces deux corps, mais qu'une même portion doit en être attribuée à chacun d'eux*[1].

Inutile de rappeler que le modèle est, ici, celui de la communication du mouvement (par contact) soumise à la troisième loi mécanique, ce que stipule le troisième théorème phénoménologique :

Dans tout mouvement où un corps est mouvant relativement à un autre, un mouvement égal et contraire de ce dernier corps est nécessaire[2].

Que savons-nous de la *nécessité* en que postulat ? Qu'en dit la *Critique* ? Ce postulat « se rapporte à la *nécessité matérielle* dans l'existence, et non à la nécessité simplement formelle et logique dans la liaison des concepts[3] ». Pour le dire autrement : « la nécessité de l'existence ne peut jamais être connue à partir de concepts, mais toujours seulement à partir de la liaison avec ce qui est perçu, suivant les lois générales de l'expérience ». Que sont ces lois ? Celle de la causalité qui, appliquée à celle de la substance, implique celle de la relation réciproque. Ce qui veut dire que

La nécessité ne concerne donc que le rapport des phénomènes suivant la loi dynamique de la causalité, et la possibilité fondée sur cette loi, de conclure a priori *de quelque existence donnée (d'une cause) à une autre existence (à l'effet)*[4].

Il faut éviter toute confusion : le principe d'expérience possible ou de la possibilité de l'expérience exclut sans ambages toute considération substantialiste : loin d'être des « substances », causes et effets ne réfèrent qu'à des états (de choses) :

Ce n'est donc pas de l'existence des choses (substances), mais de l'existence de leur état seulement que nous pouvons connaître la nécessité, et cela à partir d'autres états donnés dans la perception, suivant des lois empiriques de causalité[5].

A cet égard, la démonstration kantienne du troisième théorème phénoménologique apparaît très instructive :

---

[1] *Anfangsgründe*, AK IV, p. 560 ; *OP* II, p. 485.
[2] *Anfangsgründe*, AK IV, p. 558 ; *OP* II, p. 483.
[3] B 279; *OP* I, p. 959.
[4] A 228; *OP* I, p. 960.
[5] A 227/B 280; *OP* I, p. 959-960.

> *Selon la troisième loi de la mécanique (théorème 4), la communication du mouvement des corps n'est possible que grâce à la communauté de leurs forces motrices originelles, et cette communauté n'est possible que par un mouvement égal et opposé des deux côtés. Le mouvement des deux corps est donc réel. Mais puisque la réalité de ce mouvement ne repose pas (comme dans le second théorème) sur des influences de forces extérieures, mais qu'elle résulte immédiatement et inévitablement du concept de la relation entre un corps* mû *dans l'espace et tout autre corps* susceptible d'être mû *par lui, le mouvement de ce dernier corps est donc* nécessaire[1].

En s'en tenant à la simple relation, on peut voir s'affirmer chez Kant la volonté newtonienne d'échapper à la force vive leibnizienne, en consacrant la signification vectorielle de la quantité de mouvement qui est toujours relative. Ainsi, la considération de l'action dynamique « externe » peut être écartée au profit de la seule action dynamique « interne » compte tenu que la notion de substance sera complètement transformée dans le sens de la relativité physique : *la résolution de la disjonction par le jugement apodictique* qui distribue le mouvement suivant la loi de l'égalité de l'action et de la réaction ne fait que repousser toute idée d'une nécessité métaphysique fondant l'absoluité de l'espace, de la substance et du mouvement :

> *Il n'y a pas non plus mouvement absolu, lors même qu'on conçoit un corps comme en mouvement par rapport à un autre corps dans l'espace vide ; le mouvement de ces deux corps n'est pas ici considéré relativement à l'espace qui les entoure, mais à l'espace qui les sépare, et qui seul détermine leur rapport extérieur mutuel, à titre d'espace absolu : ce n'est donc à nouveau qu'un mouvement relatif. Le seul mouvement absolu serait donc ce qui appartient à un corps sans relation avec une autre matière quelconque. Seul le mouvement rectiligne de l'*univers entier, *c'est-à-dire du système de toute la matière, serait un mouvement de ce genre. Car, si en dehors d'une telle matière il y en aurait encore une autre, même séparée d'elle par l'espace vide, le mouvement serait déjà relatif*[2].

Il n'est point besoin d'insister davantage sur l'impossibilité d'un tel mouvement qui dépend de l'*usage transcendant(al) des principes*, usage arc-bouté à l'amphibologie des concepts de la réflexion donnant lieu à l'*illusion dialectique*. Il s'ensuit que par la subordination de la distribution du mouvement mécanique au jugement apodictique, Kant ne faisait que définir le droit de la raison :

---

[1] *Anfangsgründe*, AK IV, p. 558; *OP* II, p. 483.
[2] *Anfangsgründe*, AK IV, p. 562; *OP* II, p. 489.

> *Le fait est désormais posé en liaison avec la nécessité d'être. Distinguer le réel de l'apparent, affirmer le fait, c'était l'objet de la faculté de juger ; trouver la raison d'être du réel, c'est l'objet de la raison*[1].

Il n'y parvenait qu'en départant la *nécessité transcendantale* de la *nécessité dogmatique* :

> *Mais tandis que le but suprême de la raison dans les systèmes dogmatiques consistait à déduire l'existence de l'essence de façon nécessaire dans la preuve ontologique, la* Critique *ayant défini la nécessité comme nécessairement relative et hypothétique et les* Principes *l'ayant illustrée dans la loi de l'égalité de l'action et de la réaction, on voit bien que la valeur de la copule dans le jugement de nécessité consistera à répartir réciproquement le mouvement aux membres qui composent le jugement*[2].

S'exprime, *in fine*, la véritable signification du concept phénoménologique de science et de vérité, en vertu de l'articulation transcendantale des sciences physiques :

> *Une nouvelle structure phénoménologique du rapport entre le pouvoir de connaître et l'objet nous est ainsi révélée. Dans le jugement alternatif, l'exclusion subjective des attributions ne correspondait à aucune exclusion objective, et elle n'y prétendait pas ; dans le jugement disjonctif l'exclusion était objective ; l'un des membres recevait le mouvement, l'autre en était privé, suivant l'ordre hiérarchique du vrai et de l'apparent. A présent, dans le jugement distributif [...], les deux membres du jugement (ici les deux corps qui se choquent), participent tous deux à l'attribution. Cette commune nécessité rapproche la nécessité de la possibilité, comme la reconsidération du mouvement rectiligne rapproche la Mécanique de la Phoronomie. Mais l'objectivité de l'attribution les sépare et rapproche au contraire Mécanique et Dynamique, nécessité et réalité. En tout cas, une nouvelle liaison* sui generis, *nécessaire pour penser la possibilité de l'expérience, fait son apparition, dans laquelle je lie nécessairement par une distribution du mouvement l'existence de deux mobiles*[3].

Dans la manière de conclure le système des principes, Kant posait les ultimes jalons préparatoires à sa critique de l'apparence transcendantale. Il en tirait comme dernière conséquence que

---

1 J. Vuillemin, *PMK*, p. 354.
2 *PMK*, ibid.
3 *PMK*, ibid.

> [...] *tous les principes de l'entendement pur ne sont rien de plus que des principes* a priori *de la possibilité de l'expérience, et c'est uniquement à celle-ci que se rapportent toutes les propositions synthétiques* a priori, *et leur possibilité même repose entièrement sur cette relation*[1].

Le concept phénoménologique du mouvement corrobore cette thèse, en écartant le mouvement absolu comme « réalité » de l'expérience possible : un tel rejet relève du caractère « problématique » d'un espace vide ou absolu, comme le montrent les considérations avec lesquelles Kant avait clos les *Premiers principes* en revenant notamment sur la problématique de l'éther – qui serait à l'appui du dogmatisme caractérisant l'*Opus postumum*. A l'en croire, s'y manifeste à tous égards la nature « métaphysique » de ses investigations, métaphysique où s'incarne « la nature de la raison » elle-même, qui « ne peut s'en tenir au conditionné ni se saisir de l'inconditionné[2] ». Donc, l'espace absolu apparaît comme l'un des « visages » de l'inconditionné, nommé ici l'« inconcevable ». Du point de vue phoronomique, cet « inconcevable » ne se présente pas sous son bord le plus problématique, car le principe de réfutation semble incontestable : l'espace vide apparaît comme un concept logique ; mais en ce qui concerne son acception dynamique (où il est considéré soit comme *vacuum extramundanum*, soit comme *vacuum mundanum* lui-même pris en tant que *vacuum disseminatum* ou en tant que *vacuum coacervatum*), toute solution définitive paraît purement « dogmatique » : « dans cette élimination du vide, soutenait Kant, on procède de manière purement hypothétique, [...] alors que la dynamique ne peut aucunement trancher ce problème[3] ». Or, selon une approche mécanique, « il est aisé de voir que la possibilité ou l'impossibilité d'un tel vide ne repose pas sur des raisons métaphysiques, mais sur ce mystère de la nature, si difficile à pénétrer[4]. Si mystère il y a, cependant, la continuité dynamique rendrait

> *[...] inutile,* prétendait-il*, d'admettre un espace vide pour permettre le mouvement libre et durable des corps célestes, parce que la résistance, même en des espaces entièrement remplis, peut alors être conçue comme aussi petite que l'on veut*[5].

---

[1] B 293; *OP* I, p. 969-970.

[2] *Anfangsgründe*, AK IV, p. 565 ; *OP* II, p. 492.

[3] On sait que se trouvent en jeu ici le problème des différences spécifiques de densité de la matière et celui d'un mouvement libre de toute résistance. A défaut des raisons logiques, l'hypothèse de l'éther intervient de manière à apporter des raisons physiques pour « exclure le vide de la science de la nature (*Anfangsgründe*, AK IV, p. 563-564 ; *OP* II 490-492) ».

[4] *Anfangsgründe*, AK IV, p. 565 ; *OP* II, p. 492.

[5] Ibid.

Il ne faut voir dans ces remarques aucune contradiction au fait que Kant nous expliquait, au tout début de la Remarque générale sur la Phénoménologie, que c'est bien le concept d'espace relatif qui sert de fondement aux trois concepts fondamentaux de la science générale de la nature, à savoir *le mouvement dans l'espace relatif, le mouvement dans l'espace absolu, le mouvement relatif en général distingué du mouvement absolu*, concluait Vuillemin. Il convient tout simplement de retenir que si l'espace absolu, à l'instar du « noumène », s'avère au prime abord « problématique », c'est dans la mesure où il est un concept spécifiquement « métaphysique » : « il ne peut pas être objet de l'expérience, car l'espace sans matière n'est pas objet de perception, et cependant il est un concept nécessaire de la raison ; il n'est donc rien de plus qu'une *idée*[1]. Sans être constitutive, l'absoluité spatiale possède ici une « vertu régulatrice », comme Kant le montrait pour les trois Idées cardinales de la raison, étant entendu que

> *[...] si son désir de savoir la pousse à saisir la totalité absolue des conditions, il ne lui reste donc qu'à se détourner des objets pour revenir sur elle-même, afin de chercher et déterminer, non la limite extrême des choses, mais la limite extrême de son propre pouvoir, lorsqu'il est laissé à lui-même, concluaient les* Premiers principes[2].

§ 13. L'Idée théologique et l'épistémologie critique

Nous ne pouvons pas clore cette étude sans insister sur la fonction « méthodique » de la raison pure : fonction à la fois régulatrice et architectonique. Pour cela, nous allons porter notre regard sur la signification de la critique kantienne de la théologie rationnelle dans la mesure où l'eidétique transcendantale kantienne apparaît comme la solution épistémo-critique de la dialectique transcendantale exhaustivement comprise – ici, l'exhaustivité demeure plutôt un problème en ce qu'elle ne semble pouvoir être véritablement définie qu'au regard de la complétude du système critique : tel est ce sur quoi, rappelons-le encore une fois, vient buter notre exégèse qui se limite au « théorique ». S'il n'est pas dans notre intention de nous étendre sur la critique kantienne des différentes preuves (ontologique,

---

[1] *Anfangsgründe*, AK IV, p. 558-560 ; *OP* II, p. 483-485.
[2] *Anfangsgründe*, AK IV, p. 565 ; *OP* II, p. 492-493.

cosmologique et physico-théologique) de l'existence de Dieu[1], il importerait néanmoins de porter notre attention, afin de bien rendre compte d'une telle eidétique, sur l'imbrication des idées cosmologique et théologique. Pour cela, nulle entremise ne serait requise : il suffirait d'observer à travers la *quatrième antinomie* que *la cosmologie implique la théologie* ; que *la cosmologie se trouve suspendue à la théologie* en tant qu'elle est toujours *cosmo-théologie*, quand bien même les antinomies mathématiques et les antinomies dynamiques mettraient en évidence deux illusions de nature différente – la visée ultime demeurant néanmoins la même. Et, à cet égard, on pourrait souligner, avec G. Lebrun, que la solution indirecte que la Dialectique transcendantale est censée apporter à l'idéalisme transcendantal ne résulterait pas à proprement parler du traitement critique des antinomies mathématiques, mais plutôt de celui des antinomies dynamiques, où l'« existence » sera analysée comme principe de l'impossibilité de l'expérience au regard du hiatus entre *monde* et *nature*. Signalons que l'argumentaire de ce dernier se dirigeait vigoureusement contre Brunschvicg :

> *La solution des Antinomies dynamiques, loin de marquer un retour au dogmatisme témoigne seulement de la survivance dans la* Critique *d'une problématique de l'existence héritée du pré-criticisme, assurait-il. En va-t-il de même de l'Idée théologique et de la supposition d'un Être suprême (non plus seulement d'une existence absolue) qu'elle effectue ? L'interprétation de Brunschvicg, irrecevable au niveau des Antinomies, ne reprendrait-elle pas ici sa valeur, se demandait-il ? Il nous semble au contraire que l'analyse de l'Idéal transcendantal la dément encore une fois : pas plus que la solution des Antinomies dynamiques, l'Idéal transcendantal ne permet de relever de concession à la métaphysique du XVIIe siècle ni n'autorise à comprendre la* Critique *comme une genèse idéaliste de la science qui n'aurait pas réussi à se délivrer des prestiges de la métaphysique,* répondait-il[2].

Sans doute se reflète-t-elle, en creux, la dualité de la cosmo-théologie dont la critique kantienne laisserait penser qu'il est tout bonnement naturel, en raison même de la mise en retrait de l'apparence dialectique, de passer d'une acception purement « physiologique » du monde à une préoccupation ouvertement pratique. Or, le monde, cosmologiquement compris, c'est-à-dire d'où est fournie par exemple la première élucidation critique des concepts de liberté et de Dieu, n'est pas superposable, montre Michaël Foessel, à la notion cosmopolitique du monde pourtant suspendue à une saisie foncièrement pratique[3]. C'est pour cela que l'articulation du théorique et du

[1] Voir la présentation de F. Alquié, *CKM*, p. 104-137.
[2] *KFM*, p. 198-199.
[3] M. Foessel, *Kant et l'équivoque du monde*, Paris, Editions CNRS, 2008.

pratique demeurait un problème au-delà même des deux premières *Critiques* : ni la troisième *Critique*, ni l'*Anthropologie d'un point de vue pragmatique* ne semblaient satisfaire l'appétit kantien d'une « clôture » architectonique de la philosophie comprise comme système, objectif poursuivi dans le sens d'une « lacune à combler » dans l'*Opus postumum*. Ces remarques générales mettent en évidence la difficulté de saisir de manière exhaustive l'Antithétique sans sortir du cadre de la philosophie théorique. Du moins, l'on ne pourrait pas éviter de nous astreindre à cette perspective sous peine de perdre de vue notre problématique cardinale. Encore nous faut-il souligner, avec G. Lebrun, qu'il serait tout à fait insensé d'accorder à la Dialectique transcendantale une signification purement négative dans la mesure où « l'utilité pratique des trois Idées est très indirecte » :

> *[...] la portée pratique de la Dialectique transcendantale est une conjoncture qui n'appartient pas à la métaphysique proprement dite, mais à la philosophie. Du point de vue architectonique, il est illégitime de prétendre que la critique théorique est entièrement ordonnée à la morale – et* a fortiori, *que la 2e édition fut la victime de celle-ci. On doit seulement dire que le rapport entre les deux usages de la raison pose un problème à la philosophie. [...] / L'interprétation qui accorde trop à la raison pratique et trop peu à la raison théorique entraîne deux inexactitudes. En premier lieu, elle suppose que la raison pratique aurait le pouvoir d'effectuer la postulation d'existence qui était refusé à la raison théorique. En second lieu, elle suppose que celle-ci ne pourrait forger par elle-même aucun concept licite de Dieu*[1].

La grande erreur de Brunschvicg serait d'avoir trop concédé au postkantisme en ce qui a trait au projet d'accomplissement de la révolution copernicienne, projet qui, paradoxalement, « demeure en deçà de la *Critique* : il ne condamne celle-ci que dans la mesure où il a assigné à celle-là un programme qui n'était pas le sien[2] », programme dont Lebrun fixe le contour, grâce à M. Guéroult, chez Maïmon dans une sorte de phénoménisme (lié à la négation de la chose en soi) annonçant « l'épistémologie sceptique du XIXe siècle, notamment chez Avenarius et Mach[3] », alors que raisonner ainsi revient à confondre « phénoménisme et phénoménalité ; on prend pour une opération chirurgicale extravagante en « théorie de la connaissance » ce qui n'est qu'un nouveau réglage ontologique qui doit nous permettre justement de penser la possibilité des jugements nécessaires[4] ». A certains égards, cette erreur est repérable dans

---

1 *KFM*, p. 199-200.
2 *KFM*, p. 179.
3 *KFM*, p. 181-182.
4 *KFM*, p. 178.

l'approche postkantienne de la *causalité* et de l'*existence nécessaire* – approche reformulée en quelque sorte par Brunschvicg dans *L'expérience humaine et la causalité physique* – au sein des antinomies dynamiques dont on pourrait douter qu'elles gardent intacte la démarcation kantienne de l'usage empirique et de l'usage transcendantal des concepts et des principes. Or, tout laisse penser qu'en général les postkantiens ont tenu « la causalité phénoménale pour le seul concept valable de causalité et l'existant déterminable dans le phénomène pour le tout de l'existant[1] » :

> *Au mépris de la lettre, Brunschvicg confond ainsi la validité théorique du concept pur de causalité avec le concept lui-même ; il donne pour définition de la causalité «* überhaupt *» ce qui ne constituait pour Kant que sa première signification. Bref, il entend inscrire dans le phénomène la même vérité qu'Eberhard situait dans l'intelligible*[2].

Pourtant, eu égard aux Analogies de l'expérience, il convient d'éviter de confondre la problématique de l'existence quant à l'expérience, qui concerne les relations d'existence, et la problématique proprement dite de l'existence, indiquait Lebrun. Cela compris, l'approche précritique en termes de « position absolue » (*Setzung*) ne passerait pas sans difficulté dans la période critique, si l'on s'en tenait à la « question dynamique » expressément posée dans la lettre à Marcus Herz du 21 février 1772 : « comment des objets en tant qu'existants peuvent être, dans une certaine mesure, déterminables *a priori* ? » Or, il n'y a là aucune difficulté, précisait Lebrun, dans la mesure où l'irréductibilité de l'existence demeure une constance dans la philosophie kantienne : « l'existence (aussi bien dans la *Critique* que dans les écrits précritiques) ne se laisse jamais construire et demeure un pôle indéterminable », alors que les post-kantiens voulaient en faire un thème constructible pour pallier les insuffisances qu'ils croyaient déceler dans le criticisme[3]. C'est ainsi qu'ils s'étaient laissés prendre à leur propre jeu, celui du dogmatisme qu'on n'imputerait à Kant que si, à tort,

> *[...] l'on juge que tous les problèmes mal posés par la métaphysique classique devraient enfin recevoir une solution sur le terrain de l'expérience possible (si on est historien des sciences) ou de l'*Erscheinung *(si l'on est phénoménologue)*[4].

Ce qui reviendrait alors à passer à côté de la critique kantienne de la cosmologie rationnelle et de « l'hétérogénéité radicale instituée par Kant

[1] *KFM*, p. 176.
[2] *KFM*, p. 183.
[3] *KFM*, p. 170-175.
[4] *KFM*, p. 187.

entre le monde (*Welt*) et l'Être (*Sein*)[1] ». A ce niveau, il nous semble utile de faire une remarque relative à la déduction kantienne de la *chose en soi* dont nous avons plus haut distingué deux acceptions : celle de *noumène* et celle d'*objet transcendantal*. Cette remarque tient précisément à rappeler que la « forme universelle d'objet en général » définie dans l'équation « =X » répond dans l'Analytique des concepts purs à l'exigence d'élucidation transcendantale de l'expérience pure au regard des « conditions de la position d'objet en général ». Et, en ce sens, à la lumière de la « synthèse de la récognition dans le concept », « l'unité que l'objet constitue nécessairement ne peut être autre chose que l'unité formelle de la conscience dans la synthèse du divers des représentations[2] ». C'est ainsi que la chose en soi se transforme de corrélat de la passivité de la sensibilité en celui de la fonction de l'unité originairement synthétique de l'aperception :

> *Le concept pur de cet objet transcendantal (qui en réalité dans toutes nos connaissances est toujours de même sorte =X) est ce qui peut procurer à tous nos concepts empiriques en général un rapport à un objet, c'est-à-dire de la réalité objective. Or, ce concept ne peut contenir aucune intuition déterminée, et par conséquent il ne concerne rien d'autre que cette unité qui doit se rencontrer dans un divers de la connaissance, en tant que ce divers est un rapport avec un objet. Mais ce rapport n'est rien d'autre que l'unité nécessaire de la conscience, par conséquent aussi de la synthèse du divers par cette commune fonction de l'esprit, qui consiste à le lier en une représentation. Or, comme cette unité doit être considéré comme nécessaire* a priori *(puisque autrement la connaissance serait sans objet), le rapport à un objet transcendantal, c'est-à-dire la réalité objective de notre connaissance empirique reposera sur cette loi transcendantale que tous les phénomènes, en tant que des objets doivent nous être donnés par là, doivent être soumis à des règles* a priori *de leur unité synthétique, qui seules rendent possible leur rapport dans l'intuition empirique, c'est-à-dire doivent être soumis dans l'expérience aux conditions de l'unité nécessaire de l'aperception, tout aussi bien que dans la simple intuition ils le sont aux conditions formelles de l'espace et du temps, et que même toute connaissance n'est d'abord possible que par l'unité de l'aperception*[3].

Telle est la démonstration de principe de la déduction transcendantale des catégories dont la légitimité s'épuise dans la constitution de la forme générale d'objectivité dite expérience pure ou expérience possible en tant qu'elle définit le système de la nature comme système des principes synthétiques. S'agissant de la problématique de l'existence, Cassirer nous fait observer qu'une telle problématique s'introduit précisément « quand

---

[1] *KFM*, p. 188.
[2] A 104-105 ; *OP* I, p. 1410.
[3] A 109-110; *OP* I, p. 1413-1414.

nous parlons de l'expérience donnée comme étant une, quand, pour le dire en termes de grammaire, nous faisons de l'expérience un substantif au singulier[1] ». Il s'ensuit que « le tout de l'expérience possible » est censé définir une existence en soi séparée, existence de « quelque chose » qui n'est autre que le monde dogmatiquement compris en tant qu'il est présumé susceptible d'être « capté » d'un seul regard « dans l'intuition effectivement réelle d'un objet[2] ». En s'en tenant à la forme générale d'objectivité afférente à l'idéalisme transcendantal, il ne fait aucun doute que cette prétention dogmatique est nulle et non avenue. Cependant, l'Idée de monde comprise de manière critique garde sa fécondité transcendantale dans la mesure où « toutes les propriétés chosales du « monde » se transforment donc en particularités méthodologiques pour l'expérience[3] ». Du coup, se fait jour une nouvelle acception de la chose en soi dont le concept définit « *cette chose transcendantale* » qui n'est que « le schème de ce principe régulateur par lequel la raison, autant qu'il est en elle-même, étend l'unité systématique à toute l'expérience[4] ». Force est de comprendre que « toute la « réalité » de « l'ob-jet transcendantal » se ramène maintenant à cette pure signification symbolique, commente Cassirer[5]. » Dans cet ordre d'idées, l'exigence d'inconditionné, d'absolu ou de totalité à laquelle demeure attachée l'analyse critique ne fait qu'expliciter à nouveaux frais – et en bouclant la boucle de l'analyse critique elle-même – la « conditionnalité empirique » correspondant à la relativité du savoir. Dans les ultimes pages de sa fresque, Cassirer soulignait assez rapidement que

> *[...] la véritable conclusion de ce processus se situe hors des limites de la simple analyse théorique. C'est seulement l'éthique qui permet de présenter en pleine clarté la véritable origine du concept de chose en soi et le but vers lequel il tend*[6].

On peut voir dans cette remarque une sous-estimation de la portée de l'*Esthétique transcendantale*. Renouons maintenant avec l'argumentaire de Lebrun qui nous expliquait que l'une des clefs de compréhension de la critique kantienne de la cosmologie rationnelle se trouve dans la « l'hétérogénéité radicale » entre le *Welt* et le *Sein*. Une telle hétérogénéité n'empêche qu'il y ait une continuité entre l'existence-finie (indéfinie) et l'existence infinie, c'est ce qu'assure l'idéalisme transcendantal à l'encontre

---

[1] *Erkenntnisproblem* II, p. 751 ; trad. fr., p. 530.
[2] *Erkenntnisproblem* II, p. 751 ; trad. fr., p. 531.
[3] *Erkenntnisproblem* II, p. 756 ; trad. fr., p. 534.
[4] A 681-682/B 709-710; *OP* I, p. 1275.
[5] *Erkenntnisproblem* II, p. 758-758 ; trad. fr., p. 535-536.
[6] *Erkenntnisproblem* II, p. 759-752 ; trad. fr., p. 536-538.

des antinomies cosmologiques, mais il exclut toute confusion entre l'ontologie et la science de la nature, indiquait Lebrun : l'écart théorique entre les trois premières antinomies et la quatrième, qui pose la question de l'existence d'un être (absolument) nécessaire, est à ce prix. On n'y assiste qu'au « dépassement de la problématique cosmologique à l'intérieur même de la cosmologie », ce, sur la base expresse de « la différence « toto genere » du *monde* et de l'*existence* » :

> *Le concept d'« être nécessaire » n'est qu'en dehors du monde et n'est donc justiciable d'aucune ontologie. [...] l'extra-mondain doit être pensé comme* totalement autre. *[...] C'est pourquoi l'analyse de l'Idée théologique ne nous ôtera nullement le droit d'admettre une existence nécessaire en dehors du sensible, mais seulement de poser (et prétendre connaître) un* objet *suprasensible. Réfuter une théologie rationnelle, c'est établir avant tout que l'« être nécessaire » n'a rien d'un étant, que l'objectivité ne lui correspond d'aucune façon. Cette différence de nature entre l'« être nécessaire » et les objets suprasensibles était déjà soulignée au début des* Träume[1].

C'est cette même continuité que semblait mettre en relief A. Philonenko tout en insistant sur la radicalité épistémologique du point de vue transcendantal. S'il n'apparaît, *stricto sensu*, aucune nouveauté (quant aux preuves et démonstrations) dans la critique kantienne de la théologie rationnelle, pourtant il y a lieu de distinguer entre une *critique ontologique de l'ontologie*, administrée dans l'*Unique fondement*, et une *critique transcendantale* présentée dans la *Critique de la raison pure*. Philonenko faisait à Brunschvicg le reproche de ne pas saisir cette différence fondamentale qui se situe dans l'intention kantienne, amenant « *à abandonner la perspective qui caractérise l'ontologie classique pour nous situer dans une philosophie transcendantale*[2] » :

> *En effet, le premier de ces textes fait un usage des notions de possible et de réalité que seule la* Critique *a rendu possible. Ce que Kant affirme en 1781 ce n'est pas seulement comme en 1763 que l'existence n'est pas un prédicat, mais encore que l'existence est un problème de la connaissance, qui ne peut être résolu que par la référence aux postulats de la pensée empirique en général.* […] En 1763 Kant ne pouvait qu'affirmer que l'existence n'est pas un prédicat. En 1781 il peut insérer cette idée dans la thèse générale de la nécessité de la relation d'objet au contexte de l'expérience possible. […] *Ce que signifie donc le développement de la critique de la théologie rationnelle en 1781 c'est la transformation de la conception du monde :* le fondement du savoir n'est plus un être nécessaire, mais la possibilité de l'expérience[3].

---

[1] *KFM*, p. 192-193.
[2] *OK*, p. 307-308.
[3] *OK*, p. 309-310.

L'on peut bien voir que les critiques de Lebrun et de Philonenko à l'encontre de Brunschvicg se rejoignent et se complètent : le premier mettait l'emphase sur ce que signifie la transposition de la seconde partie de l'*Unique fondement* dans l'Appendice de la Dialectique transcendantale[1], tandis que le second insistait beaucoup plus sur la dimension régulatrice de l'eidétique transcendantale définie par l'Idéal transcendantal de la raison pure. Du moins, une partie des reproches de Lebrun semble pouvoir se diriger contre Philonenko qui privilégiait le rapport de l'existence à l'expérience en mettant l'accent sur l'aspect méthodologique de l'Idéal transcendantal de la raison. C'est que, pour ne pas réduire la pensée kantienne à l'idéalisme transcendantal, l'existence apparaissait à Lebrun comme une problématique propre, en dehors des relations d'existence qui soutient un concept de monde arc-bouté sur le principe de l'expérience possible. En cela, la continuité de l'approche kantienne peut être relevée au regard des

> *[...] trois réquisits du concept de Dieu dans la philosophie pré-critique : 1° une existence absolue est requise au fondement des contenus de pensée ; – 2° le principe de détermination complète est requis comme condition d'application de la « raison déterminante » ; – 3° un être singulier et sage (« mais non pas en tant qu'il est sage ») est présupposé par l'unification spontanée des essences en un monde*[2].

Ces éléments posés, nous n'allons pas re-déployer ce qui constitue « l'athéologisme » de la pensée scientifique de Kant. S'il en formulait le nerf dans l'*Unique fondement*, dont Lebrun affirmait qu'il « est le *Discours de la méthode* de la science de l'« *Aufklärung* », la plupart des opuscules précritiques, plus particulièrement l'*Histoire de la nature et théorie du ciel* où se trouve en jeu ce qu'on a appelé une *épistémologie génétique*, ne se démarquent guère sur ce point, comme nous l'avons montré dans la deuxième section de notre étude[3]. Une question paraît ici s'imposer : qu'en est-il théoriquement de Dieu après la condamnation de la théologie spéculative ? A première vue comme « supposition théorique[4] », l'Idée de Dieu permet un double mouvement vis-à-vis de l'« *ens realissimum* » dont on a indiqué qu'il en constitue le premier réquisit du concept : *primo*, un mouvement de « refus » en tant que « *nervus probandi* » de la preuve

---

[1] *KFM*, p. 241.

[2] *KFM*, p. 240.

[3] Pour des explications complémentaires, voir *KFM*, p. 223-241.

[4] Monique Hulshof, « La réalité objective de Dieu : un « schématisme analogique », in R. Theis (dir.), *Kant. Théologie et religion*, Paris, Vrin, 2013, p. 135-143.

ontologique et, *secundo*, un mouvement d'« acceptation » selon que son sens et sa fonction changent dans le sens même de l'achèvement de l'âge ontologique – et cela, à double titre :

> *L'« ens realissimum » est ainsi requis une seconde fois. Non plus comme hypothèse nécessaire sur l'origine des contenus de pensée, mais comme « idéalisation » sans laquelle il serait impossible de concevoir ce que serait un savoir intégral – totalité à l'intérieur de laquelle la disjonction transcendantale est toujours garantie*[1].

La disjonction transcendantale concerne ici la différence fondamentale entre le *principe de raison* et le *principe d'identité* confondus à tort par Leibniz qui les subordonnait de façon idéale à celui de non-contradiction[2]. Cette disjonction est censée départir la *déterminabilité logique* (détermination simple au sens de la possibilité logique) et la *détermination complète transcendantale* (possibilité réelle ou matérielle dans le sens d'une disjonction exhaustive) en sorte que l'« *ens realissimum* » supporte l'« idéalisation » de la « détermination complète » dans le phénomène[3] », étant entendu que

> *Si donc la détermination intégrale a pour fondement, dans notre raison, un* substratum *transcendantal qui contient pour ainsi dire toute la réserve de matière d'où peuvent être tirés tous les prédicats possibles des choses, ce* substratum *n'est rien d'autre que l'Idée d'un tout constitué par la réalité (*omnitudo realitatis*)*[4].

En effet, par la possession totale de la réalité, le concept d'une chose en soi est représenté comme intégralement déterminé ; en outre, « le concept d'un *ens realissimum* est celui d'un être singulier, puisque, de tous les prédicats opposés possibles, un seul, à savoir celui qui appartient absolument à l'être, se trouve compris dans sa détermination[5] » :

---

[1] *KFM*, p. 219. A l'encontre d'A. Maier qui y voyait le sceau du dogmatisme précritique, Sophie Grapotte montre bien l'empreinte criticiste de l'*ens realisimum*. Cf. « Le concept d'*ens realisimum* dans l'« Idéal transcendantal » : la persistance d'un concept dogmatique au sein du criticisme ? », in R. Theis (dir.), *Kant. Théologie et religion*, p. 97-105.

[2] *KFM*, p. 216-217.

[3] *KFM*, p. 218-222. Nous ne pouvons pas nous étendre ici sur toutes les difficultés impliquées, voir *KFM*, p. 222-236.

[4] A 575/B 603 ; trad. fr. A. Renaut, p. 520.

[5] A 576/B 604; trad. fr. A. Renaut, p. 520.

*Il est évident que la raison (...), pour se représenter simplement la nécessaire détermination intégrale des choses, ne présuppose pas l'existence d'un tel être conforme à l'idéal, mais seulement l'Idée de cet être, pour dériver d'une totalité inconditionnée de la détermination intégrale la totalité conditionnée, c'est-à-dire celle de ce qui est limité. L'idéal est en ce sens, pour elle, l'image originale (*prototypon*) de toutes les choses qui ensemble, comme des copies défectueuses (*ectypa*), tirent de lui la matière de leur possibilité et, en se rapprochant plus ou moins, restent en tout cas toujours infiniment loin de l'atteindre*[1].

Par conséquent, il suffisait à Kant de faire constater la subreption dialectique qui sous-tend l'argument ontologique, en tant qu'il est le nerf des preuves cosmologique et physico-théologique de l'existence de Dieu, pour limiter l'idéal transcendantal à sa stricte dimension formelle[2] – en déchargeant l'*ens originarium* de toute connotation « chosale » telle qu'elle s'exprime à travers l'*ens summum* ou l'*ens entium*[3] :

De l'ontologie à la méthode transcendantale l'idée de totalité subit donc une transformation décisive, commentait A. Philonenko : *de chose, elle devient règle, d'être nécessaire, elle devient présupposition méthodique fondamentale, de contenu suprême, elle devient forme suprême*[4].

Dans cette perspective, l'Idée divine constitue, de manière conjointe avec les Idées psychologique et cosmologique, une eidétique transcendantale que ce dernier qualifiait bien de « méthodologie régionale » par contraste avec l'« ontologie régionale » husserlienne. Alors, à l'instar des deux premières, l'Idée de Dieu ne s'identifie qu'à une forme méthodique agissant au service de l'architectonique de la raison pure : « *projet d'une science universelle systématique* ». On reconnaît que la raison possède un usage théorique conforme et légitime, une « fin suprême » se constituant en l'usage immanent des Idées transcendantales :

Car ce n'est pas l'Idée en elle-même, mais simplement son usage qui peut, par rapport à l'ensemble de l'expérience possible, ou bien prétendre le

---

[1] A 577-778/B 605-606; trad. fr. A. Renaut, p. 521

[2] A 583-630/B 611-658; trad. fr. A. Renaut, p. 525-552.

[3] Pour saisir l'ampleur de la problématique divine quant au rapprochement de l'objet de la connaissance théorique de celui de la connaissance pratique, voir entre autres les articles de Henry Blomme, « Dieu en vue du système : le statut de l'*ens summum* dans l'*Opus postumum* de Kant », et François Marty, « Dieu, le monde et l'homme : Kant lecteur de Newton. Le nouvel ordre des idées de la raison – le concept cosmique de la philosophie », in R. Theis (dir.), *Kant. Théologie et religion*, p. 107-116 et 117-123.

[4] *OK*, p. 316.

surplomber (être transcendant), ou bien s'y intégrer (être immanent), selon que l'on oriente cette idée, soit directement vers une idée supposée lui correspondre, soit uniquement vers l'usage de l'entendement en général relativement aux objets auxquels il a affaire[1].

En ce sens, la fin ultime de la raison pure consiste à ramener en une unité systématique les connaissances de l'entendement « à partir d'un principe » :

Cette unité de la raison présuppose toujours une Idée, à savoir celle de la forme d'un tout de la connaissance précédant la connaissance déterminée des parties et contenant les conditions requises pour déterminer a priori *à chaque partie sa place et son rapport avec toutes les autres. Cette Idée postule donc une unité complète de la connaissance de l'entendement, à la faveur de laquelle celle-ci ne soit pas seulement un agrégat contingent, mais un système articulé suivant des lois nécessaires. On ne peut pas dire à proprement parler que cette Idée soit un concept d'objet, mais bien plutôt celui de la complète unité de ces concepts dans la mesure où une telle unité sert de règle à l'entendement*[2].

Ainsi ne faut-il jamais perdre de vue que la raison n'est en elle-même qu'une « méthode », d'où sa connotation d'« hypothèse » chère à Kant, digne héritier de Copernic :

L'usage hypothétique de la raison vise donc l'unité systématique des connaissances de l'entendement, laquelle unité constitue alors la pierre de touche de la vérité *des règles. Inversement, l'unité systématique (en tant que simple Idée) est purement et simplement une unité* projetée *que l'on doit considérer en soi, non comme donnée, mais seulement comme constituant un problème : cette unité sert alors à trouver un principe pour l'usage divers et particulier de l'entendement, et à guider aussi par-là cet usage vers les cas qui ne sont pas donnés et à le rendre cohérent*[3].

Cela dit, l'unité systématique, mieux, rationnelle est purement et simplement un *principe logique*. Lequel est mis au fondement de la

---

[1] A 643/B 671 ; trad. fr. A. Renaut, p. 560.

[2] A 643-645/B 671-673 ; trad. fr., p. 561. Au tout début de sa méthodologie, Kant réaffirmait que « nous avons au moins en nous l'Idée de l'ensemble de toute la connaissance pure et spéculative » considéré comme un édifice, afin de circonscrire encore une fois la connaissance objective sur « la plaine de l'expérience ». A 707/B 735, p. 599 ; A 832-851/B 860-879, p. 674-685.

[3] A 647/B 675 ; trad. fr., p. 562-563.

connaissance expérimentale comprise comme science mathématique de la nature[1] :

> *Sur ce mode, l'Idée n'est à proprement parler qu'un concept heuristique et non ostensif, et elle indique, non pas comment un objet est constitué, mais de quelle manière, sous la direction de ce concept, nous devons chercher la constitution et la liaison des objets de l'expérience en général*[2].

Nous avons jusqu'ici établi à travers ses principales articulations la doctrine kantienne de l'objectivité en tant qu'elle met au jour la détermination métaphysique de la science newtonienne – paradigme théorique classique : la métaphysique a connu ici une renaissance sous l'effet de la révolution copernicienne de la philosophie dans la mesure où elle a dû rompre avec son passé dogmatico-sceptique pour ne constituer que le lieu transcendantal des *a priori* sensibles et intellectuels qui sont au fondement de la science. La notion de méthode a pris alors une nouvelle dimension en ce que la raison elle-même n'a d'autre fonction théorique que méthodologique[3] : l'Idée n'apparaît que comme une méthode supérieure à celles que sont l'Intuition et le Concept ; la synthèse, qui donne son nom à la connaissance objective ou expérimentale, se conçoit ainsi par une double subsomption, concluait A. Philonenko :

> *[...] l'eidétique transcendantale se soumet la doctrine catégoriale et l'*Analytique transcendantale*, comme cette dernière s'était soumise l'*Esthétique transcendantale *par la constitution du temps. [...] C'est dans la systématique de la raison que la synthèse de l'entendement trouve son sens, tout de même que l'intuition s'éclaire dans la synthèse de l'entendement, et nous trouvons ici, mais d'un point de vue qui est celui de la noèse et non du noème, le principe structurel de la* Critique de la raison pure*, conduisant de la chose en soi de l'Esthétique transcendantale au noumène de l'*Analytique transcendantale *et enfin à l'Idée transcendantale*[4].

[1] Prévaut ici, à la différence de la notion de « coordination » qui est la forme de la connaissance empirique d'entendement, la notion de « subordination » qui apparaît comme celle de la connaissance rationnelle. Sur ce point : A 650-663/B 678-691, p. 564-570.

[2] A 671/B 699, p. 576. P. Gaudet, *L'expérience kantienne de la pensée*, p. 341-342. F. Pierobon, *Kant et la fondation architectonique de la métaphysique*, p. 353.

[3] Il semble que le finalisme fait bon ménage avec le formalisme chez Kant dans la mesure où l'idée de « régulation » n'épuise pas complètement le fait que Dieu soit le « fondement de l'ordre du monde ». Sur ce sujet, voir Manuel Roy, « Le finalisme de Kant », in R. Theis (dir.), *Kant. Théologie et religion*, p. 145-153.

[4] *OK*, p. 329-330.

Conclusion

Faisons certaines remarques qui visent à éclairer notre cheminement jusqu'ici. Nous avons voulu exposer la doctrine kantienne de l'objectivité scientifique en tant que théorie de la physique classique dans sa dimension d'universalité, c'est-à-dire en ce que le criticisme théorique effectue la synthèse transcendantale des doctrines philosophiques classiques tout en les dépassant par le rejet de la métaphysique dogmatico-sceptique. Pour cela, nous nous sommes attelés à présenter de manière exhaustive les deux premiers niveaux d'objectivité théorique chez Kant, en mettant au jour le lien inextricable entre le Système des principes de l'entendement et les *Premiers principes*. Saisir l'exhaustivité de la doctrine kantienne de la science supposait que l'on s'attachât à suivre le cheminement de la problématique critique. Ce qui nous portait à en privilégier une approche dite *phénoménologico-architectonique* largement inspirée des travaux de H. Cohen, E. Cassirer, J. Vuillemin, B. Rousset, A. Philonenko et G. Lebrun. Une telle approche nous a permis d'appréhender la cohérence de l'analytique kantienne de la science physique à travers l'évolution et la cohérence d'un philosopher soucieux d'arrimer la « reine des sciences » à l'exigence d'une méthode transcendantale. Cependant, comme on l'a indiqué, l'exhaustivité de cette analytique de l'objectivité ne saurait être appréhendée en dehors de l'« épreuve » que constitue le projet tardif kantien de l'*Übergang* des principes métaphysiques de la science de la nature à la physique empirique. C'est en cela deux autres niveaux d'objectivité qui sont conçus : celui de l'*Übergang* et celui de la physique empirique. Si nous parlons d'épreuve, c'est qu'à travers la question d'une « lacune à combler » n'apparaît pas simplement le problème consistant à parfaire un système au niveau de ses contenus, mais se fait jour celui le plus massif, à savoir le sens et la portée même de la méthode transcendantale.

A vrai dire, c'est un problème qui demeure en filigrane dans notre exposé. Nous le traiterons comme tel dans l'introduction au deuxième tome de cet ouvrage : nous nous intéresserons à l'articulation d'un tel projet avec la démarche critique proprement dite dans la mesure où une distinction claire doit être faite entre Kant et ses épigones quant à l'idée même d'une philosophie de la nature : quant à la limitation imposée par le Tribunal de la raison, l'analytique kantienne de la science doit être confrontée à deux problématiques majeures : l'*une*, en amont, concernant la prétention cosmogonique : se pose la question de la légitimité de l'hypothèse cosmologique au regard du traitement critique des antinomies cosmologiques, question que nous avons abordée ici de manière certes lacunaire, mais nous y reviendrons dans la suite ; l'*autre*, en aval, qui subsume *in fine* la première : au-delà de la conformité de l'hypothèse cosmologique à la limitation critique de la connaissance scientifique se pose le problème de l'adéquation du criticisme théorique à l'inspiration profonde de la philosophie spéculative : au vue du projet de l'*Übergang*, qu'en est-il de la démarcation de la méthode critique du dogmatisme ?

Nous aborderons toutes ces questions dans le dessein de procéder au balisage de l'héritage kantien et du conflit interprétatif afférant au nouvel ordre épistémologique. Pour cela, nous mettrons en regard le débat de Davos qui opposait Heidegger à Cassirer et le Manifeste du Cercle de Vienne, débat et manifeste qui, au-delà d'être contemporains (1929), attestent de l'état critique des différentes exégèses de l'analytique kantienne de la science quant à la question épistémologique. Mais avant même de clore cet ouvrage, il nous paraît nécessaire, pour des raisons méthodologiques, de procéder à une mise au point concernant les présupposés qui sous-tendent toute cette étude. Ces présupposés apparaissent comme ceux de l'interprétation marbourgeoise de la *Critique de la raison pure*. Certes, nous nous sommes efforcés, dans notre présentation, à enrichir ladite interprétation d'apports multiples et variés, mais il n'en demeure pas moins qu'elle forme l'ossature de notre exposé. C'est pourquoi nous nous attellerons, le moment opportun, à mettre au jour les difficultés de ces présupposés épistémologiques tels que forgés par Hermann Cohen face aux crises géométrique et physique du kantisme, crises auxquelles Ernst Cassirer prétendait répondre en adéquation avec l'esprit du criticisme épistémologique.

Notre visée était de définir l'universalité historique de la théorie kantienne de l'expérience. Nous cherchions par la même occasion à déterminer ce qui caractérise le rapport de Kant à Newton. Pour répondre à notre tâche, nous nous sommes attelés à définir le concept de science pure de la nature, en portant toute notre attention sur le concept kantien de Révolution copernicienne de la philosophie. Au regard de ce concept inspiré de la « première Idée de Copernic », nous ne pouvions pas perdre notre temps à discuter le caractère « newtonien » du philosopher kantien. Il nous importait de montrer que la conception kantienne des mathématiques et de la physique s'écarte en des points essentiels de la conception newtonienne. Par notre *démarche phénoménologique et épigénétique*, nous croyons avoir mis en œuvre la « dialectique » qui sous-tend l'itinéraire philosophique kantien, dialectique dont nous nous sommes évertués à monter que les polarités antithétiques sont nettement neutralisées au sein de la « synthèse » transcendantale du schème et de l'Idée. Ainsi avons-nous d'entrée de jeu précisé que le qualificatif « phénoménologique » vient déterminer aussi bien le concept kantien de connaissance physique, ceux d'espace et du temps que celui de vérité transcendantale. Nous avons indiqué les acceptions précises de cette notion chez Kant, ses différents « lieux », pour mieux en faire un usage qui se rapproche davantage de la *Phénoménologie de l'esprit* de Hegel : la démarche kantienne est qualifiée de *phénoménologique* parce qu'il nous paraissait nécessaire de saisir les philosophèmes criticistes à travers la transformation progressive des concepts précritiques. Ce geste d'*Aufhebung* est constitutif de l'approche kantienne de la physique rationnelle ainsi que des différents niveaux d'objectivité, lesquels acquièrent toute leur portée en fonction du concept critique d'expérience possible. Ainsi, toute la philosophie théorique kantienne peut être résumée eu égard à la leçon cardinale fournie par ce principe transcendantal : il ne saurait y avoir de connaissance pure de la nature, de physique mathématique donc, que sous cette condition.

Découlent de ce principe fondamental toutes les leçons qu'on peut tirer de l'analytique kantienne de la science : en amont comme en aval de la *Critique de la raison pure*. En amont, nous avons souligné l'ambivalence kantienne entre relativité et absoluité de l'espace-temps – et du mouvement ? –, et la propension cosmogonique, toutes « thèses » formulées dans un souci constant d'*Aufhebung* de Newton et de Leibniz. Cela a permis de faire la jonction entre le projet de refondation onto-théologique, l'épistémologie génétique et la transformation transcendantale de la philosophie. D'où, le projet même d'une *Critique de la raison pure*, dont le principal enseignement réside dans le principe transcendantal d'expérience possible en tant que connaissance pure de la nature. D'où, en aval, la « continuité-discordance » entre la *Critique* et les *Premiers principes*, accusant la « congruence » entre les principes synthétiques *a priori* et les lois newtoniennes du mouvement – et parachevant en quelque sorte la relégation de la philosophie spéculative en dehors de l'Île de vérité.

Dégageons les enseignements du *premier moment*. Bon nombre de mises au point terminologiques et méthodologiques devaient être faites pour appréhender le problème d'une science pure de la nature en tant que physique mathématique. Par connaissance mathématique de la nature, il faut entendre la physique théorique telle qu'elle était administrée au sein de la théorie de Galilée-Newton. Mais on perdrait de vue la portée même de la révolution du « mode de penser » qu'opère Kant, si on détachait ladite révolution de la signification générale de l'héliocentrisme copernicien comme paradigme épistémologique. Alors, il fallait prendre en compte nombre de *conceptualités scientifiques classiques*, tout en mettant en exergue les liens de subordination qu'elles entretiennent avec certains philosophèmes cosmologiques et métaphysiques. Cela revenait à éviter de surdéterminer, en sous-estimant de tels liens, la notion même de science physique dans le contexte classique. C'est pourquoi nous en venions à traiter du lien problématique entre la cosmo-physique, la mathématique et la métaphysique classiques. Du coup, nous pouvions voir ce qu'il y a d'inédit dans la *formulation galiléenne du Principe de relativité* qui introduisait un tournant considérable dans l'explication de la nature, tournant entériné dans la mécanique newtonienne : nous y avons d'autant plus bien saisi l'affirmation de la relativité conjointe du mouvement et de l'espace que nous avons mis en exergue la difficulté ontologique qui contraignit Newton à recourir à l'espace absolu, entendu comme « *sensorium dei* », pour mieux assurer les bases de sa cosmologie. A cette difficulté s'ajoutait la complexité du *rapport entre théorie et expérience* : le recours à des *expériences idéalisées* ainsi que le postulat qui pose la correspondance de droit entre *la simplicité de la nature* et la *simplicité de la raison*, semblaient condamner à l'indétermination la source expérimentale elle-même. S'ensuivait la fonction constitutive reconnue aux mathématiques, ce qui s'accordait mal au fameux dogme « *Hypotheses non figo* ». Problème qui s'aggravait quand on considère que, par ailleurs, Newton défendait une méthodologie inductive. Bien évidemment, toutes ces difficultés paraissent pouvoir être résorbées si, au lieu de voir en lui le chantre de l'empirisme mathématique, on s'astreint à faire de lui un réaliste. Du coup, même l'anomalie concernant l'absoluité spatio-temporelle peut être atténuée, dès lors que les concepts d'espace et de temps sont pris comme des « notions limites » dans le sens mathématique d'une « validité asymptotique ».

Sans doute, le reproche d'« illusion transcendantale » peut être adressé à la cosmologie newtonienne. Néanmoins, l'intérêt de ces développements est d'avoir permis de mettre le doigt sur le fait que l'*antinomie de la relativité et de l'absoluité spatio-temporelles* se présente comme la porte d'entrée pour saisir le rapport de Kant à Newton. Cette antinomie marque fortement la période précritique au point d'y voir quelque ambivalence kantienne entre Leibniz et Newton quant à la correspondance entre l'espace physique et l'espace géométrique (Opuscules de 1758 et 1768). A cet égard, la prétention cosmogonique kantienne, en 1755, peut également être soupçonnée d'illusion transcendantale. Il en résulterait une « crise » relative aux présupposés théoriques des concepts d'espace, de temps et de connaissance. Cette crise serait celle du « formalisme mathématique » newtonien auquel aurait rompu Kant pour donner aux notions physiques fondamentales des significations purement philosophiques. Or, le fait d'admettre que le concept kantien d'espace – dont on reconnaît néanmoins toute la force théorique – est fonction de cette rupture n'empêche de reprocher à Kant l'archaïsme de sa conception des mathématiques. Le reproche le plus terrible est qu'il ignorerait la « révolution algébrique » déjà largement amorcée. Au contraire, pour évacuer toute méprise, nous tenions à mettre en relief le fait que, dès 1755, apparaissait le mode de rapport que Kant entendait nouer avec Newton : un rapport « critique » d'*Aufhebung*. Ce qui explique que l'interprétation kantienne de la cosmo-physique classique se trouve suspendue à une reconfiguration de l'onto-théologie menée dans les Opuscules de 1762-1763. En ce sens, l'idée d'« épistémologie génétique » permettait d'articuler cette reconfiguration au projet transcendantal de « métaphysique de la métaphysique », qui fait droit à la question des conditions de possibilité.

Dans cette optique, on pouvait saisir la signification véritable du paradoxe des objets chiraux. En effet, la réalité de l'espace absolu se trouvait défendue aussi bien contre le mathématisme leibnizien que contre l'ontologisme newtonien. Si le caractère paradigmatique de ce paradoxe ne fait aucun doute, ceci est moins fonction de sa récurrence que de sa fonctionnalité transcendantale : à partir de 1770 et jusqu'en 1786, il sera à la base de la démonstration de l'idéalité spatiale. Loin d'être équivoque s'y affirme nettement une certaine continuité maintenue dans la conception de l'espace comme *Anschauung a priori* (M. Lequan) Ainsi, l'irréductibilité de la symétrie chirale à l'intellectualité est relative au constructivisme géométrique, sorte de postulat s'apparentant à un *modus operandi* qui se révèle générateur de l'idéalisme transcendantal. Par conséquent, c'est la philosophie elle-même qui en vient à s'autonomiser vis-à-vis de la science, et singulièrement des mathématiques : le philosophe semble devoir fournir au géomètre le concept d'espace légitime. C'est qu'il y a chez Kant une approche transcendantale qui s'est toujours efforcée de prendre ses distances avec l'espace tridimensionnel euclidien, même s'il n'est pas aisé d'y démarquer un concept philosophique et un concept géométrique de l'espace. Cela dit, ce n'est qu'indirectement que nous abordions la question à savoir s'il est possible d'envisager au sein du système kantien l'existence d'espaces non-euclidiens (C. Piché, F. Pierobon). Cependant, nous avons fourni, conformément à notre visée, les réquisits nécessaires pour une saisie adéquate de cette problématique, en clarifiant le rapport de l'espace en tant qu'intuition pure à l'édifice euclidien : la différence de l'espace métaphysique et de l'espace géométrique apparaît plus nette au regard de la distinction kantienne entre la « forme de l'intuition » et l'« intuition formelle ».

Qu'en est-il de l'idéalité de l'espace et du temps en tant qu'ils sont constitutifs de la synthèse mathématique ? Au préalable, il nous paraissait utile d'évoquer toute la portée du concept de temps dans la « découverte » du problème critique d'objectivité, comprise en termes de « possibilité de la connaissance *a priori* ». Celle-ci est saisie en tant que « relation », qui est elle-même définie en termes de « nécessité de la connexion ». S'accuse alors le privilège du temps : la « nécessité de la connexion » apparaît avant tout comme celui de la « connexion de la série temporelle ». C'est ainsi l'analytique de la forme temporelle qui guidait Kant dans la détermination des différentes fonctions conceptuelles de la relation. Alors, le mouvement de détermination de l'espace et du temps en tant que « formes de la sensibilité » va de pair avec le privilège du concept de relation dans la construction critique de la connaissance de l'expérience (E. Cassirer). Celle-ci devient le nom propre de la « synthèse », donc de la connaissance objective, qui acquiert toute sa portée dans la *Critique* non seulement parce que les formes pures de la sensibilité ne signifient rien en dehors de leur puissance synthétique, mais surtout les concepts purs de l'entendement ne sont rien si l'on s'acharne à y voir le caractère analytique de la raison. Tous ces points une fois éclaircis et approfondis, nous en sommes venus à voir que le concept d'aperception transcendantale se donne comme principe suprême de l'objectivité de la science pure de la nature, étant entendu que « *le principe de l'unité synthétique de l'aperception est le principe de tout usage de l'entendement* ». Nous mesurions les limites des reproches de psychologisme faits à l'encontre de la Déduction kantienne (B. Longuenesse), afin de saisir toute la portée de l'entendement en tant que faculté du *jugement* qui, lui-même en tant que synthèse des représentations, requiert l'unité du *concept* comme fonction logique de synthèse. Après avoir pris connaissance de la table kantienne des catégories originaires, nous avons présenté, dans la même lancée, le double sens du concept d'objectivité chez Kant : le sens d'*adaequatio intellectus et rei* et celui de valeur universelle et nécessaire (§ 19 des *Prolégomènes*), en insistant sur le hiatus entre la *vérité formelle* et la *vérité matérielle.*

Dès lors qu'on comprend que la question du jugement de vérité est traitée en termes de validation des jugements synthétiques *a priori* constitutifs des mathématiques et de la science mathématique de la nature, se fait jour la problématique de l'antinomie cosmologique. C'est la double tâche de la logique transcendantale qui apparaît : une tâche épistémologique qui consiste en la détermination des conditions *a priori* des sciences constituées (mathématique et physique), ces conditions s'avérant à la fois logico-intellectuelles et sensibles ; l'autre tâche est plutôt négative en ce qu'elle consiste à limiter les prétentions de la philosophie spéculative en diagnostiquant l'apparence transcendantale qui n'a de cesse de corrompre la vérité – apparaît ainsi l'enjeu d'une métaphysique scientifique, notamment d'une cosmologie scientifique. D'où, l'obligation de traiter la physique kantienne en lien avec l'eidétique transcendantale, ce qui nous a permis de demeurer fidèle à notre visée architectonique.

Comment la mathématique est-elle possible comme science ? C'est la question à laquelle il faut répondre au prime abord, s'ensuivent toutes les autres réponses. Ici, nous entamions le *deuxième moment* de notre démonstration. Tout apparaît relatif à la fonction idéale de l'intuition pure spatio-temporelle, fonction qui s'effectue avant tout dans la synthèse mathématique. Nous avons noté la « distance théorique » entre la *Dissertation de 1770* » et l'Esthétique transcendantale, distance qui se traduit par le passage d'une approche réaliste transcendantale à une approche idéaliste-transcendantale (F.-X. Chenet). Aussi pouvions-nous remarquer que l'« infinité spatiale » constitue le véritable hiatus entre les deux écrits. Néanmoins, à bien saisir les deux acceptions de la grandeur (*Grösse*) : la *quantitas* et le *quantum*, il en va d'un processus d'autonomisation de l'espace vis-à-vis du temps. En résumé, l'intuition pure est un *quantum originaire* qui correspond à la *forme de l'intuition*, tandis que l'espace géométrique de type euclidien est une *intuition dérivée* qui s'identifie donc à l'*intuition formelle*, laquelle se trouve déjà combinée avec les conditions conceptuelles, notamment les catégories de la grandeur, pour être constitutive des axiomes géométriques (M. Fichant).

C'est en ce sens alors qu'il faut entendre que les mathématiques forment un système de jugements synthétiques *a priori*. Il y a, à vrai dire, un rapport problématique entre la géométrie et l'arithmétique qui est, chez Kant, analogue à celui entre l'espace et le temps d'un point de vue architectonique. Cela dit, il n'y a aucun sens à poser, pour elles-mêmes, la question de l'objectivité des mathématiques, mais pareille question acquiert sa pleine lumière lorsqu'y est en jeu le fondement de leur application à la connaissance physique. C'est la raison pour laquelle le problème de l'objectivité scientifique prend dès l'*Esthétique transcendantale* la tournure de l'application des mathématiques à l'expérience (réelle) : la question cardinale paraît d'emblée la possibilité de construction d'objets scientifiques qui ne soient purement mathématiques, c'est-à-dire exclusivement formels, mais relatifs aux objets donnés et connus suivant une modalité phénoménale – à une élucidation métaphysique des fondements de la mathématique devait se substituer une critique transcendantale qui allie à la philosophie transcendantale une physiologie rationnelle. Répondre à la question posée, c'est alors établir que les éléments constitutifs des mathématiques, l'intuition pure spatiale et les catégories de quantité, sont essentiels à la détermination scientifique de la réalité physique au regard de l'élaboration de la science mathématique de l'expérience. Si celle-ci doit avant tout s'identifier à la science pure de la nature sous la condition de la forme transcendantale de l'expérience possible, elle ne peut être exhaustivement déterminée que pour autant qu'on ne perde jamais de vue ce qui la lie intrinsèquement au domaine de la réalité sensible dont la condition primordiale est l'intuition empirique externe.

Nous avons insisté sur le fait que la démarche critique ne peut être réduite à une démarche purement « épistémologique » : la logique kantienne conjoint une Analytique transcendantale et une Dialectique transcendantale dans la mesure où elle vise à placer au fondement de la science de la nature une métaphysique renouvelée, c'est-à-dire débarrassée entre autres de l'Antithétique qui l'a rendue stérile : il convient de définir les *Premiers principes métaphysiques de la science de la nature*. C'est pour cela que nous avons fait une exégèse conjointe du Système des principes de l'entendement pur et des *Premiers principes* : les deux premiers niveaux d'objectivation dans la constitution kantienne de l'objectivité scientifique. Dans le Système des principes s'achève l'entreprise de fondation analytique qui soumet l'Esthétique transcendantale à la Logique transcendantale en déterminant l'expérience possible comme principe de la science mathématique de la nature. Il apparaît que l'expérience scientifique, dont les « synthèses *a priori* » forment les principes dits métaphysiques, s'ordonne à un principe d'expérimentation qui a partie liée à la « constructivité » mathématique en tant que « schématisation ». Il s'ensuit une relation intrinsèque entre les schèmes et les principes de l'entendement pur qui « ne contiennent rien, en quelque sorte [...] que le pur schème pour l'expérience possible (G. Chiurazzi) ». Rappelons que *le schématisme s'effectue à travers le temps transcendantal* : les catégories y rencontrent *a priori* une « diversité » en vue des synthèses pures que sont les Principes de l'entendement. Néanmoins, la pensée ne se remplit pas seulement dans le temps, mais aussi dans l'espace. Les principes du *jugement*, qui définissent les lois de la nature, régissent l'expérience : c'est en fonction d'eux que les *phénomènes* sont constitués en *objets scientifiques*. Les catégories doivent d'abord se temporaliser pour être représentables, c'est-à-dire se transformer en schèmes qui doivent, à leur tour, s'appliquer à l'espace sous forme de principes pour pouvoir « subsumer » les phénomènes. Par ce biais, s'effectue donc le *transitus* de la mathématique à la physique qui est, corrélativement, explicitée en sa possibilité *a priori* (A. Philonenko).

A vrai dire, les *Premiers principes* prennent bien place entre les deux éditions de la *Critique* sans qu'ils fassent problème à l'évolution de la pensée critique : ce sont les principes de l'entendement pur qui sont identifiés aux principes métaphysiques eu égard à la « factualité du mouvement » tel qu'il est défini dans le cadre de la mécanique rationnelle entendue comme la synthèse newtonienne de la cinématique galiléo-cartésienne et de la dynamique leibnizienne. La différenciation des liaisons mathématiques et des liaisons dynamiques est elle-même porteuse de la différenciation des principes entendus comme unités catégoriales schématisés dans des jugements déterminants : l'unité des principes mathématiques (Axiomes de l'intuition et Anticipations de la perception) et des principes dynamiques (Analogies de l'expérience et Postulats de la pensée empirique en général) apparaît dans le fait que les mathématiques sont constitutives de la physique en vertu du lien transcendantal entre principes mathématiques et principes métaphysiques dans la constitution d'une science pure de la nature.

Ces points une fois rappelés, nous pouvons résumer à grands traits la conception physique kantienne dans les *Premiers principes – troisième moment* de notre développement. En effet, *en tout premier lieu*, Kant s'est attelé à établir que le principe des Axiomes de l'intuition est constitutif de la phoronomie dite géométrie du mouvement (Galilée et Descartes). Car, en l'absence de toute considération sur la force, le mouvement est considéré comme pure grandeur mathématique. En dehors de la qualité du mobile, le point et l'espace étant seulement considérés, le mouvement ne peut être pris que comme le fait de décrire l'espace. Et, à la différence de la géométrie, est pris en compte le temps écoulé, d'où, la notion de vitesse et de direction. L'essentiel est que s'affirme ici *l'universalité du principe de relativité*, étant donné que les objets susceptibles de mouvement ne peuvent être conçus comme des choses en soi, ni l'espace comme absolu, sauf en un sens purement logique, mais nullement physique : l'espace physique est toujours relatif ainsi que tout mouvement qui est objet de l'expérience. Cela suppose le *dédoublement de l'espace géométrique* : ce qui sert à démontrer la composition des vitesses comprises de façon spatiale – ce sont ces dernières qui se composent parce que la phoronomie est la théorie de la composition des mouvements d'un même point. Au regard des catégories de la quantité, trois possibilités se présentent : l'*unité* de ligne et de direction, la *pluralité* dans les directions sur une même ligne et la *totalité* des directions et des lignes suivant lesquels le mouvement se produit. On pouvait ainsi remarquer, sur la base du parallélogramme des vitesses, la structure phénoménologique de la notion de vitesse elle-même : simple rapport du temps et de l'espace au regard du mouvement inertiel, elle est appelée à être éclaircie quand on considère le mouvement accéléré (variation de la vitesse).

En second lieu, Kant en vient à établir que le principe des Anticipations de la perception détermine la dynamique où l'on est censé investir le calcul différentiel et intégral pour appréhender la matière non comme pure étendue mathématique, mais comme « le *mobile* en tant qu'il *remplit l'espace* ». L'espace et le temps étant des *quanta continua* (totalités continues et grandeurs infinies données), il s'ensuit alors que « tous les phénomènes en général sont donc des grandeurs continues, aussi bien selon leur intuition, comme grandeurs extensives, que selon leur simple perception (sensation et par suite réalité) comme grandeurs intensives. » Ainsi ne peut-il y avoir d'objet connaissable au sens physique du terme qu'à condition qu'une certaine réalité « remplisse » continûment l'espace conformément à l'intuition empirique (la conscience empirique) liée à l'extériorité spatiale. Il semble que Kant n'ait pas pris toute la mesure de la continuité infinitésimale leibnizienne. C'est qu'à la différence de Leibniz, la dynamique kantienne présuppose la phoronomie qui fait droit à l'universalité de la relativité. Cette dynamique métaphysique expose, premièrement, « le REEL dans l'espace (appelé aussi solide), à propos du remplissement de cet espace par la *force de répulsion* » ; deuxièmement, « ce qui est NEGATIF par rapport au réel, c'est-à-dire par rapport à l'objet véritable de notre perception externe : ce négatif est la *force attractive* » ; troisièmement, « la LIMITATION de la première de ces forces par la seconde, et la détermination qui en résulte, du *degré de remplissement* de l'espace ». Certaines remarques s'imposent. D'abord, la première force n'a pas le privilège que lui accordait ici Kant. Chez Newton et au-delà de ce dernier, elle ne renferme qu'une vertu hypothétique : l'existence de forces transversales en est venue à saper l'exclusivisme des forces agissant de manière rectiligne. En revanche, elle acquiert, quant à sa dualité avec la seconde force, une fonction rectrice au sein de la dynamique kantienne en ce qu'elle repousse le caractère non moins obscur qu'absolu de l'impénétrabilité de la matière. Ensuite, l'acception de ces forces portait Kant à reconsidérer l'épineux problème de l'infini en rupture avec la conception monadiste. La divisibilité à l'infini de l'espace géométrique implique celle de la matière saisie phénoménalement (la séparabilité physique et la variabilité chimique). L'extériorité spatiale devient constitutive de la *substance matérielle* entendue comme objet de l'expérience réelle. Laquelle substance phénoménale paraît sans commune mesure avec le monde intelligible des choses en soi parce que saisie selon que le « mouvement » en constitue l'attribut principal. Enfin, il apparaît dans la défense kantienne du dynamisme d'inspiration newtonienne, confrontée au mécanisme d'inspiration cartésienne, la mise en cohérence de l'idéalisme transcendantal quant aux limites intrinsèques des concepts mathématique et mécanique des forces fondamentales : mise en cohérence qui culmine dans sa conception de la diversité et, donc, des états de la matière où se combinent des considérations physiques, optiques et chimiques.

Nous avons bien noté que la dynamique kantienne n'était pas sans difficulté, quand bien même l'intuition dynamique de Kant ne souffrait aucune incohérence logique : l'autonomie de la dynamique paraît problématique dans le contexte classique. Qu'en est-il de la mécanique kantienne ? *En troisième lieu*, Kant s'est attelé à établir que le principe des Analogies de l'expérience régit la mécanique où la matière est saisie comme « le mobile, en tant qu'il a, comme mobile, une force motrice. » Se trouve ici en jeu, à la différence du concept proprement dynamique, la propriété *communicative* du mouvement selon que la matière, mue par une force motrice, « transmet » son mouvement à une autre. Si les principes dynamiques sont nécessaires, c'est parce que les principes mathématiques sont insuffisants pour déterminer les objets physiques. Certes, ces derniers servent à transformer l'objet empirique en objet défini, mais ils s'avèrent incapables de rendre compte de l'objet (*in situ*) à travers les relations d'existence qui le lient non seulement à d'autres objets mais aussi au sujet. D'où, la nécessité, pour que la détermination de l'objet soit complète, que l'on passe de l'absolu mathématique au conditionnel dynamique au regard duquel l'objet est censé être saisi quant à « sa position dans l'être ».

Pour déterminer les relations d'existence, Kant privilégie le temps, la simultanéité spatiale apparaissant comme un cas de la temporalité – les trois modes du temps étant la *permanence*, la *succession* et la *simultanéité*. Cela signifie tout simplement que la « connaissabilité » de tout objet dans le temps est indissociable de « l'unité transcendantale *a priori* de (l') aperception » : la loi temporelle fonde ainsi les lois dites naturelles en ce que les liaisons définies sont physiques : elles correspondent à des relations constantes entre les objets en dépit de leur diversité, de leur multiplicité et de leur variété. D'où les trois règles définissant les analogies de la substance, de la causalité et de l'action réciproque. Sans conteste, ces analogies *correspondent* aux trois lois de la mécanique newtonienne : la loi de la permanence de la masse, la loi de l'inertie et la loi de l'égalité de l'action et de la réaction. Toutefois, ce serait méconnaitre la logique qui sous-tend la mécanique kantienne que de prétendre que Kant ne ferait que s'aligner sur Newton. Notons que c'est en mécanique que la substance peut être convenablement déterminée dans la mesure où le mouvement est censé être l'attribut d'un corps matériel susceptible de recevoir une force qui le met en mouvement et détermine son rapport avec d'autres corps matériels. Tout cela se trouve suspendu au principe de la possibilité de l'expérience qui soumet l'estimation de la substance physique aux conditions spatio-temporelles de phénoménalité. Prétendre saisir, hors de ces conditions, une chose en soi monadique est aussi absurde que vouloir réduire la substance matérielle à l'extension géométrique, même si l'extériorité spatiale lui est caractéristique : l'espace pur, loin de se confondre avec l'absolu newtonien, est celui-là qui fournit à la substance matérielle ses caractères phénoménaux de diversité empirique et de divisibilité à l'infini.

En découlent donc les principales caractéristiques de la mécanique kantienne : 1) La quantité de mouvement est la mesure aussi bien de la quantité de matière que du temps : l'écart de la notion métaphysique de substance fait de celle-ci une dimension temporelle. C'est le sens même de la révolution copernicienne comme logique du temps-substance : fondement de tout changement. En raison de la conditionnalité spatiale, la véritable substance serait le monde dans sa totalité, l'unique invariant relativement à l'ordre du temps, le seul substrat temporel. Or, le monde comme totalité étant exclu comme Idée de la raison, ce sont au contraire des systèmes physiques relativement clos qui servent de principe à la mesure du temps, ces systèmes étant eux-mêmes des substances phénoménales et la substance s'entendant elle-même en tant que le signe mathématique =. Cela s'apparente au postulat newtonien dans les *Principia* où les invariants physiques étaient mis au fondement même de la mesure du temps. Mais, le caractère vectoriel de la quantité de mouvement, qui représentait le temps absolu chez Newton, est devenu relatif chez Kant, qui affirme la spatialité de la substance en tant que masse : ce qui implique sa phénoménalité et sa relativité dues à l'infinie divisibilité spatiale. 2) S'affirme, ensuite, la correspondance de l'analogie de la causalité à la loi d'inertie. Pure catégorie intellectuelle, l'acception de la causalité nous éloignait de l'empirisme humien, en démarquant le *cours du temps* de l'*ordre du temps*. Le véritable sens de cette notion réside dans le dépassement transcendantal de la logique générale : dans la liaison de la théorie de la substance et du principe de la grandeur intensive : dans la liaison de la logique et de l'existence qui fait de la causalité le « principe » constitutif de l'objectivité des objets, qui ne peuvent en aucun cas lui préexister. Cessant d'être une simple forme de la pensée qu'exprime le jugement hypothétique, la causalité en vient à être considérée comme une *catégorie schématisée* : le schème de la causalité « exprime la catégorie comme unité synthétique du divers donnée dans le temps ». Le lien entre la causalité, le temps et la substance étant établi, s'ensuit donc celui entre la causalité, l'action et la force : ce qui fait directement écho à la loi d'inertie. Principe de « transformation » de la substance, elle se trouve à la base des changements d'« état » de la matière, qui ne peut être modifiée que sous l'action d'une cause. En tant que proportionnelle à la transformation d'un système matériel donné en un autre système, la cause apparaît ainsi comme quantifiable sous la forme d'une force motrice – à défaut de l'action de cette force, le système matériel en question demeure dans l'état d'inertie qui constitue tout système matériel non transformé – le modèle en question étant le mouvement uniforme (rectiligne et à vitesse constance) indiscernable du repos. 3) Par conséquent, les principes de la substance et de la causalité sont, *in fine*, valables dans la mesure où ils définissent conjointement le principe de simultanéité, suivant la loi de l'action réciproque ou de communauté. La communauté dynamique primant ici sur la communauté simplement locale, le temps apparaît comme l'ordre de coexistence des substances comprises suivant la modalité du mouvement régi par la loi d'inertie, qui s'identifie à la loi de la causalité. Tout ceci s'explique par le fait que le principe de la possibilité de l'expérience ne fait que soumettre toutes les conditions d'une détermination métaphysique de la matière au principe architectonique de la relativité universelle : sans cette « synthèse *sui generis* de la substance et de la cause » l'expérience objective ne serait plus possible dans le sens d'une saisie systématique de la nature, la *simultanéité* apparaissant comme le principe qui fonde l'idée du *déterminisme* qui constitue l'un des piliers de la physique classique. A cet égard, pour saisir « l'évolution d'un système déterminé dans le temps », les interactions dynamiques entre les corps doivent être déterminées en fonction de la simultanéité qui permet de définir l'*état initial du système* : le principe de l'égalité de l'action et de la réaction semble devoir supposer, chez Newton, un mécanisme sur lequel baser l'évolution du système, à savoir « le principe de l'indépendance des effets des forces par rapport au mouvement antérieurement acquis », sorte de doublet de la loi d'inertie et seconde expression de la seconde analogie.

On peut ainsi comprendre que les écarts théoriques entre Kant et Newton peuvent s'expliquer par le souci kantien de démarquer les principes constitutifs des Idées régulatrices, l'écart fondamental étant celui entre l'entendement et la raison. A maints endroits, apparaît la grande fécondité de la méthode kantienne par rapport aux difficultés de l'approche newtonienne, notamment dans la définition de la troisième loi quant aux attractions à distance. Les écarts évoqués sont maintenus et explicités dans la Phénoménologie qui constitue le lieu d'un nouvel éclairage de l'Antinomie cosmologique. Au-delà de la Réfutation de l'idéalisme et au regard de la Table du rien qui édicte les différents motifs de non-objectivité (l'absence d'intuition, l'absence de concept ou l'absence de subsomption), il apparaît que l'idéalisme transcendantal est à la base de la solution kantienne de l'Antinomie cosmologique : l'universalité de la phénoménalité spatio-temporelle et de la relativité physique forment l'ossature d'une réfutation du « dehors » de l'Antinomie cosmologique : « preuve directe » de l'idéalité transcendantale des phénomènes dans l'Esthétique et l'Analytique transcendantales. Parallèlement, la Dialectique transcendantale y ajoute une « preuve indirecte », tout en réfutant « du dedans » l'illusion transcendantale. Cette « preuve indirecte » a pour intérêt de rendre manifeste la fonction régulatrice de l'Idée cosmologique – fonction épistémo-métaphysique en tant que principe régulateur de la raison pour la science physique. Néanmoins, il serait insensé d'induire de la résorption kantienne de l'Antinomie cosmologique le rejet pur et simple des philosophèmes cosmologiques de 1755. L'opuscule *Sur les volcans lunaires* de 1785 atteste au contraire de la fidélité kantienne aux thèses originaires. A vrai dire, la philosophie des limites faisait bon ménage avec l'hypothèse cosmologique (hypothèse nébulaire dite de Kant-Laplace, théorie des Univers-îles) qui allait être confortée scientifiquement par les découvertes observationnelles de W. Herscherl et d'A. Crawford et de H.W.M. Olbers (J. Seidengart).

C'est par l'exposé de la vertu méthodologique de l'Idée théologique que nous terminons cette étude sur l'épistémologie critique. Nous avons maintenu un lien constant avec le traitement précritique de la problématique théologique, pour mieux souligner la démarcation de l'ontologie de la science de la nature : il y va du « dépassement de la problématique cosmologique à l'intérieur même de la cosmologie » au regard de l'hétérogénéité radicale entre *Welt* (monde) et *Sein* (existence) – G. Lebrun. Ces analyses ont permis de montrer qu'il suffisait à Kant de faire constater la subreption dialectique qui sous-tend l'argument ontologique, en tant qu'il est le nerf des preuves cosmologique et physico-théologique de l'existence de Dieu, pour limiter l'idéal transcendantal à sa stricte dimension formelle.

Dans cette perspective, l'Idée divine constitue, de manière conjointe avec les Idées psychologique et cosmologique, une eidétique transcendantale : elles s'identifient à des *formes méthodiques* qui agissent au service de l'architectonique de la raison pure comme « *projet d'une science universelle systématique* ».

Savoir ce qu'est la vérité transcendantale en tant qu'elle se rapporte à la physique, renvoie à la détermination du rapport du sujet transcendantal et de l'objet de connaissance physique : la vérité apparaît elle-même relative à *modalité du jugement* ramenée aux *Postulats de la pensée empirique en général.* S'impose alors, au sens propre, la réflexion critique de facture phénoménologique. Car, les axiomes, postulats et analogies s'avèrent incapables de rendre raison d'elles-mêmes sans la fondation du rapport au sujet : les différentes sciences physiques acquièrent, par conséquent, leur légitimité dans une *réflexion phénoménologique* qui permet d'assurer leur « valeur » de vérité selon que les connaissances définies appartiennent à des hypothèses, à des faits ou à des lois : une « liaison métaphysique » subsume ainsi la « liaison physique » des objets définis. Conformément aux postulats de la *possibilité*, de la *réalité* et de la *nécessité*, les jugements *alternatif*, *disjonctif* et *distributif* définissent respectivement le mouvement au triple sens *phoronomique*, *dynamique* et *mécanique*. Il y va d'une « distribution » de la vérité transcendantale au triple plan de l'hypothèse, du fait et de la loi : les disjonctions du *relatif* et de l'*absolu*, du *réel* et de l'*apparent* étant de part en part résorbées par les jugements *problématique*, *assertorique* et *apodictique*. Ce qui traduit finalement une articulation architectonique des facultés de connaissance : entendement, faculté de juger et raison.

Si la pensée kantienne de la physique apparaît de bout en bout cohérente, si elle s'écarte en des points essentiels de la mécanique newtonienne, c'est qu'elle demeure fidèle aux philosophèmes de l'idéalisme transcendantal et, par là-même, à certaines inspirations originaires. Que ce soit dans la phoronomie, la dynamique ou la mécanique, la connaissance reste arrimée aux limites de l'expérience possible – suivant une acception précise de l'absoluité de l'espace. La relativité phoronomique du mouvement demeure le principe transcendantal dont l'universalité résulte de la subjectivité spatiale établie dès la *Dissertation de 1770*. En outre, la notion de substance sera complètement transformée dans le sens de la relativité physique. En fin de compte, le mouvement absolu se voit écarté comme « réalité » de l'expérience possible en raison du caractère problématique de l'espace vide-absolu appréhendé comme l'un des visages de l'inconditionné. Cela compris, il n'est pas difficile de lui reconnaître une fonction régulatrice à l'instar des Idées cardinales de la raison. C'est bien ainsi les deux premières roues de l'Analytique kantienne de la physique qui se révèlent parfaitement articulées l'une à l'autre : les *Premiers principes* approfondissent les thèses de la *Critique* tout en réactualisant, mieux, remodelant certaines thèses précritiques, ou tout simplement, en laissant d'autres dans la « pureté » de leur formulation originelle : ceci, en faisant toujours corps à leur visée intrinsèque d'être une *métaphysique de la nature*, qui fait donc droit à des principes non constitutifs. Principes sans lesquels on ne saurait concevoir adéquatement la visée architectonique de la science. Architectonique que nous gardons en ligne de mire ou, si l'on préfère, en ligne de fuite en ambitionnant de nous projeter dans les théories de l'*Übergang* et de la physique empirique.

Bibliographie

Œuvres de Kant

. *Kant's gesammelte Schriften, herausgegeben von der Königlich Preußischen Akademie der Wissenschaften*, 29 Bänden, Berlin,Walter de Gruyter, 1902-1983.

. *Kant's gesammelte Schriften*, herausgegeben von Wilhelm Weischedel, 12 Bänden, Frankfurt/ Main, Suhrkamp, 1968, 1977.

. *Kant Œuvres philosophiques*, 3 volumes, Paris, Gallimard (La Pléiade), 1980-1986.

. Correspondance par Immanuel Kant, Felix Meiner Verlag, Hamburg, 1986, trad. fr. Paris, Gallimard, 1991.

- *Allgemeine Naturgeschichte und Theorie des Himmels* (1755), in Band I, p. 219-400 ; *Histoire générale de la nature et théorie du ciel* (Extraits : AK I, 221-368), trad. fr. F. Marty, in *Kant Œuvres philosophiques*, t. I, Paris, Gallimard, 1980, p. 35-107 ; trad. sous la direction de J. Seidengart, Paris, Vrin, 1984.
- *Principiorum primorum cognitionis metaphysicae nova dilucidatio [Neue Erhellung der ersten Gründsätze metaphysicher Erkenntnis* (1755), in Band I, p. 401-509 ; *Nouvelle explication des premiers principes de la connaissance métaphysique* (AK II, 387-416), trad. J. Ferrari, in *Kant Œuvres philosophiques*, t. I, Paris, Gallimard, 1980, p. 109-163.
- *Metaphysicae cum geometria iunctae usus in philosophia naturali, cuius specimen I. continet monadologiam metaphysik* [*Der Gebrauch der Metaphysik, sofern sie mit der Geometrie verbunden ist, in der Naturphilosophie, dessen erste Probe die physische Monadologie* (1756), Band II, p. 511-563 ; *Monadologie physique*, trad. fr. S. Zac, in *Kant Opuscules précritiques*, Paris, Vrin, 1970, p. 31-51.

- *Neuer Lehrbegriff der Bewegung und Ruhe* (1758), Band II, *p. 564-581 ; Nouvelle définition du mouvement et du repos* (1758), in *Kant Opuscules précritiques*, trad. fr. S. Zac, Paris, Vrin, 1970.
- *Die falsche Spitzfindigkeit der vier syllogistischen Figuren* (1762), Band II, p. 595-615 ; *De la fausse subtilité des quatre figures du syllogisme* (AK II, 47-61), trad. fr. J. Ferrari, in *Kant Œuvres philosophiques*, t. I, Paris, Gallimard, 1980, p. 175-194.
- *Versuch den Begriff der negativen Größen in die Weltweisheit einzuführen*, (1763), Band II, p. 775-819 ; *Essai pour introduire en philosophie le concept de grandeur négative* (AK II, 167-204), trad. fr. J. Ferrari, in *Kant Œuvres philosophiques*, t. I, Paris, Gallimard, 1980, p. 251-302.
- *Der einzig mögliche Beweisgrund zu einer Demonstration des Daseyns Gottes* (1763), Band II, p. 617-738 ; *L'Unique fondement possible d'une démonstration de l'existence de Dieu* (AK II, 65-163), trad. fr. S. Zac, in *Kant Œuvres philosophiques*, t. I, Paris, Gallimard, 1980, p. 303-435 ; *L'Unique argument possible pour une démonstration de l'existence de Dieu*, trad. fr. R. Theis, Paris, Vrin, 2001.
- *Untersuchung über Deutlichkeit der Grundsätze der natürlichen Theologie und der Moral*, (1764), Band II, p. 739-773 ; *Recherche sur l'évidence des principes de la théologie naturelle et de la morale* (AK II, 275-301), trad. fr. J. Ferrari, in *Kant Œuvres philosophiques*, t. I, Paris, Gallimard, 1980, p. 205-249.
- *Traüme eines Geistersehers erläutert durch Träume der Metaphysik*, (1766), Band II, p. 919-989 ; *Les rêves d'un visionnaire expliqués par des rêves métaphysiques* (AK II, 317-373), trad. fr. B. Lortholary, in *Kant Œuvres philosophiques*, t. I, Paris, Gallimard, 1980, p. 525-592.
- *Von dem ersten Grunde des Unterschiedes der gegenden im Raume* (1768), Band II, p. 991-1000 ; *Du premier fondement de la différence des régions dans l'espace* (1768), trad. fr. S. Zac, in *Kant Opuscules précritiques*, Paris, Vrin, 1970, p. 89-98.
- *De mundi sensibilis atque intelligibilis forma et principiis* [Von der Form der Sinnen-und Verstandeswelt und ihren Gründen] (1770), Band V, p. 7-107 ; *La Dissertation de 1770 : De la forme et des principes du monde sensible et du monde intelligible* (AK II, 387-419), trad. fr. F. Alquié, in *Kant Œuvres philosophiques*, t. I, Paris, Gallimard, 1980, p. 623-678 ; tr. fr. Paul Mouy, Paris, Vrin, 1995 ; trad. fr. R. Theis, Paris, Vrin, 2007.
- *Manuscrits de Duisbourg (1774-1775), Choix de Réflexions des années 1772-1777*, trad. fr. F.-X. Chenet, Paris, Vrin, 1988.

- *Vorlesungen über die Metaphysik* (1775-1781) ; *Leçons de Métaphysique*, trad. fr. M. Castillo, Paris, Librairie Générale Française, 1993.
- *Kritik der reinen Vernunft* (1781, 1787), Band III-IV ; *Critique de la raison pure* (AK III 1-552 ; AK IV 1-252), trad. fr. F. Alquié, in *Kant Œuvres philosophiques*, t. I, Paris, Gallimard, 1980, p. 705-1470 ; trad. fr. A. Renaut, Paris, Flammarion, 2001.
- *Prolegomena zu einer jeden künftigen Metaphysik, die als Wissenschaft wird auftreten können* (1783), Band V, p. 109-264 ; *Prolégomènes à toute métaphysique future qui pourra se présenter comme science* (AK IV, 255-383) ; trad. fr. J. Rivelaygue, in *Kant Œuvres philosophiques*, t. II, Paris, Gallimard, 1985, p. 15-172 ; trad. fr. L. Guillermit, Paris, Vrin, 1986.
- *Metaphysische Anfangsgründe der Naturwissenschaft* (1786), Band IX, p. 7-135 ; *Premiers principes métaphysiques de la science de la nature* (AK IV, 467-565), trad. fr. F. De Gandt, in *Kant Œuvres philosophiques*, t. II, Paris, Gallimard, 1985, p. 345-493 ; trad. J. Gibelin, Paris, Vrin, 1990 ; trad. fr. RA. Pelletier, Paris, Vrin, 2017.
- *Reflexionen zur Metaphysik* (1780-1789), *Réflexions métaphysiques* (1780-1789), AK XVII-XVIII – R3489-3702 (p. 3-226) ; R4847-6205 (p. 3-488) ; trad. fr. S. Grapotte, Paris, Vrin, 2011.
- *Welches Sind die wirklichen Fortschritte, die Metaphysik seit Leibnizens und Wolffs Zeiten in Deutschland gemacht hat?* (1791), Band VI, p. 583-676 ; *Quels sont les progrès réels de la métaphysique en Allemagne depuis le temps de Leibniz et de Wolff?* (AK XX, 259-351), trad. fr. J. Rivelaygue, in *Kant Œuvres philosophiques*, t. III, Paris, Gallimard, 1986, p. 1213-1291.
- *Logik* (1800), Band VI, p. 417- 582 ; *Logique* (AK IX, 11-150), trad. L. Guillermit, Paris, Vrin, 1997.
- *Opus postumum* (1796-1803), trad. fr. F. Marty, Paris, PUF, 1986.
- « Amphibologie des concepts de la réflexion », introduit, traduit et annoté par M. Haumesser, Paris, Vrin, 2010.
- *Über eine Entdeckung, nach der alle neue Kritik der reinen Vernunft durch eine ältere Entbehrlich gemacht werden soll* (1790), Band V, p. 293-373 ; *Sur une découverte selon laquelle toute nouvelle critique de la raison pure serait rendue superflue par une plus ancienne (*AK VIII, 187-251), trad. fr. A. J.-L. Delamarre, in *Kant Œuvres philosophiques*, t. II, Paris, Gallimard, 1985, p. 1307-1389 ; *Réponse à Eberhard*, introduit, traduit et annoté par J. Benoist, Paris, Vrin, 1999.
- *Kritik der Urteilskraft* (1790), Band X, *Critique de la faculté de juger* (AK V, 167-485), trad. fr. J.-R. Ladmiral, M. B. de Launay et

J.-M. Vaysse, in *Kant Œuvres philosophiques*, t. II, Paris, Gallimard, 1985, p. 917-1299.

Cosmo-physique et métaphysique classiques

BAIS, S., *Une relativité toute particulière*, précédé de *Les équations fondamentales de la physique*, trad. fr. R. Lutz, Paris, Gallimard, 2010.

BALIBAR, F., *Galilée et Newton lus par Einstein : espace et relativité*, Paris, PUF, 2006.

- Avec TONCELLI, R., *Einstein, Newton, Poincaré. Une histoire de principe*, Paris, Belin, 2008.

BELAVAL, Y., *Leibniz critique de Descartes,* Paris, Gallimard, 1960.

BERLINSKI, D., *Une brève histoire des mathématiques*, trad. fr. H. Demazure, Paris, Editions Saint-Simon, 2004.

BLANCHE, R., et DUBUCS J., *La logique et son histoire*, Paris, Armand Colin, 1970, 1996.

BLAY, M., *La science du mouvement de Galilée à Lagrange*, Paris, Belin, 2002.

- *Les raisons de l'infini. Du monde clos à l'univers mathématique*, Paris, Gallimard, 1993.
- *Les « Principia » de Newton*, Paris, PUF, 1995.
- *La naissance de la science classique*, Paris, Nathan, 1998.
- Avec Halleux, R., (dir.), *La science classique : XVIe-XVIIIe siècle. Dictionnaire critique*, Paris, Flammarion, 1998.
- « Newton » et « Mathématisation », in M. Blay et R. Halleux (dir.), *La science classique : XVIe -XVIIIe siècle. Dictionnaire critique*, Paris, Flammarion, 1998, p. 356-365 et p. 603-609.

BLUMENBERG, H., *Die Genesis der kopernikanischen Welt*, Frankfurt a M., Suhrkamp, 1975.

BOURBAKI, N., *Eléments d'histoire des mathématiques*, Paris, Masson, 1984.

BROGLIE (de), L., *Continu et discontinu en physique*, Paris, Albin Michel, 1941.

CAVEING, M., « Quelques remarques sur le traitement du continu dans les Eléments d'Euclide et la physique d'Aristote », in *Penser les mathématiques*, Paris, Seuil, 1982, p. 145-165.

CLAVELIN, M., *La philosophie naturelle de Galilée*, Paris, 1996.

- « Galilée » in M. Blay et R. Halleux (dir.), *La science classique : XVIe-XVIIIe siècle. Dictionnaire critique*, Paris, Flammarion, 1998, p. 252-265.

COHEN, B.I., *The Newtonian Revolution with illustrations of the transformation of scientific ideas*, Cambridge-London-New-York, Cambridge University Press, 1981.

- *Les origines de la physique moderne*, trad. fr. J. Métadier et C. Jeanmougin, Paris, Seuil, 1993.

COTARDIERE (de la), P., *Histoire de la science de l'Antiquité à nos jours*, Paris, Editions Talandier, 2004.

DAHAN-DALMEDICO, A., PEIFFER, J., « la limite : de l'impensé au concept », in *Une histoire des mathématiques : routes et dédales*, Paris, Seuil, 1986, p. 168-207.

DESCARTES, R., *Méditations métaphysiques*, Paris, Flammarion, 1979.

EINSTEIN, A., « Jean Kepler », in *Conceptions scientifiques*, trad. fr. M. Solovine et D. Fargue, Paris, Flammarion, 1990, p. 162-168.

- « Jean Kepler » in *Comment je vois le monde*, trad. fr. M. Solovine et R. Hanrion, Paris, Flammarion, 1979, p. 156-161 ;
- « La mécanique de Newton et son influence sur la formation de la physique théorique », in *Comment je vois le monde*, trad. fr. M. Solovine et R. Hanrion, Paris, Flammarion, 1979, p. 161-172.
- Avec INFELD, L., *L'évolution des idées en physiques. Des premiers concepts aux théories de la relativité et des quanta*, trad. fr. M. Solovine, Paris, Flammarion, 1983.

EISENSTAEDT, J., *Avant Einstein : relativité, lumière, gravitation*, Paris, Seuil, 2005.

FARVACQUE, J.-L., *L'évolution de la physique de Newton à nos jours*, Paris, Ellipses, 2009.

FEYNMAN, R., « la loi de la gravitation, un exemple de loi physique », in *La nature de la physique*, Paris, Seuil, 1980, p. 14-38.

- « Le lien des mathématiques avec la physique », in *La nature de la physique*, Paris, Seuil, 1980, p. 39-98.

FRANCOIS, C., *Hume et le problème de la métaphysique*, Paris, Beauchesne, 1989.

GALILLEE, G., *Discours concernant deux sciences nouvelles*, trad. fr. M. Clavelin, Paris, PUF, 1995.

GALISON, P., *L'empire du temps : les horloges d'Einstein et les cartes de Poincaré*, trad. fr. B. Arman, Paris, Gallimard, 2005.

GANDT (DE), F., « Présentation », *De la gravitation et Du mouvement*, Paris, Galimard, 1995, p. 9-108.

- « Mathématiques et réalité physique au XVIIe siècle (de la vitesse de Galilée aux fluxions de Newton) », in *Penser les mathématiques* (collectif), Paris, Seuil, 1982, p. 167-194.

GONSETH, F., *Logique et philosophie mathématiques*, Paris, Hermann, 1998.

GUEROULT M., *Dynamique et métaphysique leibniziennes*, Paris, Les Belles Lettres, 1934 ; rééd., Paris, Aubier Montaigne, 1967.

GUSDORF, G., *De l'histoire des sciences à l'histoire de la pensée*, Paris, Payot, 1966.

HAWKING, S., *Une brève histoire du temps. Du big bang aux trous noirs*, trad. fr. I. Naddéo-Souriau, Paris, Flammarion, 1989.

HEISENBERG, W., *La nature dans la physique moderne et contemporaine*, trad. fr. U. Karval et A. E. Leroy, Paris, Gallimard, 1962.

- *Physique et philosophie. La science moderne en évolution* (1958), trad. fr. J. Hadamard, Paris, Albin Michel, 1971.

HOLTON, G., *L'imagination scientifique*, trad. fr. J. F. Roberts, Paris, Gallimard, 1981.

- *L'invention scientifique*, Paris, PUF, 1982.

HUME, D., *Traité de la nature humaine*, I et II, trad. fr. P. Baranger et P. Saltel, Paris, Flammarion, 1995.

- *Enquête sur l'entendement humain*, trad. fr. D. Deleule, Paris, Librairie Générale Française, 1999.

JAMMER, M., *Concepts d'espace : une histoire des théories de l'espace physique*, trad. fr. L. Mayet et I. Smadja, Paris, PUF, 2008.

JORLAND, G., *La Science dans la philosophie. Les recherches épistémologiques d'Alexandre Koyré*, Paris, Galimard, 1981.

KLEIN, E., *L'unité de la physique*, Paris, PUF, 2000.

- *Les tactiques de Chronos*, Paris, Flammarion, 2004.
- Avec SPIRO, M., *Le temps et sa flèche*, Paris, Flamarrion, 1996.

KOYRE, A., *Du monde clos à l'univers infini*, trad. fr. R. Tarr, Paris, Gallimard, 1962, 1973.

- *Etudes newtoniennes*, Paris, Gallimard, 1968.
- *Etudes galiléennes*, Paris, Hermann, 1966, 2001.
- *Etudes d'histoire de la pensée philosophique*, Paris, Gallimard, 1973.
- *De la mystique à la science*, Paris, 1986.

KREMER-MARIETTI, A., *Philosophie des sciences de la nature*, Paris, Flammarion, 2007.

KUHN, Th., *La révolution copernicienne*, trad. fr. A. Hayli, Paris, Fayard, 1973.

LACHIEZE-REY, M., *Au-delà de l'espace et du temps : la nouvelle physique*, Paris, Editions Le Pommier, 2005.

- Avec KLEIN, E., *La quête de l'unité : l'aventure de la physique*, Albin Michel, 1996.

LEDUC, C., « Kant et l'usage méthodologique des hypothèses », in S. Grapotte, M. Lequan et M. Ruffing (dir.), *Kant et la science : la théorie*

critique et transcendantale de la connaissance, Paris, Vrin, 2011, p. 127-135.
LEIBNIZ, G.W., *Discours de métaphysique*, suivi de la *Monadologie*, Paris, Gallimard, 1995.
- *Nouveaux essais sur l'entendement humain*, trad. fr. J. Brunschvicg, Paris, Flammarion, 1990.

LE RU, V., « Mécanisme », in M. Blay et R. Halleux (dir.), *La science classique : XVIe -XVIIIe siècle. Dictionnaire critique*, Paris, Paris, Flammarion, 1998, p. 622-631.
LEVY-LEBLOND, J.-M., « Physique et mathématique », in *Penser les mathématiques*, Paris, Seuil, 1982, p. 195-210.
LINBERG, D., et WESTMAN, R., (éds.), *Reappraisals of the Scientific Revolution*, Cambridge, Cambridge University Press, 1990.
LLOYD, G.E.R., *Une histoire de la science grecque*, trad. fr. J. Brunschwicg, Paris, Editions La Découverte, 1990.
LOCHAK, G., *La géométrisation de la physique*, Paris, Flammarion, 1994.
LOCQUENEUX, R., *Une histoire des idées en physiques*, Paris, Vuibert-SFHST, 2009.
MACH, E., *La mécanique : exposé historique et critique de son développement* (1883), trad. fr. E. Bertrand, Paris, Hermann, 1904.
MARCH, A., *La physique moderne et ses théories*, trad. fr. S. Bricianer, Paris, Gallimard, 1969.
MAZAURIC, S., « Réception et diffusion du copernicianisme », in *Histoire des sciences à l'époque moderne*, Paris, Armand Colin, 2009, p. 76-86.
- « Le mécanisme en questions », op. cit., p. 208-230.

McMULLING, E., « Conceptions of science in the scientific revolution », in D. Lindberg et R. Westman (éds.), *Reappraisals of the Scientific Revolution*, Cambridge, Cambridge University Press, 1990, p. 68-72.
MERLEAU-PONTY, J., *Leçons sur la genèse des theories physiques: Galilée, Ampère, Einstein*, Paris, Vrin, 1974.
NEWTON, I., *Principes mathématiques de la philosophie naturelle*, préface de Voltaire, trad. fr. La Marquise du Châtelet, Paris, Dunod, 2005.
PENROSE, R., *A la découverte des lois de l'univers : la prodigieuse histoire des mathématiques et de la physiques*, trad. fr. C. Laroche, Paris, Odile Jacob, 2007.
- Avec HAWKING, S., *La nature de l'espace et du temps*, trad. fr. F. Balibar, Paris, Gallimard, 1997.

PLANCK, M., *Initiations à la physique*, trad. fr. J. Du Plessis de Grenélon, Paris, Flammarion, 1993.
POINCARE, H., *La science et l'hypothèse*, Paris, Flammarion, 1968.

- *La valeur de la science*, Paris, Flammarion, 1970.
RIVAL, M., *Les grandes expériences scientifiques*, Paris, Seuil, 1996.
RIVENC, F., *Introduction à la logique*, Paris, Petite Bibliothèque Payot, 2003.
SABATIER, X., *Les formes du réalisme mathématique*, Paris, Vrin, 2009.
SHEA, W.R., *La révolution intellectuelle de Galilée*, trad. fr., Paris, 1992.
SIMON, G., « Kepler », in Michel Blay et Robert Halleux (dir.), *La science classique : XVIe -XVIIIe siècle. Dictionnaire critique*, Paris, Paris, Flammarion, 1998, p. 282-293.
STENGERS, I., *L'invention des sciences modernes*, Paris, Vrin, 1993.
TONNELAT, M.-A., *Histoire du principe de la relativité*, Paris, Flammarion, 1971.
ULMO, J. *La pensée scientifique moderne*, Paris, Flammarion, 1969.
THOM, R., « Mathématique et théorisation scientifique », in *Penser les mathématiques*, Paris, Seuil, 1982, p. 252-273.
VERDET, J.-P., « Copernic », in Michel Blay et Robert Halleux (dir.), *La science classique : XVIe -XVIIIe siècle. Dictionnaire critique*, Paris, Paris, Flammarion, 1998, p. 224-233.

Autres œuvres citées ou consultées

ALQUIE, F., La *critique kantienne de la métaphysique*, Paris, PUF, 1968.
AUBENQUE, P., « Le débat de 1929 entre Cassirer et Heidegger », in J. Seidengart (dir.), *Ernst Cassirer. De Marbourg à New York*, Les Editions du Cerf, 1990, p. 81-96.
BARTHELME, B., « L'«Appendice à la Dialectique transcendantale » de la Critique de la raison pure : le langage du comme si et la notion d'usage régulateur de la raison », in M. Lequan (dir.), *Métaphysique et philosophie transcendantale selon Kant*, Paris, L'Harmattan, 2005, p. 223-258.
BEAUFRET, J., « Kant et la notion de Darstellung », in *Philosophie moderne. Dialogue avec Heidegger*, II, Paris, Les Editions du Minuit, 1973, p. 77-109.

BENOIST, J., *Kant et les limites de la synthèse: le sujet sensible*, Paris, PUF, 1996.

- « Du champ et du sol d'une Esthétique transcendantale », in *Archives de philosophie*, 57, 1994, p. 307-324.
- « Appliquer ses concepts », in J.-M. Vaysse (dir.), *Kant*, Paris, Les Editions du Cerf, 2008, p. 91-127.

BLOMME, H., « La preuve de l'espace absolu et l'argument des homologues non congruents en 1768 », in L. Langlois (dir.), *Années 1747-1781. Kant. Avant la* Critique de la raison pure, Paris, Vrin, 2009, p. 169-176.

- « Dieu en vue du système : le statut de l'*ens summum* dans l'*Opus postumum* de Kant », in R. Theis (dir.), *Kant. Théologie et religion*, Paris, Vrin, 2013, p. 107-116.

BONDELI, M., « L'unité originairement synthétique de l'aperception chez Kant, Reinhold, Maïmon, Schulze et Fichte », in C. Piché (dir.), *Années 1781-1801. Kant.* Critique de la raison pure, *Vingt ans de réception*, Paris, Vrin, 2002, p. 137-147.

BOURIAU, Ch., « Lectures de Kant : le problème du dualisme », in *La philosophie de Kant* (collectif), Paris, PUF, 2003, p. 523-617.

BRUNSCHVICG, J., *L'expérience humaine et la causalité physique*, Paris, 1949.

BUEE, J.-M., « La critique de la critique kantienne de la métaphysique chez Jacobi », in M. Lequan (dir.), *Métaphysique et philosophie transcendantale selon Kant*, Paris, L'Harmattan, 2005, p. 273-286.

BUSSMANN, H., « Eine systematitylische Betrachtung des Schematismuskapitels in der Kritik der reinen Vernunft », *Kant-Studien*, 84, 1994, p. 411 sqq.

BUZON, F., « Mathesis universalis », in M. Blay et R. Halleux (dir.), *La science classique : XVIe -XVIIIe siècle. Dictionnaire critique*, Paris, Paris, Flammarion, 1998, 610-620.

CAPEILLERES, F., *Kant philosophe newtonien : Figures de l'idéal de scientificité en métaphysique*, Paris, Les Editions du Cerf, 2004.

- « La « méthode imitée du physicien » et le passage à la physique comme preuve de la validité du système kantien », in I. Schüssler (dir.), *Années 1796-1803. Kant.* Opus postumum, *Philosophie, science, éthique et théologie*, Paris, Vrin, 2001, p. 55-65.

CARON, M., « La lecture heideggérienne de Kant », in J.-M. Vaysse (dir.), *Kant*, Paris, Cerf, 2008, p. 149-190.

CASSIRER, E., HEIDEGGER, M., *Débat sur le kantisme* (Davos Mars 1929), et *autres textes* de 1929-1931, trad. fr. P. Aubenque et al. Paris, Beauschene, 1972.

CASSIRER, COHEN, NATORP, *L'Ecole de Marbourg*, Paris, Les Editions du Cerf, 1998.

CASSIRER, E., *Le problème de la connaissance dans la philosophie et la science des temps modernes*, t. I, *De Nicolas de Cues à Bayle* ; t. II, *De Bacon à Kant*, trad. fr. R. Fréreux, Paris, Les Editions du Cerf, 2004, 2005.

- « Kant et la mathématique moderne, en relation aux ouvrages de Bertrand Russell et Louis Couturat sur les principes de la mathématique », in E. Barot et J. Servois (dir.), *Kant face aux mathématiques modernes*, Paris, Vrin, 2009, p. 139-181.
- « Néokantisme », trad. fr. F. Capeillères, in Cassirer, Cohen, Natorp, *L'Ecole de Marbourg*, Paris, Editions du Cerf, 1998, p. 9-15.
- « Hermann Cohen et la rénovation de la philosophie kantienne » (1912), trad. fr. M. de Launay et C. Prompsy, in Cassirer, Cohen, Natorp, *L'Ecole de Marbourg*, op. cit., p. 19-38.

CASTILLO, M., *Kant : l'invention critique*, Paris Vrin, 1997.

CHENET, F.-X., *L'assise de l'ontologie critique : l'Esthétique transcendantale*, Lille, Presse universitaire de Lille, 1994.

- « Réceptivité de la sensibilité et subjectivité de la sensibilité : la question du fondement de la phénoménalité du phénomène », in *Revue de métaphysique et de morale*, 1988, p. 469-487.
- « La Dissertation de 1770 et L'Esthétique transcendantale », in *Cahiers philosophiques*, 54, mars 1993, p. 7-56.

CHIPMAN, L., « Kant's Categories and Their Schematism », *Kant-Studien*, 63, 1972, p. 36-50.

CHIURAZZI, G., « Schématisme et modalité : la doctrine kantienne du schématisme comme thématisation de la dimension analogico-expérimentale de la connaissance », *Kant-Studien*, 91, 2000, p. 146-164.

CLAVIER, P., « Kant. Les idées cosmologiques », in *La philosophie de Kant* (collectif), Paris, PUF, 2003, 7-109.

COHEN, H., *Commentaire de la « Critique de la raison pure » de Kant*, trad. fr. E. Dufour, Paris, Cerf, 2000.

- *Théorie kantienne de l'expérience*, trad. fr. E. Dufour, Paris, Cerf, 2001.
- *Le concept de philosophie*, trad. fr. M. Bienenstock et J.-M. Buée Paris, Ed. du Cerf, 2014.
- « La théorie platonicienne des idées et les mathématiques », trad. fr. par. C. Prompsy et M. de Launay, in Marc de launay (dir.), *Néokantismes et théorie de la connaissance*, Paris, Vrin, 2000, p. 23-48.
- « Introduction et disposition » à la *Logique de la connaissance pure*, trad. fr. M. de Launay, In *Néokantismes et théorie de la connaissance*, op. cit., p. 49-108.

COURTES, F., *Etude historique et critique sur la « Fausse subtilité des quatre figures du syllogisme » démontrée par Kant*, Paris, Vrin, 1972.

COUTURAT, L., *La philosophie des mathématiques de Kant*, Houilles, Editions Manicius, 2004.

DAVAL, R., *La métaphysique de Kant : perspective sur la métaphysique de Kant d'après la théorie de l'imagination*, Paris PUF, 1951.

DELBOS, V., *De Kant aux post-kantiens*, Paris, Montaigne, 1940.

DETEL, W., « Zur Funktion des Schematismuskapitels in Kants Kritik der reinen Vernunft », *Kant-Studien*, 69, 1978, p. 17-45.

DUFOUR, E., *Hermann Cohen : introduction au néokantisme de Marbourg*, Paris, PUF, 2001.

- *Les néokantiens*, Paris, Vrin, 2003.

DUMOUCHEL, D., « Eberhard et l'enjeu leibnizien du criticisme », in C. Piché (dir.), *Années 1781-1801. Kant.* Critique de la raison pure, *Vingt ans de réception*, Paris, Vrin, 2002, p. 127-134.

DUQUE, F., « Le rapport de Kant, dans son œuvre tardive, à Fichte et à Schelling », in I. Schüssler (dir.), *Années 1796-1803 : Kant. Opus postumum, Philosophie, science, éthique et théologie*, Paris, Vrin, 2001, p. 185-216.

DUVERNEY, C., *Le critère de Subsomption : l'application des catégories kantiennes*, Genève, Editions Slaktine, 1994.

Ferrari, M., *Introduction au néocriticisme*, trad. fr. T. Loisel, Paris, Ed. du Cerf, 1999.

- *Retours à Kant. Introduction au néokantisme*, trad. fr. T. Loisel, Paris, Ed. du Cerf, 2001.

FERRARIN, A., « Construction and Mathematical Schematism. Kant on the Exhibition of a Concept in Intuition », *Kant-Studien*, 86, 1995, p. 131 et 135.

FICHANT, M., « Ernst Cassirer et les commencements de la science classique », in J. Seidengart, *Ernst Cassirer. De Marbourg à New York*, Paris, Ed. du Cerf, 1990, p. 117-140.

- « L'espace est représenté comme une grandeur infinie donnée » : la radicalité de l'esthétique », in J.-M. Vaysse (dir.), in J.-M. Vaysse (dir.), *Kant, Les cahiers d'histoire de la philosophie*, Paris, Ed. du Cerf, 2008, p. 7-46.
- « Espace esthétique et espace géométrique chez Kant », *Revue de métaphysique et de morale*, n° 4, 2004.

FOESSEL, M., *Kant et l'équivoque du monde*, Paris, Editions CNRS, 2008.

FRANZWA, G.E., « Space and Schematism », *Kant-Studien*, 2, 1978, p. 149-159.

GAUDET, P., *L'expérience kantienne de la pensée. Réflexion architectonique de la Critique de la raison pure*, Paris, L'Harmattan, 2001.

GAUTHIER, Ch., « Le destin de la chose en soi dans la philosophie de Fichte », in C. Piché (dir.), *Années 1781-1801. Kant. Critique de la raison pure, Vingt ans de réception*, Paris, Vrin, 2002, p. 225-235.

GIOVANNANGELI, D., *Finitude et représentation : six leçons sur l'apparaître de Descartes à l'ontologie phénoménologique*, Bruxelles, Ed. Ousia, 2003.

GRAM, M., *Kant Ontology and the A priori*, Evanston, Northwestern University Press, 1968.

GRAPOTTE, S., « Ontologie critique/ontologie wolffienne : la réforme kantienne de l'ontologie », in S. Grapotte et T. Prunea-Bretonnet (dir.), *Kant et Wolff : héritages et ruptures*, Paris, Vrin, 2011, p. 131-146.

GRONDIN, J., *Kant et le problème de la philosophie : l'a priori*, Paris, Vrin, 1989.

- *Emmanuel Kant : Avant/Après*, Paris, Critérion, 1991.

HARDER, Y.-J., « Kant et la question de la transcendance », in Mai Lequan (dir.), *Métaphysique et philosophie transcendantale, selon Kant*, Paris, L'Harmattan, 2005, p. 79-102.

HARRIS, E.E., *Pensée formelle, transcendantale et dialectique : Logique et réalité*, trad. fr. Ph. Muller et E. Vial, Lausanne, L'Age d'Homme, 1999.

Hegel, G.W.F., *Foi et savoir. Kant – Jacobi – Fichte*, trad. fr. par Alexis Philonenko et Claude Lecouteux, Paris, Vrin, 1988.

HEIDEGGER, M., *Kant et le problème de la philosophie*, trad. fr. A. de Waelhens et W. Biemel, Paris, Gallimard, 1953.

- *Interprétation phénoménologique de la « Critique de la raison pure » de Kant*, trad. fr. E. Martineau, Paris, Gallimard, 1982.
- *Introduction à la métaphysique*, trad. fr. G. Kahn, Paris, Gallimard, 1967.
- *Le principe de raison*, trad. fr. A. Préau, Paris, Gallimard, 1962.
- *Qu'est-ce qu'une chose ?*, trad. fr. par J. Reboul et J. Taminiaux, Paris, Gallimard, 1971.
- *Question* I et II, Paris, Gallimard, 1968.
- *Questions III et IV*, Paris, Gallimard, 1966, 1976.
- *Essais et Conférences*, trad. A. Préau, Gallimard, 1958.
- *Chemins qui ne mènent nulle part*, trad. fr. par W. Brokmeier, Paris, Gallimard, 1962,

HINTIKKA, J., *La philosophie des mathématiques chez Kant : la structure de l'argumentation transcendantale*, trad. fr. Corinne Hoogaert, Paris, PUF, 1996.

HULSHOF, M., « La réalité objective de Dieu : un « schématisme analogique », in R. Theis (dir.), *Kant. Théologie et religion*, Paris, Vrin, 2013, p. 135-143.

HUNEMAN, P., « L'unité de l'Unique fondement : théologie et philosophie naturelle », in L. Langlois (dir.), *Années, 1747-1781. Kant Avant la* Critique de la raison pure, Paris, Vrin, 2009, p. 57-67.

JACOBI, F.H., *David Hume et la croyance*, trad. fr. L. Guillermit, Université de Provence, 1982, Paris, Vrin, 2000.

HUSSERL, E., « Kant et l'idée de la philosophie transcendantale », appendice de *Philosophie première*, t. 1, *Histoire des idées*, trad. fr. A. L. Kelkel, 3e éd., Paris, PUF, 2002, p. 285-368.

KERZBERG, P., *Kant et la nature : la nature à l'épreuve critique*, Paris, Les Belles Lettres, 1999.

- « Kant ou la cosmologie comme philosophie première », in L. Langlois (dir.), *Années 1747-1781. Kant Avant la* Critique de la raison pure, Paris, Vrin, 2009, p. 95-105.

LANGLOIS, L., « L'idéalisme transcendantal et le problème du donné selon Salomon Maïmon », in C. Piché (dir.), *Années 1781-1801. Kant* Critique de la raison pure, Paris, Vrin, 2002, p. 149-159.

LARGEAUT, J., *Intuition et intuitionnisme*, Paris, Vrin, 1993.

Launay (de), M., (dir.), *Néokantisme et théorie de la connaissance*, Paris, Vrin, 2000.

LAVAUD, C., « L'unique fondement possible d'une démonstration de l'existence de Dieu (1763) : un moment clef de l'histoire de la métaphysique », in L. Langlois (dir.), *Années 1747-1781. Kant Avant la* Critique de la raison pure, Paris, Vrin, 2009, p. 69-76.

LEBRUN, G., *Kant et la fin de la métaphysique*, Paris, Armand Colin, 1970.

- *Kant sans kantisme*, Paris, Fayard, 2009.

LEQUAN, M., « Affinité transcendantale et affinité empirique chez Kant », in M. Lequan (dir.), *Métaphysique et philosophie transcendantale selon Kant*, Paris, L'Harmattan, 2005, p. 137-221.

- Avec Grapotte, S., et Ruffing, M., (dir.), *Kant et la science : la théorie critique et transcendantale de la connaissance* ; *Kant et les sciences. Un dialogue philosophique avec la pluralité des sciences*, Paris, Vrin, 2011.
- *La chimie selon Kant*, Paris, PUF, 2000.
- « Kant : de la chimie phlogistique de Sthal à la chimie antiphlogistique de Lavosier », in R. Theis et L. K. Sosoe (dir.), *Les sources de la philosophie kantienne. XVIIe et XVIIIe siècles*, Paris, Vrin, 2005, p. 361-368.
- « 1768 : le paradoxe des incongruents et l'intuitivité de l'espace », in Luc Langlois (dir.), *Années 1747-1781. Kant Avant la* Critique de la raison pure, Paris, Vrin, 2009, p. 157-167.

LERNER, X., « La *Critique de la raison pure* et la philosophie du temps », in *Kant-Studien*, 95, 2004, p. 304-337.

LONGUENESSE, B, *Kant et le pouvoir de juger : sensibilité et discursivité dans l'Analytique transcendantale de la* Critique de la raison pure, Paris, PUF, 1993.

MADRID, N.S., « L'entrecroisement de la théologie et de l'idée de système dans l'*Histoire générale de la nature et théorie du ciel.* La genèse d'une réflexion athéologique sur le cosmos », in Luc Langlois, *Années 1747-1781. Kant Avant la* Critique de la raison pure, Paris, Vrin, 2009, p. 129-136.

MAIER, A., « Le concept d'*ens realisimum* dans l'« Idéal transcendantal » : la persistance d'un concept dogmatique au sein du criticisme ? », in R. Theis (dir.), *Kant. Théologie et religion*, Paris, Vrin, 2013, p. 97-105.

MARTY, F., *La naissance de la métaphysique chez Kant : une étude sur la notion kantienne d'analogie*, Paris, Beauchesne, 1980.

- « Quand la logique se fait transcendantale. Recherches sur l'Ecriture des Critiques kantiennes », in Mai Lequan (dir.), *Métaphysique et philosophie transcendantale*, Paris, L'Harmattan, 2005, p. 49-78.
- « Dieu, le monde et l'homme : Kant lecteur de Newton. Le nouvel ordre des idées de la raison – le concept cosmique de la philosophie », in R. Theis (dir.), *Kant. Théologie et religion*, Paris, Vrin, 2013, p. 117-123.

MARQUET, J.-F., « Kant et l'objet de la métaphysique avant la Critique de la raison pure », in L. Langlois (dir.), *Années 1747-1781. Kant Avant la* Critique de la raison pure, Paris, Vrin, 2009, p. 18-26.

MEYER, M., *Science et métaphysique chez Kant*, Paris, Quadrige, 1995.

MEYERSON, E., « L'histoire du problème de la connaissance de M. Cassirer », *Revue de métaphysique et de morale*, XIX, 1911, p. 100-129.

MORETTO, A., « L'infini potentiel et actuel dans la philosophie des mathématiques de Kant », in S. Grapotte, M. Lequan et M. Ruffing, *Kant et les sciences : un dialogue philosophique avec la pluralité des sciences*, Paris, Vrin, 2011, p. 107-115.

MOUTSOPOULOS, E., « A propos de l'« astrophysique » kantienne », in S. Grapotte, M. Lequan et M. Ruffing (dir.), *Kant et les sciences : un dialogue philosophique avec la pluralité des sciences*, Paris, Vrin, 2011, p. 151-155.

MOTTA, G., « Ratio fiendi ». La redéfinition kantienne des principes fondamentaux de l'ontologie dans la Nova dilucidatio de 1755 », in S. Grapotte, M. Lequan et M. Ruffing (dir.), *Kant et les sciences : un dialogue avec la pluralité des sciences*, Paris, Vrin, 2011, p. 119-129.

MURALT (DE), A., *La conscience transcendantale dans le criticisme kantien : essai sur l'unité d'aperception*, Paris, Editions Montaigne, 1958.

Nabert, J., « l'expérience interne chez Kant », in *Revue de métaphysique et de morale*, 31, 1924, 205-268.

NATORP, P. « Fondation objective et fondation subjective de la connaissance » (1887), trad. fr. I. Thomas-Fogiel in M. de Launay (dir.,) *Néokantisme et théorie de la connaissance*, Paris, Vrin, 2000, p. 117-139.

- « Kant et l'Ecole de Marbourg » (1912), trad. fr. I. Thomas-Fogiel In Cassirer, Cohen, Natorp, *L'Ecole de Marbourg*, Paris, Ed. du Cerf, 1998, p. 39-66.
- *De la gravitation et Du mouvement*, Paris, Gallimard, 1995.

PANKNIN-SCHAPPERT, H., « Les ténèbres qui précèdent la lumière de 1769. Le changement de paradigme du sens interne », in L. Langlois (dir.), *Années 1747-1781. Kant Avant la* Critique de la raison pure, Paris, Vrin, 2009, p. 185-192.

PAUL, J.H., « Kant et l'absolutisme newtonien du temps et de l'espace : une approche phénoménologico-architectonique », in *Cahiers critiques de philosophie*, n° 15, Paris, Hermann, 2016, p. 239-267.

PENTZOPOULOU-VALALS, T., « Les définitions de la philosophie transcendantale et la stratégie kantienne », in I. Schüsseler (dir.), *Années 1796-1803. Kant.* Opus postumum, *Philosophie, science, éthique et théologie*, Paris, Vrin, 2001, p. 93-98.

PETITOT, J., *La philosophie transcendantale et le problème de l'objectivité*, Paris, Editions Osiris, 1991.

PICHE, C., *Kant et ses épigones : le jugement critique en appel*, Paris, Vrin, 1995.

- (dir.), *Années 1781-1801. Kant.* Critique de la raison pure, *Vingt ans de réception*, Paris, Vrin, 2002.
- « Les triangles sphériques et le paradoxe des objets non congruents », in S. Grapotte, M. Lequan et M. Ruffing (dir.), *Kant et les sciences. Un dialogue philosophique avec la pluralité des sciences*, Paris, Vrin, 2011, p. 55-71.
- « L'autoposition du sujet connaissant dans l'*Opus postumum* », in I. Schüssler (dir.), *Années 1796-1803. Kant.* Opus postumum, *Philosophie, science, éthique et théologie*, Paris, Vrin, 2001, p. 127-134.
- « La dimension autoréférentielle du discours sur les « conditions de possibilité », in J.-M. Vaysse, *Kant*, Paris, Ed. du Cerf, 2008, p. 191-211.

PHILONENKO, A., *L'œuvre de Kant : la philosophie critique*, I, Paris, Vrin, 2003.

- « Cassirer lecteur de Kant », in J. Seidengart (dir.), Ernst Cassirer : De Marbourg à New York, Ed. du Cerf, 1990, p. 43-60.

PIEROBON, F., *Kant et la fondation architectonique de la métaphysique*, Grenoble, Jérôme Million, 1990.

- *Système et représentation : la déduction transcendantale des catégories dans la Critique de la raison pure*, Grenoble, Ed. Jérôme Million, 1993.
- *Kant et les mathématiques*, Paris, Vrin, 2003.
- « La philosophie kantienne des mathématiques », in S. Grapotte, M. Lequan et M. Ruffing (dir.), *Kant et les sciences. Un dialogue philosophique avec la pluralité des savoirs*, Paris, Vrin, 2011, p. 25-53.

POSY, C.J., (dir.), *Kant's Philosophy of Mathematics*, Kluwer, 1992.

POULAIN, J., *La loi de vérité ou la logique philosophique du jugement*, Paris, Albin Michel, 1993.

- (Dir.) *De la verité. Pragmatisme, historicisme et relativisme,*Paris, Albin Michel, *Rue Descartes*, Numéro special 5-6.

PUECH, M., *Kant et la causalité*, Paris, Vrin, 1990.

- « Kant voulait-il être le Newton du monde transcendantal ? Réflexions sur les conséquences en philosophie du statut de la science », in R. Theis et L.K. Sosoe (dir.), *Les sources de la philosophie kantienne : XVIIe et XVIIIe siècles*, Paris, Vrin, 2005, p. 37-40.

REINOHLD, K.L., *Philosophie élémentaire*, trad. fr. F.-X. Chenet, Paris, Vrin, 1989.

- *Le principe de conscience. Nouvelle présentation des Moments principaux de la Philosophie élémentaire*, trad. fr. J.-F. Goubet, préface de M. Bienenstock, Paris, Vrin, 1999.

RENAUT, A., *Kant aujourd'hui*, Paris, Aubier, 1997.

RIVELAYGUE, J., *Leçons de métaphysique allemande : Kant, Heidegger, Habermas, II,* Ed. Grasset et Fasquelle, 1992.

ROCKMORE, T., « Kant, Hegel et la révolution copernicienne », in C. Piché (dir.), *Années 1781- 1801. Kant.* Critique de la raison pure, *Vingt ans de réception*, Paris, Vrin, 2002, p. 46-48.

ROUSSET, B., *La doctrine kantienne de l'objectivité : l'autonomie comme devoir et devenir*, Paris, Vrin, 1967.

ROY, M., « Le finalisme de Kant », in R. Theis (dir.), *Kant. Théologie et religion*, Paris, Vrin, 2013, p. 145-153.

SALANSKI, J.-M., « La salutaire in-objectivité des mathématiques chez Kant », in E. Barot et J. Servois, *Kant face aux mathématiques modernes*, Paris, Vrin, 2009, p. 97-124.

SCHAPER, E., « Kant's Schematism Reconsidered », *Kant-Studien*, 18, 1964, p. 267-293.

SCHOPENHAUER, A., *De la quadruple racine du principe de raison suffisante* (1813, 1847), trad. fr. par F.-X. Chenet, Paris, Vrin, 1997.

SCHOTTE, J.-C., *La science des philosophes : une histoire critique de la théorie de la connaissance*, Paris, Bruxelles, De Boeck, 1998.

SCHÜSSEL, I., (dir.), « Essence et existence. La preuve de l'existence de Dieu dans la philosophie précritique de Kant. Son noyau et ses enjeux », In Luc Langlois (dir.), *Années 1747-1781. Kant Avant la* Critique de la raison pure, Paris, Vrin, 2009, p. 47-56.

- « Les mathématiques dans la cosmologie ancienne et dans les sciences modernes de la nature : Aristote et Kant », in S. Grapotte, M. Lequan et M. Ruffing (dir.), *Kant et les sciences : un dialogue philosophique avec la pluralité des sciences*, Paris, Vrin, 2011, p. 77-85.

SEEL, G., « La signification de l'*Opus postumum* pour l'interprétation de la philosophie de Kant », in I. Schüssler (dir.), *Années 1796-1803. Kant.* Opus postumum, *Philosophie, science, éthique et théologie*, Paris, Vrin, 2001, p. 249-251.

SEIDENGART, J., « Le devenir de la *Théorie du ciel* dans l'œuvre de Kant et sa réception dans l'astronomie de H. Olbers », in S. Grapotte et T. Prunéa-Bretonnel (dir.), *Kant et Wolff. Héritages et ruptures*, Paris, Vrin, 2011, 121-140.

SERVOIS, J., *Paul Natorp et la théorie platonicienne des Idées*, Presses Universitaires Septentrion, Villeneuve d'Asq, 2004.

STANGENNEC, A., *Hegel critique de Kant*, Paris, PUF, 1985.

TERRA, R.R., « Note sur le concept de passage (*Übergang*) dans la pensée de Kant », in I. Schüssler (dir.), *Années 1796-1803, Kant Opus postumum, Philosophie, science, éthique et théologie*, Paris, Vrin, 2001, p. 83-91.

THEIS, R., *La raison et son Dieu. Etude sur la théologie kantienne*, Paris, Vrin, 2012.

- *Approches de la Critique de la raison pure : études sur la philosophie théorique de Kant*, Hildesheim, Georg Olms Verlag, 1991.
- Avec Sosoe, L.K., (dir.), *Les sources de la philosophie kantienne. XVIIe et XVIIIe siècles*, Paris, Vrin, 2005.
- « Après la *Dissertation*, avant la *Critique*. Remarques sur les lettres de Kant à Marcus Herz de juin 1771 et de février 1772 », in L. Langlois (dir.), *Années 1747-1781. Kant Avant la* Critique de la raison pure, Paris, Vrin, 2009, p. 145-153.
- « L'ontothéologie kantienne avant 1781 », in Luc Langlois (dir.), op. cit., p. 29-45.
- « Avec Wolff, au-delà de Wolff », in S. Grapotte et T. Prunéa-Bretonnet (dir.), *Kant et Wolff. Héritages et ruptures*, Paris, Vrin, 2011, p. 31-42.

THIBODEAU, M., « Imagination, entendement intuitif et spéculation : le jeune Hegel critique de Kant », in C. Piché, *Années 1781- 1801. Kant.*

Critique de la raison pure, *Vingt ans de réception*, Paris, Vrin, 2002, p. 247-254.
TILLIETE, X., *L'intuition intellectuelle de Kant à Hegel*, Paris, Vrin, 1995.
CLEVE, J.V. et FREDERICK R. E., *The Philosophy of Left and Right – Incongruent Counterparts and the nature of Space*, Kluwer Academic Publischers, 1991.
VAN TROOSTWIJK, C.D., « Buffon catalyseur de la Critique », in R. Theis et L. K. Sosoe (dir.), *Les sources de la philosophie kantienne. XVII*[e] *et XVIII*[e] *siècles*, Paris, Vrin, 2005, p. 353-360.
VETÖ, M., *De Kant à Schelling*, I et II, Grenoble, PU de Grenoble, 1998, 2000.
VINCENT, J., « Euclidien », in Michel Blay et Robert Halleux (dir.), *La science classique : XVI*[e] *-XVIII*[e] *siècle. Dictionnaire critique*, Paris, Paris, Flammarion, 1998, p. 504-510.
VIELLARD-BARON, J.-L., « L'espace et le temps chez Kant : difficultés et critiques », in *Kant-Studien*, 89, 1998, p.129-144.
VLEESCHAUWER, (de) H.J., *La déduction transcendantale dans l'œuvre de Kant*, 3 tomes, Paris, La Haye, Librairie Ancienne Honoré Champion, 1934.
- *L'évolution de la pensée kantienne,* Paris, Alcan, 1939.

VUILLEMIN, J., *Physique et métaphysique kantiennes*, Paris, PUF, 1955, 1987.
- *L'héritage kantien et la révolution copernicienne*, Paris, PUF, 1954.
- *Mathématiques et métaphysique chez Descartes*, Paris, PUF, 1960, 1987.
- *L'intuitionnisme kantien*, Paris, 1994.

WALSH, W.S., « Schematism », *Kant-Studien*, 49, 1957-1958.
WOLFF, E., *Etude du rôle de l'imagination chez Kant*, Paris, Vrin, 1946.
WOLFORD, D., « Towards an Interpretation of Kant's 1768 *Gegenden im Raum Essay* », *Kant-Studien*, 92, 2001, p. 407-439.
ZOCHER, R., *Kants Grundlehre. Ihr Sinn, ihre Problematik, ihre Aktualität.* Erlangen, Universitätsbund Erlangen, 1959.

Index nominum

TABLE

Structures éditoriales du groupe L'Harmattan

L'Harmattan Italie
Via degli Artisti, 15
10124 Torino
harmattan.italia@gmail.com

L'Harmattan Hongrie
Kossuth l. u. 14-16.
1053 Budapest
harmattan@harmattan.hu

L'Harmattan Sénégal
10 VDN en face Mermoz
BP 45034 Dakar-Fann
senharmattan@gmail.com

L'Harmattan Cameroun
TSINGA/FECAFOOT
BP 11486 Yaoundé
inkoukam@gmail.com

L'Harmattan Burkina Faso
Achille Somé – tengnule@hotmail.fr

L'Harmattan Guinée
Almamya, rue KA 028 OKB Agency
BP 3470 Conakry
harmattanguinee@yahoo.fr

L'Harmattan RDC
185, avenue Nyangwe
Commune de Lingwala – Kinshasa
matangilamusadila@yahoo.fr

L'Harmattan Congo
67, boulevard Denis-Sassou-N'Guesso
BP 2874 Brazzaville
harmattan.congo@yahoo.fr

L'Harmattan Mali
ACI 2000 - Immeuble Mgr Jean Marie Cisse
Bureau 10
BP 145 Bamako-Mali
mali@harmattan.fr

L'Harmattan Togo
Djidjole – Lomé
Maison Amela
face EPP BATOME
ddamela@aol.com

L'Harmattan Côte d'Ivoire
Résidence Karl – Cité des Arts
Abidjan-Cocody
03 BP 1588 Abidjan
espace_harmattan.ci@hotmail.fr

Nos librairies en France

Librairie internationale
16, rue des Écoles
75005 Paris
librairie.internationale@harmattan.fr
01 40 46 79 11
www.librairieharmattan.com

Librairie des savoirs
21, rue des Écoles
75005 Paris
librairie.sh@harmattan.fr
01 46 34 13 71
www.librairieharmattansh.com

Librairie Le Lucernaire
53, rue Notre-Dame-des-Champs
75006 Paris
librairie@lucernaire.fr
01 42 22 67 13

www.ingramcontent.com/pod-product-compliance
Lightning Source LLC
LaVergne TN
LVHW050644051026
849532LV00002B/521